01 广玉兰炭疽病

02 梅花炭疽病病状

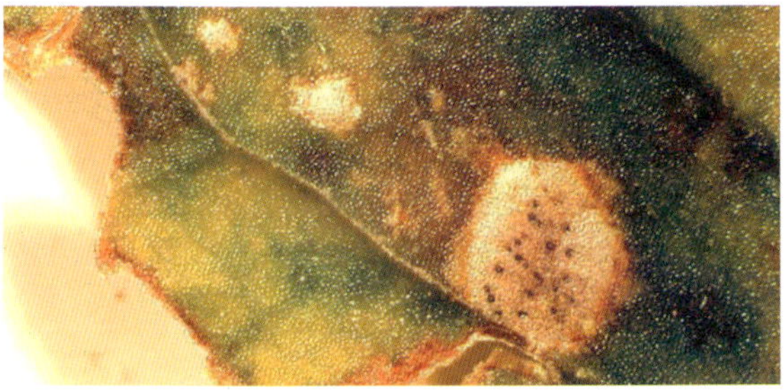
03 梅花炭疽病病症

04 牡丹炭疽病

05 扶桑炭疽病

06 大花萱草炭疽病

07 蝴蝶兰炭疽病

08 八角金盘炭疽病

09 火鹤炭疽病病状

10 火鹤炭疽病病症

11 玉簪炭疽病

12 杜鹃花褐斑病

13 月季黑斑病

14 菊花褐斑病

15 鸡冠花镰孢菌褐斑病（地上）

16 鸡冠花镰孢菌褐斑病（地下）

17 樱花穿孔褐斑病

18 八仙花褐斑病

19a 芍药褐斑病（红斑病）（叶背）

19b 芍药褐斑病（红斑病）（叶面）

20 芍药褐斑病（红斑病）

21 百日草黑斑病（褐斑病）

22 黑心菊黑斑病

23 丁香细菌性疫病

24 女贞叶斑病

25 福禄考白斑病

26 海棠锈病

27 海棠锈病在侧柏上的为害状

28 菊花锈病

29 菊花白锈病

30 紫薇白粉病

31 月季白粉病

32 芍药白粉病

33 热带兰灰霉病

34a 八仙花灰霉病（叶部）

34b 八仙花灰霉病（茎部）

35 新几内亚凤仙灰霉病

36 月季绿瓣病

37 大丽花花叶病

38 一串红病毒病

39 菊花病毒病

40 矮牵牛病毒病

41 百日草病毒病

42 长春花病毒病

43 牡丹病毒病

44 月季花叶病

45 美人蕉花叶病

46 马蹄莲病毒病

47 仙客来病毒病

48 福建茶煤污病

49 桂花煤污病

50 菊花花腐病

51 香石竹花腐病

52 泡桐丛枝病

53 菊花枯萎病

54 菊花枯萎病维管束变褐症状

55 郁金香青霉病

56 百合茎腐病

57 鸢尾软腐病

58 仙人掌茎腐病

59 四季海棠茎腐病

60 大丽花青枯病

61 大丽花青枯病维管束变色

62 一串红疫病

63 翠菊黄化病

64 竹斑枯病

65 橡皮树枯梢病

66 马拉巴栗（发财树）茎腐病

67 石斛镰孢菌茎腐病

68 向日葵疫病

69 菟丝子害（陈虎彪　摄）

70 樱花根癌病

71 仙客来根结线虫病

72 翠菊枯萎病（地上）

73 翠菊枯萎病（地下）

74 牡丹根结线虫病（地上）

75 牡丹根结线虫病（地下）

76 牡丹白纹羽病

77 黄刺蛾幼虫（丁梦然　摄）

78 小蓑蛾护囊（牡丹叶上）（丁梦然　摄）

79 豆天蛾成虫

80 大造桥虫及为害状（大丽花上）

81 柑橘凤蝶

82 蔷薇叶蜂幼虫

83 铜绿丽金龟子（木槿花上）（丁梦然 摄）

84 小青花金龟子（丁梦然 摄）

85 白星花金龟（大花萱草上）

86 灰巴蜗牛（玉簪上）

87 卷球鼠妇（报春花上）

88 桃红颈天牛成虫（丁梦然 摄）

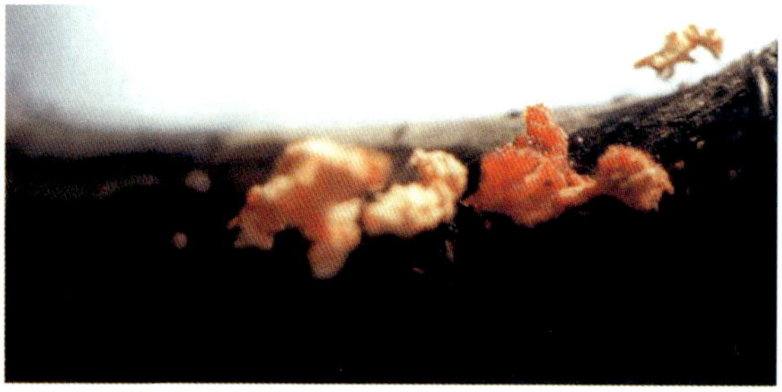

89 桃红颈天牛排粪孔（丁梦然 摄）

90 棉铃虫幼虫（丁梦然 摄）

91 棉铃虫幼虫为害状（丁梦然 摄）

92 木槿棉蚜

93 木槿棉蚜为害状

94 桃瘤蚜为害叶片（丁梦然 摄）

95 菊小长管蚜为害状（丁梦然　摄）

96 桃赤蚜

97 月季长管蚜

98 紫薇绒蚧

99 朝鲜球坚蚧

100 吹绵蚧雌成虫（丁梦然　摄）

101 蔷薇白轮盾蚧（丁梦然　摄）

102 褐软蚧（君子兰上）

103 日本龟蜡蚧（玉兰上）

104 咖啡黑盔蚧（巢厥上）

105 矢尖盾蚧（黄杨上）

106 斑须蝽（桂花上）

107 山楂叶螨为害状（结网）

108 刺足根螨（风信子上）

109 斑衣蜡蝉成虫

110 草坪草枯萎病症状

风景园林与观赏园艺系列丛书

园林植物病虫害

（修订版）

刘悦秋　江幸福　赵和文　编著

雷增普　审定

气象出版社

内容简介

本书是根据园林专业的需要编写的。在编写的过程中结合实际，既考虑到必须掌握的基础知识、基本理论，又考虑到便于自学和拓宽思路，在内容的深度和广度上，做了认真的安排。全书分上、下两编，上编主要介绍了园林植物病虫害的基本知识及理论，包括病害的基本概念，主要病原物，病害的发生与流行，昆虫的生态学、生物学、生理学、分类学及害虫调查和预测预报的基础知识，以及植物病虫害防治的基本原理和方法。下编为各论，着重介绍了主要园林植物的重要病虫害，涉及园林植物病虫害300多种，分种病害按症状、病原、发病规律和防治方法予以介绍，虫害分形态特征、发生规律和防治方法予以介绍。该书图文并茂、深入浅出且实用性强，可供农林大专院校园林专业教材用书，也可供园林植物生产者、花卉爱好者参考。

图书在版编目(CIP)数据

园林植物病虫害/刘悦秋，江幸福，赵和文编著.
2版(修订本).—北京：气象出版社，2006.6
(风景园林与观赏园艺系列丛书)
ISBN 7-5029-3124-4

Ⅰ.园… Ⅱ.①刘… ②江… ③赵… Ⅲ.园林植物—病虫害防治方法 Ⅳ.S436.8

中国版本图书馆CIP数据核字(2006)第059647号

气象出版社出版
(北京中关村南大街46号 邮编:100081)
网址:http://cmp.cma.gov.cn E-mail:qxcbs@263.net
责任编辑:方益民 终审:汪勤模
封面设计:刘 扬 责任技编:陈 红 责任校对:吕 菲

* * *

北京市昌平环球印刷厂印刷
气象出版社发行 全国各地新华书店经销

* * *

开本:787×960 1/16 印张:17 彩插14页 字数:332千字
2006年6月第2版 2006年6月第3次印刷
印数:7001—11000 定价:46.00元

出版说明

《风景园林与观赏园艺系列丛书》在原《园林建设管理丛书》的基础上经过再次修订终于与读者见面了，这是一件值得庆贺的事。

北京农学院与中国花卉报社联合举办了24期园林花卉函授班，9期面授，9期园林规划设计与工程培训班及5期林业站长培训班，为我国园林花卉行业培训了1万余名学员，遍及全国各省市、自治区及港澳特别行政区及台湾地区。自1992年出版第一套油印教材开始，先后经历了中国建筑工业出版社、气象出版社三次修订再版，参加编写的人员涉及到北京农学院、北京林业大学30余名专家教授，不断有新的内容充实，新的课程教材增加，有新人加入编写队伍，向全国推广普及数万套，近百万册的教材，不能不说这是一个历经10年的巨大工程。总结10余年所走过的道路，深感再次系统修订出版这套教材的重大意义。此次修订再版特别新增了《园林工程概预算》、《草坪与地被植物》、《植物造景》、《风景区规划》、《园林树木栽植养护学》、《花坛、插花与盆景艺术》、《景观设计初步》7部新教材，以便让更多的园林工作者、生产第一线的干部、工人、农民选择更适合自己的教材。

这套丛书较系统地阐述了园林花卉专业的基本理论、基本技能，又有最新的研究成果和新的应用技术，参考了大量的国内外较有价值的文献资料，在编写中注意由浅入深，程度适中，是一套易于推广使用的普及型丛书。由于其内容较丰富，特别是配有大量的黑白图及彩色照片，直观丰富，也适于园林、城市林业、园艺等专业的科技人员及农林院校的师生作为参考用书及教材用书。

由于编者水平有限，多有不足，望得到园林界的同仁批评指正。

本丛书在出版过程中得到了气象出版社方益民同志的大力支持，在此表示深深谢意。

《风景园林与观赏园艺系列丛书》
编委会
2004年3月30日

修订版前言

随着城市现代化建设的发展和人民物质、文化生活水平的提高，人们对观赏植物的需求量剧增，而园林植物病虫害已成为影响园林植物生产和城市绿化的严重问题。掌握病虫害防治理论与技术措施，是提高园林植物观赏价值和经济价值的重要保证。本书是根据园林从业人员的需要编写的，可供园林专业的学生作为教材使用，也可供园林养护人员、花卉养殖单位和个人作为参考书籍使用。

本教科书以我国北方地区的主要花卉品种为对象，描述了其常见病虫害。内容包括园林病虫害的基础知识、防治技术及理论，并在第一版的基础上根据最新研究成果对部分内容进行了扩充，如真菌分类部分、病虫害防治部分；另外在下编对无彩图部分进行了删减，力求做到图文并茂。

本书分上、下两编，上编介绍了园林植物病虫害的基本知识及理论，包括病害的基本概念，主要病原物，病害的发生与流行，昆虫的形态学、生态学、生物学、生理学、分类学的基础知识，害虫调查和预测预报及园林植物病虫害防治方法；下编着重介绍了主要园林植物的重要病虫害。本书病害部分及防治方法由刘悦秋编写，包括第一至第四章、第十一至第十四章；虫害部分由江幸福编写，包括第五至第十章、第十五至第十八章；第十九章草坪病虫害由赵和文编写。北京林业大学雷增普教授提供了大量的彩色插图并提出了许多修改意见，在此表示感谢。

由于编者水平有限，编写时间短促，错误和不当之处，敬请广大读者批评指正。

编　者

2006 年 5 月

目　录

下编　园林植物病虫害(各论)

上　编

园林植物病害和虫害的基础知识

第一章　园林植物病害的基本概念

第一节　植物病害

植物在生活和贮送过程中，由于受到环境中物理化学因素的非正常影响，或受其他寄生物的侵害，以致生理上、解剖结构上产生局部的或整体的反常变化，使植物的生长发育受到显著影响，甚至引起死亡，造成经济损失和降低观赏价值。这种现象就叫植物病害。

植物在生长过程中受到多种因素的影响，只有直接引起病害的因素才称为病原(Causes of disease)，其他因素统称为环境条件。生物性病原又称为病原物(Pathogen)。病原物包括真菌、细菌、病毒、支原体、线虫、寄生性种子植物、藻类和螨 8 类。非生物性病原包括温度失调、湿度失调、营养失调和污染物的毒害等。病原物引起的病害称为侵染性病害（Infectious disease）。非生物性病原引起的病害称为非侵染性病害(Noninfectious disease)，也叫生理病害。受害植物均称为寄主。

植物病害的发生必须具有病理变化的过程，当植物遭病原物的侵染或不利的非生物因素的影响后，往往先引起生理机能的改变，继而造成植物组织形态的改变。这些病变均有一个逐渐加深、持续发展的过程。植物病害对植物生理功能的影响表现在下列六个方面：水分和矿物质的吸收与疏导；光合作用；养分的转移与运输；生长与发育速度；产物的积累与储存；产物的消化、水解与再利用。损伤同病害是两个不同的概念。无论非生物因素或是生物因素都可以引起植物的损伤。植物损伤是由突发的机械作用所致，如风折、雪压、动物咬伤等，受害植物不发生病理程序，因此不能称为病害。

在侵染性病害中，受侵染的植物称为寄主。病原物在寄主体中生活，双方之间既具有亲和性，又具有对抗性，构成一个有机的寄主—病原物体系。环境条件同时作用于它们，如环境有利于植物生长发育而不利于病原的活力，病害就难以发生或发展很慢，植物受害也轻；反之病害就容易发生或发展很快，植物受害也重。植物病害的发生过程实质上就是病原、植物和环境的相互影响与相互制约而发生的一系列顺序变动的总和。人类活动对植物病害的发展产生重大影响。

此外，从生产和经济的观点出发，有些园林植物由于生物或非生物因素的影响，尽管发生了某些病态，但是却增加了它们的经济价值和观赏价值，同样也不称它们为植物病害。例如，绿菊、绿牡丹是由病毒、支原体侵染引起的；羽衣甘蓝是食用甘蓝的病态。人们将这些“病态”植物视为观赏花卉中的珍品，因此一般都不当作病害。

第二节　植物病害的症状

植物受侵染后，首先是植物生理方面发生变化，如呼吸作用和蒸腾作用的加强，同化作用的降低，酶的活性和碳、氮代谢的改变，以及水分和养分吸收运转的失常等，称为生理病变。之后是内部组织的变化，如叶绿体或其他色素体的增减、细胞数目和体积的增减、维管束的堵塞、细胞壁的加厚，以及细胞和组织的坏死等，称为组织病变。继生理病变和组织病变之后，才导致外部形态的变化，如植物的根、茎、叶、花、果实的坏死、腐烂、畸形等，称为形态病变。

植物生病后，其外表所显现出来的各种各样的病态特征称为症状。症状分为病状和病征。病状是植物本身的异常表现，也就是受病植株生理解剖上的病变反映到外部形态上的结果。病状的具体表现形式有过度生长、发育不良、性变和坏死等。病征是指寄主病部表面病原物的各种形态结构、并能用眼睛直接观察到的特征。由真菌、细菌和寄生性种子植物等因素引起的病害，病部多表现较明显的病征。如病部出现各种不同颜色的霉状物、粉状物，不同大小的粒状物、疱状物，形状各样的伞状物、脓状物等。病毒、支原体等寄生在植物细胞内以及非侵染性病害，在植物体外无表现，故它们所致病害无病征。植物病原线虫多数在植物体内寄生，一般植物体表也无病征。

一、病状类型

1.变色型

植物感病后，叶绿素不能正常形成，因而叶片上表现出淡绿色、黄色甚至白色。叶片的全面褪绿常称为黄化或白化。营养贫乏如缺氮、缺铁和光照不足可以引起植物黄化。在侵染性病害中，黄化是一类病毒病害和支原体病害的重要特征，如翠竹黄化病。

叶绿素形成不均匀，叶片上出现深绿与淡绿相互间杂的现象称为花叶，有的褪绿部分形成环纹状或水纹状，也是病毒病害的一种症状类型，如月季花叶病和郁金香碎锦病。

2.坏死型

坏死是细胞和组织死亡的现象。常见的有：

(1)腐烂　多肉而幼嫩的组织发病后容易腐烂。如果实、块根等常发生软腐或湿腐。引起腐烂的原因是寄生物分泌的酶把植物细胞间的中胶层溶解了，使细胞离散并且死亡。含水较少或木质化组织则常发生干腐。根据腐烂症状发生部位，可分为花腐、果腐、茎腐、基腐、根腐和枝干皮部腐烂等。

(2)溃疡　多见于枝干的皮层，局部韧皮部坏死，病斑周围常为隆起的木栓化愈伤组织所包围形成凹陷病斑，这种病斑即为溃疡。树干上多年生的大型溃疡，其周围的愈伤组织逐年被破坏而又逐年生出新的，致使局部肿大，这种溃疡称为癌肿。小型溃疡有时称为干癌。溃疡是由真菌、细菌的侵染或机械损伤造成的。

(3)斑点　斑点是叶片、果实和种子等局部组织坏死的表现。斑点的颜色和形状很多，有黄色、灰色、白色、褐色、黑色等等；形状有多角形、圆形、不规则形等。有的叶斑周围形成木栓层后，中部组织枯焦脱落而形成穿孔。斑点主要由真菌及细菌寄生所致，冻害、烟害、药害等也造成斑点。

3.萎蔫型

植物因病而表现失水状态称为萎蔫。植物的萎蔫可以由各种原因引起，茎部的坏死和根部的腐烂都引起萎蔫。典型的萎蔫是指植物的根部或枝干部维管束组织感病，使水分的输导受到阻碍而致植株枯萎的现象。萎蔫是由真菌或细菌引起的，有时植株受到急性旱害也会发生生理性枯萎。

4.畸型

畸形是因细胞或组织过度生长或发育不足引起的。常见的有：

(1)丛生　植物的主、侧枝的顶芽受抑制，节间缩短，腋芽提早发育或不定芽大量发生，使新梢密集成笤帚状，通常称为丛枝病。病枝一般垂直于地面向上生长，枝条瘦弱，叶形变小。促使枝条丛生的原因很多，真菌和支原体的侵染是主要的。有时也由生理机能失调所致。植物的根也会发生丛生现象，如由细菌引起的毛根病，使须根大量增生如毛发状。

(2)瘿瘤　植物的根、茎、枝条局部细胞增生而形成瘿瘤。有的由木质部膨大而成，如松瘤锈病；有的由韧皮部膨大而成，如柳杉瘿瘤病。瘿瘤主要是由真菌、细菌、线虫等侵染造成的，有时也由生理上的原因造成。如有些行道树上的瘿瘤，就是由于在同一部位经过多次修剪后，由愈伤组织形成的。

(3)变形　受病器官肿大、皱缩，失去原来的形状，常见的是由外子囊菌和外担子菌引起的叶片和果实变形病，如桃缩叶病。

(4)疮痂　叶片或果实上局部细胞增生并木栓化而形成的小突起称为疮痂。如柑橘疮痂病。

(5)枝条带化　枝条扁平肥大。一般由病毒或生理原因引起。如油桐带化病和池杉带化病。

5. 流脂或流胶型

植物细胞分解为树脂或树胶流出，常称为流脂病或流胶病。前者发生于针叶树干，后者发生于阔叶树。流脂病或流胶病的病原很复杂，有侵染性的，也有非侵染性的，或为两类病原综合作用的结果。

二、病征类型

1. 霉状物

病原真菌在病部产生的各种颜色的霉层。如霜霉、青霉、灰霉、黑霉、赤霉、烟霉等。霉层是由病原真菌的菌丝体、孢子梗和孢子所组成。如柑橘青霉病、绿霉病等。

2. 粉状物

病原真菌在病部产生各种颜色的粉状物。如月季白粉病所表现的白粉状物。

3. 锈状物

病原真菌在病部所表现的黄褐色锈状物。如香石竹锈病、桧柏锈病等。

4. 点状物

病原真菌在病部产生的黑色、褐色小点，多为真菌的繁殖体。如梨轮纹病、橡树炭疽病等。

5. 线状物、颗粒状物

病原真菌在病部产生的线状或颗粒状结构。如苹果紫纹羽病在根部形成紫色的线状物。

6. 蕈体

树木干、根或木材腐朽后，常常产生马蹄形、伞形等各种蕈体，由真菌引起。如蜜环菌、硫磺菌等引起的林木腐朽病常产生蕈体。

7. 脓状物(溢脓)

病部出现的脓状黏液，干燥后成为胶质的颗粒，这是细菌性病害特有的病征。

第三节　症状与园林植物侵染性病害的诊断

植物病害的症状都具有一定的特征，又相对稳定，可以作为病害诊断的重要依据。对于已知的比较常见的病害，根据症状可以作出比较正确的诊断。如当杨树叶片上出现许多针头大小的黑褐病斑，病斑中央有一灰白色黏质物时，无疑是由 *Marssonina* 属的真菌引起的杨树黑斑病的典型症状。但病害的症状并不是固定不变的，同一种病原物在不同寄主上或在同一寄主的不同发育阶段或处在不同的环境条件下都可能表现出不同的症状。如梨胶锈菌在为害的梨和海棠叶片上产生叶斑，在松柏上使小枝膨肿并形成楔状菌瘿；立枯丝核菌危害针叶树幼苗时，若侵染发生在幼苗木质化以前表现为猝倒，侵染如发生在幼苗木质化后则表现为立枯。相反，不同的病原物也可以引起相同的症状，如真菌、细菌，甚至霜害都能引起李属植物穿孔病。真菌病害一般到后期会在病组织上产生病征，它们多半是真菌的繁殖体。对于那些专性寄生或强寄生的真菌，如锈菌、白粉菌、外子囊菌所致病害，根据病原物进行诊断是完全可靠的，细菌病害在潮湿的条件下部分产生菌脓。病毒病害只有病状而无病征，病状有显著特点，常见全株性变色、畸形，也有局部坏死症状，坏死斑在植株上分布比较均匀。植物病害的症状是很复杂的，每一种病害的症状常常由好几种现象综合而成，因此要明确地把它们划分类型也很困难，单纯根据症状作出诊断，有时并不完全可靠，在许多具体的病例中，常常需要做系统的综合比较观察，有时还必须进行显微镜检、人工诱发或血清反应和酶联免疫反应等先进技术和方法对病原进行分析和鉴定，才能做出正确的诊断。

显微镜检是挑取少许病组织做病部切片，在显微镜下观察病原形态。如是真菌，观察菌丝有无隔膜，孢子和子实体形态、大小、颜色、细胞数、着生情况等，进行鉴定。如是细菌病害，一般可看到大量细菌似云雾状从维管束薄壁细胞溢出，这是诊断细菌病害的简单而又可靠的方法。对于病毒病害，显微镜检查植物细胞中的内含体，从黄化型病毒的叶脉或茎切片中，可以看到韧皮部细胞的坏死与组织内淀粉的积累。用碘或碘化钾溶液检测可显现深兰色淀粉斑，作为诊断参考。对线虫病可将线虫瘿或肿瘤切开，挑取线虫制片镜检鉴定。根瘤线虫的观察，可将病根组织放在载玻片上，加一滴碘液（碘 0.3g、碘化钾 1.3g、水 100ml），另用一块玻璃，放在上面轻压，线虫染为深色，根部组织呈淡金黄色。

人工诱发是在症状观察和显微镜检查时，可能在发病部位发现一些微生物，若不能断定是病原菌或是腐生菌，最好进行分离培养、接种和再分离，这种诊断步骤称柯赫氏证病律。应用柯赫氏法则的原理来证明一种微生物的传染性和致病性，是最科学的植物病害诊断方法。其步骤如下：(1)当发现植物病组织上经常出现的微生物时，应将它分离出来，并使其在人工培养基上生长；(2)将培养物进一步纯化，得到纯菌种；(3)将纯菌种接种到健康的寄主植物上，并给予适宜的发病条件，使其发病，观察它是否与原症状相同；(4)从接种发病的组织上再分离出这种微生物。但人工诱发试验并不一定能够完全实行，因为有些病原物到现在还没找到人工培养的方法。接种试验也常常由于没有掌握接种方法或不了解病害发生的必要条件而不能成功。目前，对病毒和支原体还没有人工培养方法，一般用嫁接方法来证明它们的传染性。

第二章　园林植物的非侵染性病原

园林植物正常的生长发育，要求一定的外界环境条件。各种园林植物只有在适宜的环境条件下生长，才能发挥它的优良性状。当植物遇到特殊的气候条件、不良的土壤条件或有害物质时，植物的代谢作用受到干扰，生理机能受到破坏，因此在外部形态上必然表现出症状来。引起非侵染性病害发生的原因很多，主要有营养失调、温度失调和有毒污染物质。

第一节　营养缺乏引起的植物病害

植物所必须的营养元素有氮、磷、钾、钙、镁和微量元素铁、硼、锰、锌、铜等十几种。缺乏这些元素时，就会出现缺素症；某种元素过多时，也会影响园林植物的正常生长发育。常见的缺素症有以下几种：

一、缺氮

植物生长不良，植株矮小，分枝较少，成熟较早，叶稀疏，小而薄，色变淡或黄化、早落。在酸性强、缺乏有机质的土壤中，常有氮素不足的现象。

二、缺磷

植物生长受抑制，严重时停止生长，植株矮小，叶片初期变成深绿色，但灰暗无光泽，后渐呈紫色，早落。磷素在植物体中可以从老熟组织中转移到幼嫩组织中重被利用。所以症状一般从老叶上开始出现。

三、缺钾

植株下部老叶首先出现黄化或坏死斑块，通常从叶缘开始，植株发育不良。

四、缺铁

植物叶片黄化或白化。开始时，脉间部分失绿变为淡黄色或白色，叶脉仍为绿色，后也变为黄色。以后脉间部分会出现黄褐色枯斑，并自叶边缘起逐渐变黄褐色枯死。由缺铁引起的黄化病先从幼叶开始发病，逐渐发展到老叶黄化。防止缺铁症应以增施有机肥料改良土壤性质，使土壤中的铁素变为可溶性的。用 1∶30 的硫酸亚铁液作土壤打洞浇灌防治多种观赏灌木树种的黄化病可获较好的效果。

五、缺镁

缺镁症的症状与缺铁症相似，所不同的是先从枝条下部的老叶开始发病，然后逐渐扩展到上部的叶片。

六、缺硼

缺硼症的主要表现是分生组织受抑制或死亡，常引起芽的丛生或畸形、萎缩等症状。可用硼酸注射树干或浇灌土壤进行防治。

七、缺锌

苹果小叶病是常见的缺锌症。病树新枝节间短，叶片变小且黄色，根系发育不良，结实量少。

八、缺铜

缺铜常引起树木枯梢，同时还出现流胶及在叶或果上产生褐色斑点等症状。

九、缺硫

缺硫的症状同缺氮相似，但以幼叶表现更明显。植株生长较矮小，叶尖黄化。

十、缺钙

缺钙的症状多表现在枝叶生长点附近，引起嫩叶扭曲或嫩芽枯死。

第二节 环境不适引起的植物病害

一、水分失调引起的植物病害

水分直接参与植物体内各种物质的转化和合成，也是维持细胞膨压、溶解土壤中矿质养料、平衡树体温度不可缺少的因素。在缺水条件下，植物生长受到抑制，组织中纤维细胞增加，引起叶片凋萎、黄化、花芽分化减少、落叶、落花、落果等现象。

土壤水分过多，会造成土壤缺氧，使植物根部呼吸困难，造成叶片变色、枯萎、早期落叶、落果，最后引起根系腐烂和全树干枯死亡。

二、温度不适宜引起的植物病害

低温可以引起霜害和冻害，这是温度降低到冰点以下，使植物体内发生冰冻而造成的危害。晚秋的早霜常使未木质化的植物器官受害。晚霜病害在树木冬芽萌动后发生，常使嫩芽新叶甚至新梢冻死。树木开花期间受晚霜危害，花芽受冻变黑，花器呈水浸状，花瓣变色脱落。阔叶树受霜冻之害，常自叶尖或叶缘产生水渍状斑块，有时叶脉间组织也出现不规则形斑块，严重的全叶死亡，化冻后变软下垂。松树受害多致针叶先端枯死变为红褐色。

南方热带、亚热带树种，常发生寒害。寒害为冰点以上的低温对喜温植物造成的危害。寒害常见的症状是组织变色、坏死，也可以出现芽枯、顶枯及落叶等现象。

高温能破坏植物正常的生理生化过程，使原生质中毒凝固导致细胞死亡，最后造成茎、叶或果实发生局部的灼伤等症状。土表温度过高，会使苗木的茎基部受灼伤，尤以黑色土壤的苗圃地上最为严重。针叶树幼苗受灼伤时，茎基部出现白斑，幼苗即行倒伏，很容易同侵染性的猝倒病相混淆。阔叶树苗受害根颈部出现缢缩，严重的也会死亡。

三、光照不适宜引起的植物病害

光照过弱可影响叶绿素的形成和光合作用的进行。受害植物叶色发黄，枝条细弱，花芽分化率低，易落花落果，并易受病原物侵染。特别是温室、温床栽培的植物更容易出现上述现象。

四、环境污染引起的植物病害

环境中的有毒物质达到一定的浓度就会对植物产生有害影响。空气中的有毒气体包括二氧化硫、氟化物、臭氧、氮的氧化物、乙烯、硫化氢等。空气中的二氧化硫主要来源于煤和石油的燃烧。有的植物对二氧化硫非常敏感，如空气中含硫量达0.05ppm*时，美国白松顶梢就会发生轻微枯死，针叶表面出现褪绿斑点，针叶尖端起初变为暗色，后呈棕色至赭红色。阔叶树受害的典型病状是自叶缘开始沿着侧脉向中脉伸展，在叶脉之间形成褪绿的花斑。如果二氧化硫的浓度过高时，则褪色斑很快变为褐色坏死斑。女贞、刺槐、垂柳、银桦、夹竹桃、桃、棕榈、法国梧桐等对二氧化硫的抗性很强。

空气中伤害植物的氟化物以氟化氢、氟化硅为主。氟化物的毒性比二氧化硫大10～20倍，但来源较少，因此危害不及二氧化硫。植物受氟化物毒害时，首先在叶先端或叶缘表现变色病斑，然后向下方或中央扩展。脉间的病斑坏死干枯后，可能脱落形成穿孔。叶上病健交界处常有一棕红色带纹。危害严重时，叶片枯死脱落。悬铃木、加杨、银杏、松、杉类树木对氟化物较敏感，而女贞、垂柳、刺槐、油茶、油杉、夹竹桃、白栎、苹果等则抗性较强。

五、化学药剂的不当使用造成的植物病害

硝酸盐、钾盐或酸性肥料、碱性肥料如果使用不当，常能产生类似病原菌引起的症状。如果天气干旱，施用过量的硝酸钠，植株顶叶会变褐，出现灼伤。除草剂使用不慎会使树木和灌木受到严重伤害，甚至死亡。阴凉潮湿的天气使用波尔多液和其他铜素杀菌剂时，有些植物叶面会发生灼伤或是出现斑点。栎、苹果和蔷薇属于最易产生药害的一类植物。温室生长的景天、长生草和某些多汁植物易受有机磷药物（如对硫磷）的危害。误用烟碱，会使百合叶出现灰色斑。

---

* ppm为浓度百万分之一的英文缩写。

第三节　非侵染性病害的诊断

非侵染性病害的病株在群体间发生比较集中，发病面积大而且均匀，没有由点到面的扩展过程，发病时间比较一致，发病部位大致相同。如日灼病都发生在果、枝干的向阳面，除日灼、药害是局部病害外，通常植株表现为全株性发病，如缺素病、旱害、涝害等。

一、症状观察

对病株上发病部位，病部形态大小、颜色、气味、质地有无病征等外部症状，用肉眼和放大镜观察。非侵染性病害只有病状而无病征，必要时可切取病组织经表面消毒后，置于保温（25～28℃）条件下诱发。如经24～48小时仍无病征发生，可初步确定该病不是真菌或细菌引起的病害，而属于非侵染性病害或病毒病害。

二、显微镜检

将新鲜或剥离表皮的病组织切片并加以染色处理。显微镜下检查有无病原物及病毒所致的组织病变（包括内含体），即可提出非侵染性病害的可能性。

三、环境分析

非侵染性病害由不适宜环境引起，因此应注意病害发生与地势、土质、肥料及与当年气象条件的关系，栽培管理措施、排灌、喷药是否适当，城市工厂“三废”是否引起植物中毒等，都作分析研究，才能在复杂的环境因素中找出主要的致病因素。

四、病原鉴定

确定属非侵染性病害后，应进一步对非侵染性病害的病原进行鉴定。

1.化学诊断

主要用于缺素症与盐碱害等。通常是对病株组织或土壤进行化学分析，测定其成分、含量，并与正常值相比，查明过多或过少的成分，确定病原。

2.人工诱发

根据初步分析的可疑原因，人为提供类似发病条件，诱发病害，观察表现的症状是否相同。此法适于温度、湿度不适宜，元素过多或过少，药物中毒等病害。

3.指示植物鉴定

这种方法适用于鉴定缺素症病原。当提出可疑原因后，可选择最容易缺乏该种元素、症状表现明显、稳定的植物，种植在疑为缺乏该种元素的园林植物附近，观察其症状反应，借以鉴定园林植物是否患有该元素缺乏症。

4.排除病因

采取治疗措施排除病因。如缺素症可在土壤中增施所缺元素或对病株喷洒、注射、灌根治疗。根腐病若是由于土壤水分过多引起的，可以开沟排水，降低地下水位以促进植物根系生长。如果病害减轻或恢复健康，说明病原诊断正确。

第三章　园林植物病原物

第一节　植物病原真菌

一、真菌的一般性状

真菌(fungus)的种类很多,全世界有150万种,已被描述的有10万多种,分布很广,绝大多数植物的寄生性病害是真菌引起的。蔷薇、紫丁香、大丽花、菊花、福禄考和其他植物的白粉病可根据叶面有无白色、淡灰色或稍带浅褐色的菌体加以辨认。世界上许多著名的毁灭性病害,如松干疱锈病、榆树荷兰病、板栗疫病、根白腐病、猝倒病以及各种立木腐朽无不是真菌所致(图3-1)。

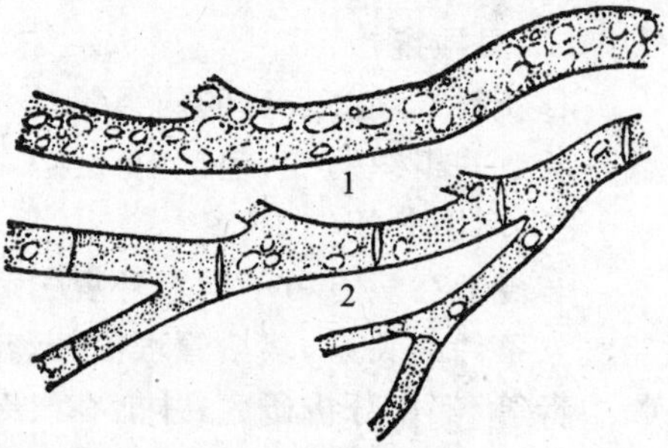

图3-1　真菌的菌丝体

1. 无隔菌丝　2. 有隔菌丝

1. 真菌的营养体

真菌的营养体呈丝状,称作菌丝(hypha)。菌丝可以分枝,许多菌丝团聚在一起,称为菌丝体(mycelium)。低等真菌的菌丝没有隔膜,称无隔菌丝;高等真菌的菌丝有隔膜,称有隔菌丝。真菌的菌丝体是从菌丝的顶端部分生长和延伸,且不断产生分枝,菌丝生长的长度是无限的。菌体的每一部分都潜在有生长能力,在合适的基质上,单根菌丝片段可以生长发育成一个完整的菌落(colony)。生长在寄主细胞内的真菌,由菌丝细胞壁和寄主原生质直接接触而吸收养分;生长在寄主细胞间隙的真菌,尤其是专性寄生真菌,从菌丝体上形成吸器(haustorium),伸入寄主细胞内吸收养分,吸器的形状有小瘤状、分支状、掌状等(图3-2)。真菌的菌丝可以形成各种组织,常见的有菌核、菌索及子座。

(1)菌核(sclerotium)　菌核是由拟薄壁组织和疏丝组织形成的一种较坚硬的休眠体。其大小、形状和颜色不一,比较坚硬,可以度过寒冷或不良环境。当环境适宜时,菌核萌发产生新的营养体和繁殖体。

(2)菌索(rhizomorph)　是菌丝体绞结成的绳索状物。它不仅对不良环境有很强

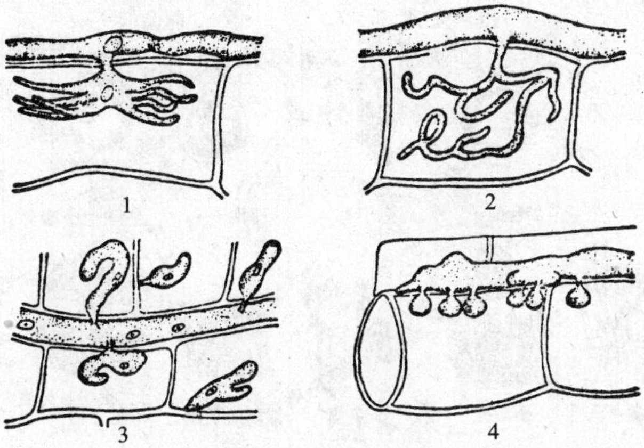

图 3-2　真菌的吸器

1. 白粉菌　2. 霜霉菌　3. 锈菌　4. 白锈菌

的抵抗能力，而且可以主动延伸到数米以外去侵染寄主或摄取营养成分。

(3)子座(stroma)　是产生各种繁殖体的垫状组织，可由菌丝分化而成，也可由菌丝与部分寄主组织结合而成，有度过不良环境的作用。

2. 真菌的繁殖体

真菌的繁殖有两种方式，无性繁殖和有性繁殖。无性繁殖是不经过核配和减数分裂，营养体直接以断裂、裂殖、芽殖和原生质割裂的方式产生后代的方式。主要有以下几种：

(1)断裂　指真菌的菌丝断裂成短段或菌丝细胞相互脱离产生孢子。断裂的形式有多种，有的真菌菌丝生长到一定时期，菌丝的细胞与细胞之间相互脱离，形成许多长形、单细胞的小段；有些是菌丝体上形成更多的隔膜，将原来长形的菌丝细胞分隔成较短的近方形细胞；另一些是菌丝体的个别细胞膨大形成具有厚壁的厚垣孢子。厚垣孢子产生在菌丝的顶端或菌丝的中间。

(2)裂殖(fission)　指真菌的营养体细胞一分为二，分裂成两个菌体的繁殖方式。裂殖主要发生在单细胞真菌中。

(3)芽殖(budding)　指单细胞营养体、孢子或丝状真菌的产孢细胞以芽生的方式产生无性孢子。

(4)原生质割裂(cleavage of protoplasm)　指成熟的孢子囊内的原生质分割成若干小块，每小块原生质转变成一个孢子。如鞭毛菌产生的游动孢子和接合菌产生的孢囊孢子。

真菌无性繁殖产生的孢子有(图 3-3)：

游动孢子(zoospore)　它是产生于孢子囊中的内生孢子。孢子囊球形、卵形或不

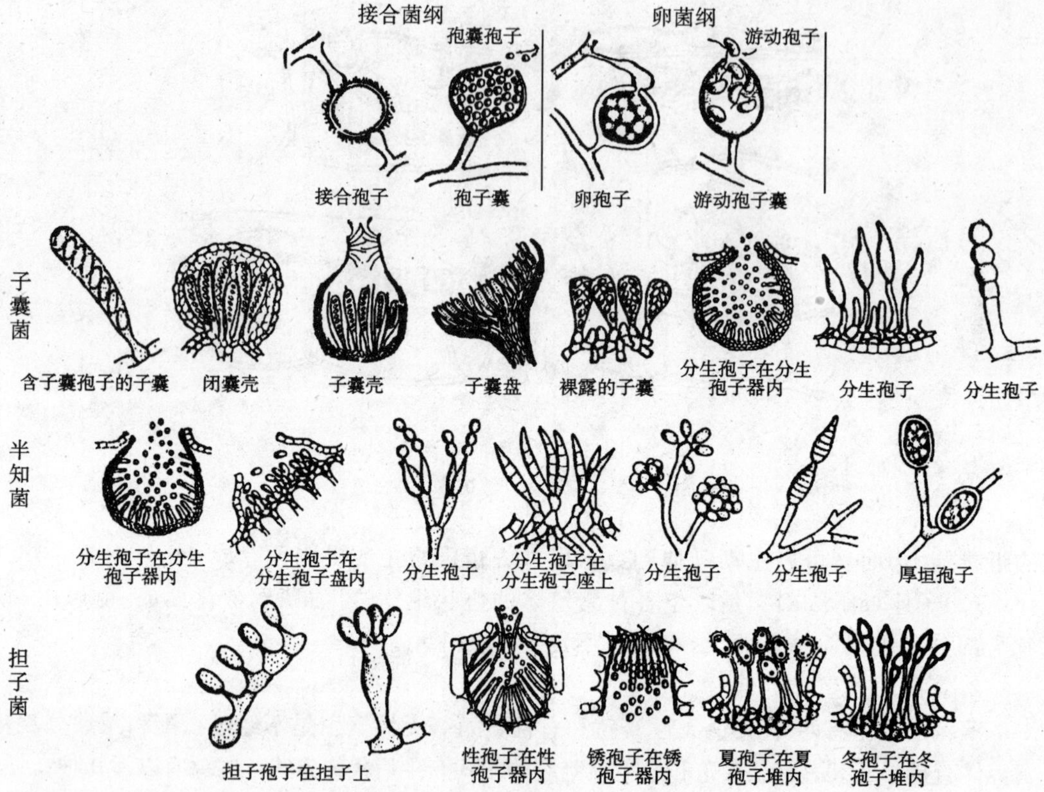

图 3-3　主要类群真菌孢子及子实体

规则形，从菌丝顶端长出，或着生于有特殊形状和分枝的孢囊梗上，囊中原生质裂成小块，每一小块变成球形、洋梨形或肾形，无细胞壁，形成具有 1～2 根鞭毛的游动孢子。

孢囊孢子(sporangiospore)　孢囊孢子也是产生于孢子囊中的内生孢子。没有鞭毛，不能游动，其形成步骤与游动孢子相同，孢子囊着生于孢囊梗上。孢子囊成熟时，囊壁破裂散出孢囊孢子。

分生孢子(conidium)　它是真菌最普遍的一种无性孢子，着生在由菌丝分化而来呈各种形状的分生孢子梗上。

厚垣孢子(chlamydospore)　有的真菌在不良环境下，菌丝内的原生质收缩变为浓厚的一团原生质，外壁很厚，称作厚垣孢子。

有性繁殖是通过性细胞或性器官的结合而进行繁殖，所产生的孢子称为有性孢子。有性生殖要经过质配、核配和减数分裂三个阶段。常见的有性孢子有下列几种：

卵孢子(oospore)　鞭毛菌类产生的有性孢子是卵孢子，由较小的棍棒形的雄器与较大的圆形的藏卵器结合形成的。

接合孢子(zygospore) 接合菌类产生的有性孢子是接合孢子,由两个同形的配子囊结合形成。

子囊孢子(ascospore) 子囊菌产生的有性孢子是子囊孢子,由两个异形的配子囊雄器和产囊体结合而成。一般在子囊内形成8个细胞核为单倍体的子囊孢子,形状为球形、圆桶形、棍棒形或线形等。

担孢子(basidiospore) 担子菌产生的有性孢子是担孢子,是由性别不同单核的初生菌丝相结合而形成双核的次生菌丝。双核菌丝经过营养阶段后直接产生担子和担孢子,或先产生一种休眠孢子(冬孢子或厚垣孢子),再由休眠孢子萌发产生担子和担孢子。

3. 真菌的生活史

真菌从某个孢子开始,经过萌发生长和发育,最后又产生同一种孢子的过程,称为真菌的生活史(图3-4)。真菌的营养菌丝体在适宜条件下产生无性孢子,无性孢子萌发形成芽管并继续生长形成新的菌丝体,这是无性阶段。在生长季节中,这种无性繁殖往往发生若干代。至生长后期进入有性阶段,从单倍体的菌丝体上形成配子囊或配子,经过质配、核配和减数分裂,形成单倍体的细胞核,这种细胞发育成单倍体的菌丝体。

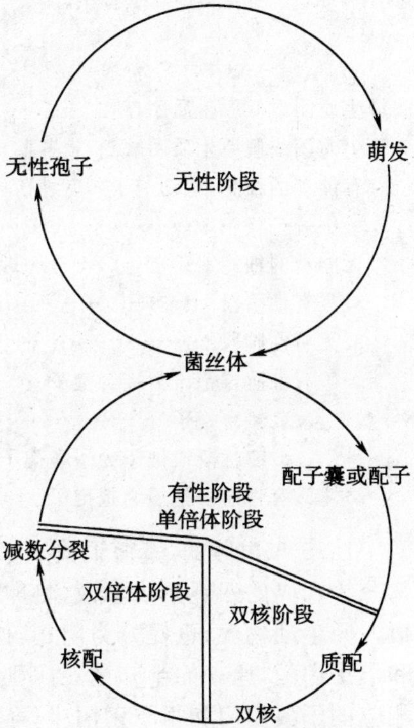

图3-4 真菌生活史图解

有些真菌的生活史中,只有无性繁殖阶段或极少进行有性繁殖。如泡桐炭疽病菌、油桐枯萎病菌;有些真菌生活中,以有性繁殖为主,无性孢子少发生或不发生。如落叶松癌肿病菌;有些真菌生活中不产生或很少产生孢子,其侵染过程全由菌丝体完成。如引起苗木猝倒病的丝核菌;有些真菌的生活史中,可以产生几种不同类型的孢子,这种现象称为真菌的多型性。如锈菌在其生活史中能形成5种不同类型的孢子。

4. 真菌分类

关于真菌分类体系,各真菌分类学家意见不一,但大都是依据真菌的形态学、细胞学、生物学特性和个体发育及系统学发育的研究资料进行分类。在较老的分类系统中，把真菌分为藻菌纲（Phycomycetes）、子囊菌纲（Asecomycetes）、担子菌纲（Basidiomycetes）和半知菌类（Deuteronycetes）。恩斯瓦思（G. C. Ainsworth）在1966和1971年提出将真菌从植物界中分出，另立为真菌界，其中分为黏菌门（Myxomycota）和真菌门（Eumycota），真菌门下再分为鞭毛菌亚门（Mastigomycotina）、接合菌亚门（Zyqomycotina）、子囊菌亚门（*Ascomycotina*）、担子菌亚门（Basidiomycotina）和半知菌亚门（Deuteromycotina）。20世纪70年代以来这一分类系统在世界范围内已被广泛接受，在我国的教科书或专著上也广为采用。

菌物界分门、亚门检索表

1. 原生质团或假原生质团存在 …………………………………… 黏菌门（*Myxomycota*）
1. 原生质团或假原生质团缺乏，营养阶段有典型的丝状体 ………………… 真菌门（*Ewmycota*）2
  2. 有能动的细胞（游动孢子），有性阶段的孢子典型地为卵孢子 …………………………………………………………………………… 鞭毛菌亚门（*Mastigomycotina*）
  2. 无能动的细胞 …………………………………………………………………… 3
    3. 具有性阶段 …………………………………………………………………… 4
    3. 无有性阶段 ………………………………………………… 半知菌亚门（*Deuteromycotina*）
      4. 有性阶段孢子为接合孢子 ………………………………… 接合菌亚门（*Zygomycotina*）
        5. 无接合孢子 ………………………………………………………………… 5
          6. 有性阶段孢子为子囊孢子 ………………………………… 子囊菌亚门（*Ascomycotina*）
        5. 有性阶段孢子为担孢子 ………………………………… 担子菌亚门（*Badidiomycotina*）

1995年出版的《真菌词典》（第八版）接受了Cavalier-Smith（1981，1988）将细胞生物分为八界的八界系统学说，将卵菌和丝壶菌归入假菌界并提升为门；黏菌、根肿菌被放入原生动物界，也提升为门；其他真菌归为真菌界，分为壶菌门、接合菌门、子囊菌门和担子菌门，原来的半知菌亚门则不成立为门，而是将已经发现有性态的半知菌归入相应的子囊菌门和担子菌门中，对尚未发现有性态的半知菌归入有丝分裂孢子真菌。本书仍采用Ainsworth分类系统。

二、真菌的主要类群及其所致病害

1. 鞭毛菌及其所致病害

鞭毛菌亚门是较低等的真菌，共同的特征是产生具鞭毛、能游动、不具细胞壁的游动孢子（图3-5）。鞭毛菌亚门根据游动孢子的特征分为4个纲，即根肿菌纲（Plasmodiophoromycetes）、壶菌纲（Chytridiomycetes）、丝壶菌纲（Hyphochythridiomycetes）和卵菌纲（Qomycetes）。约含10个目，190个属，1100种。低等水生鞭毛菌多生活在水中的有机物残体上或寄生在水生植物上。比较高等的鞭毛菌生活在土壤中，常引起植物根部和茎基部的腐烂与苗期猝倒病。具陆生习性的鞭毛菌可以侵害植物的地上部，其中许多是专性寄生菌，引起极为重要的病害，如霜霉病、疫霉病等（图 3-6）。

(1)腐霉属（*Pythium*）　菌丝发达，有分枝，无分隔，生长旺盛时呈白色棉絮状。孢子囊在菌丝顶端形成，形状与菌丝无大差别，或者球形或者姜瓣形，成熟后一般不脱落。孢子囊萌发时产生排孢管，顶端膨大成泡囊，孢子囊内含物经排孢管进入泡囊内形成游动孢子。游动孢子肾形、双鞭毛。藏卵器圆形，内含一个卵孢子。雄器侧生，卵孢子圆形或近圆形。大都腐生在土壤或水中，有的能寄生植物引起幼苗猝倒及根、茎、果实的腐烂。其中瓜果腐霉（*P. aphanidermatum*）、德巴利腐霉（*P. debaryanam*）引起苗木猝倒病。

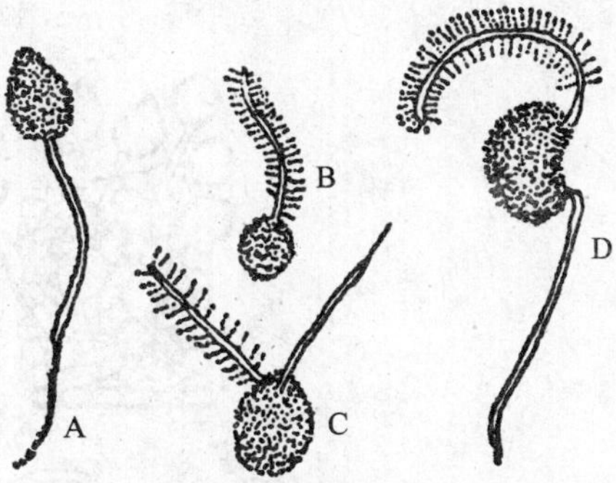

图 3-5　游动孢子鞭毛的位置和形态
A. 后端尾鞭式　B. 前端茸鞭式　C. 前端双鞭式（一尾鞭，一茸鞭）　D. 侧生双鞭式

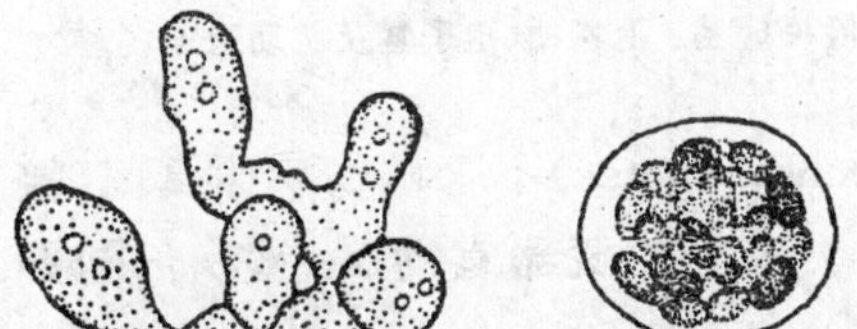

图 3-6　腐霉属
1～3. 绵腐菌：1. 姜瓣形孢子囊　2. 孢子囊萌发形成排孢管及泡囊　3. 雄器及藏卵器　4～5. 德巴利腐霉：4. 球形孢子囊　5. 孢子囊萌发

(2)疫霉属（*Phytophthora*）　菌丝无分隔，发达，多分枝，直径 4～8μm，孢子囊顶生，顶部具乳突或不具乳突。卵孢子具厚壁，光滑，呈浅黄至黄褐色。绝大多数具寄生性，寄主范围广，可侵染植物的根、茎、叶和果实，引起组织腐烂和死亡（图 3-7）。其中恶疫霉（*P. cactorum*）危害苹果引起茎基病，果腐；危害草莓引起湿腐；还可危害苎麻、柑橘、橡胶树、凤仙花、三七、柴荆等植物。樟疫霉（*P. cinamomi*）可侵染上千种植物，主要寄主有：凤梨、山茶花、雪松、木瓜、香樟、杜鹃花、刺槐、金鸡纳树、凤仙花等。危害雪松根及茎基部引起根、茎腐烂；危害山茶花、杜鹃引起根、茎腐烂；危害刺槐引起茎腐；危害凤梨引起心腐。棕榈疫霉（*P. palmivora*）危害凤梨、无花果、橡胶树、胡椒、芋枇杷、芒果、冬青、卫茅等引起根腐或茎溃疡。

2. 接合菌及其所致病害

接合菌亚门真菌的共同特征是有性生殖产生接合孢子。接合菌几乎都是陆生的，多数腐

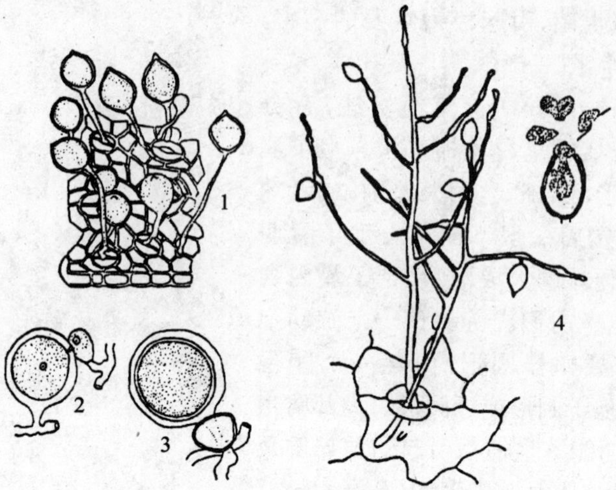

图 3-7 疫霉属

1.孢囊梗及孢子囊 2.雄器侧位 3.雄器下位 4.马铃薯晚疫病菌：孢囊梗、孢子囊及游动孢子

生，少数弱寄生。接合菌亚门分两个纲，毛菌纲(Trichomycetes)不含植物病原真菌，接合菌纲(Zygomycetes)能引起植物花及果实、块根、块茎等贮藏器官的腐烂，病部初期产生灰白色，后期呈灰黑色的霉层。

根霉属(*Rhizopus*)菌丝发达，有分枝，一般无隔，有匍匐丝与假根，孢囊梗球形，产生大量孢囊孢子。囊轴锣槌形。孢囊孢子球形、多角形或棱形，表面有饰纹。接合孢子有瘤状突起，配囊柄不弯曲，无附属丝。主要引起腐烂。其中匍枝根霉(*R. stolonifer*)引起果实、种子的霉烂(图 3-8)。

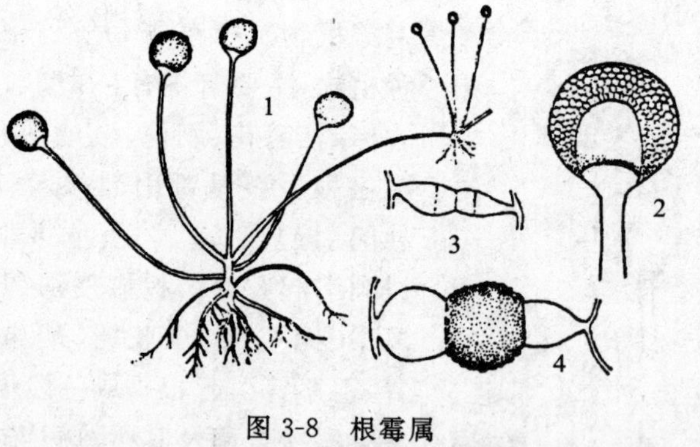

图 3-8 根霉属

1.孢囊梗、假根及匍匐丝 2.孢囊梗放大、示囊轴 3.配囊柄及原配子囊 4.接合孢子

3. 子囊菌及其所致病害

子囊菌是有性态产生子囊及子囊孢子的一类真菌。子囊菌根据有性子实体的形态结构分为 6 个纲，即半子囊菌纲（Hemiascomycetes）、不整子囊菌纲（Pleotomycetes）、核菌纲（Pyrenomycetes）、盘菌纲（Discomycetes）、腔菌纲（Loculoascomycetes）和虫囊菌纲（Laboulbenimycetes）。有 2700 多个属，28 000 多种。子囊菌全部陆生、腐生或寄生。无性繁殖发达产生分生孢子，可引起多次再侵染。有性繁殖产生子囊和子囊孢子。子囊有的裸生在菌丝体上或寄主植物表面，但大多数子囊菌的子囊由菌丝组成的包被包围着形成具有一定形状的子实体，称为子囊果。子囊果分 4 种类型：闭囊壳即子囊层外面的保护组织是完全封闭的，不留孔口；球形或瓶状、顶端有小孔口的称子囊壳；盘状或杯状、顶部开口大的称子囊盘；子囊着生于子座的空腔内，称子囊腔。子囊菌亚门根据是否形成子囊果、子囊果的类型和子囊结构进行分类（图 3-9、图 3-10）。与园林植物病害关系密切的有下列几个目：

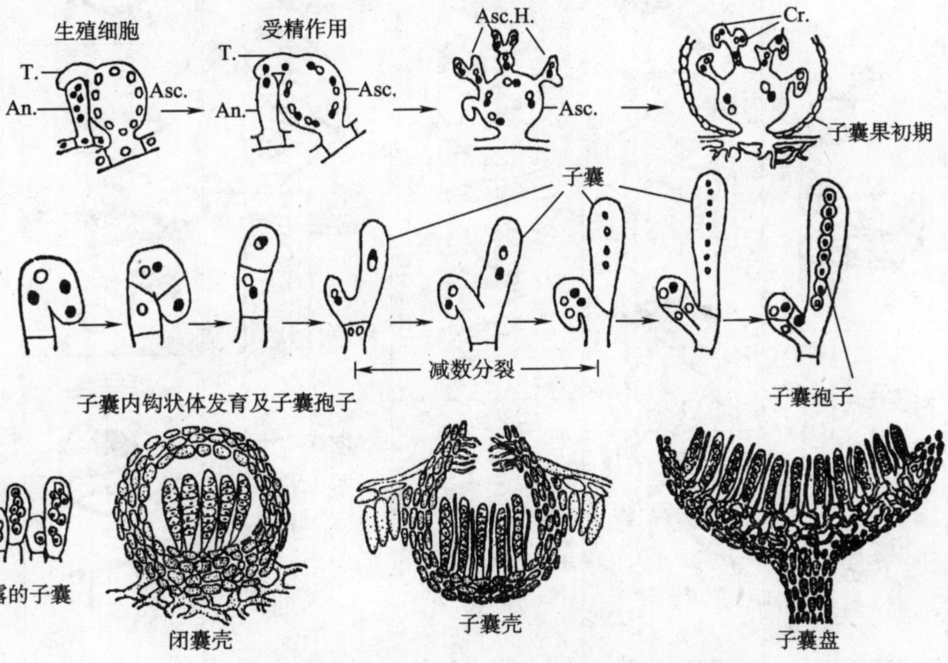

图 3-9　子囊菌有性生殖、子囊发育及子囊果类型示意图

An. 雄器　Asc. 产囊体　T. 受精丝　Asc. H. 产囊丝　Cr. 产囊丝钩

（1）外囊菌目（Taphrinales）　子囊裸生，平行排列在寄主组织表面形成栅状层，子囊长圆筒形，其中有 8 个子囊孢子，子囊孢子单细胞、椭圆形或圆形。侵染植物的叶、果

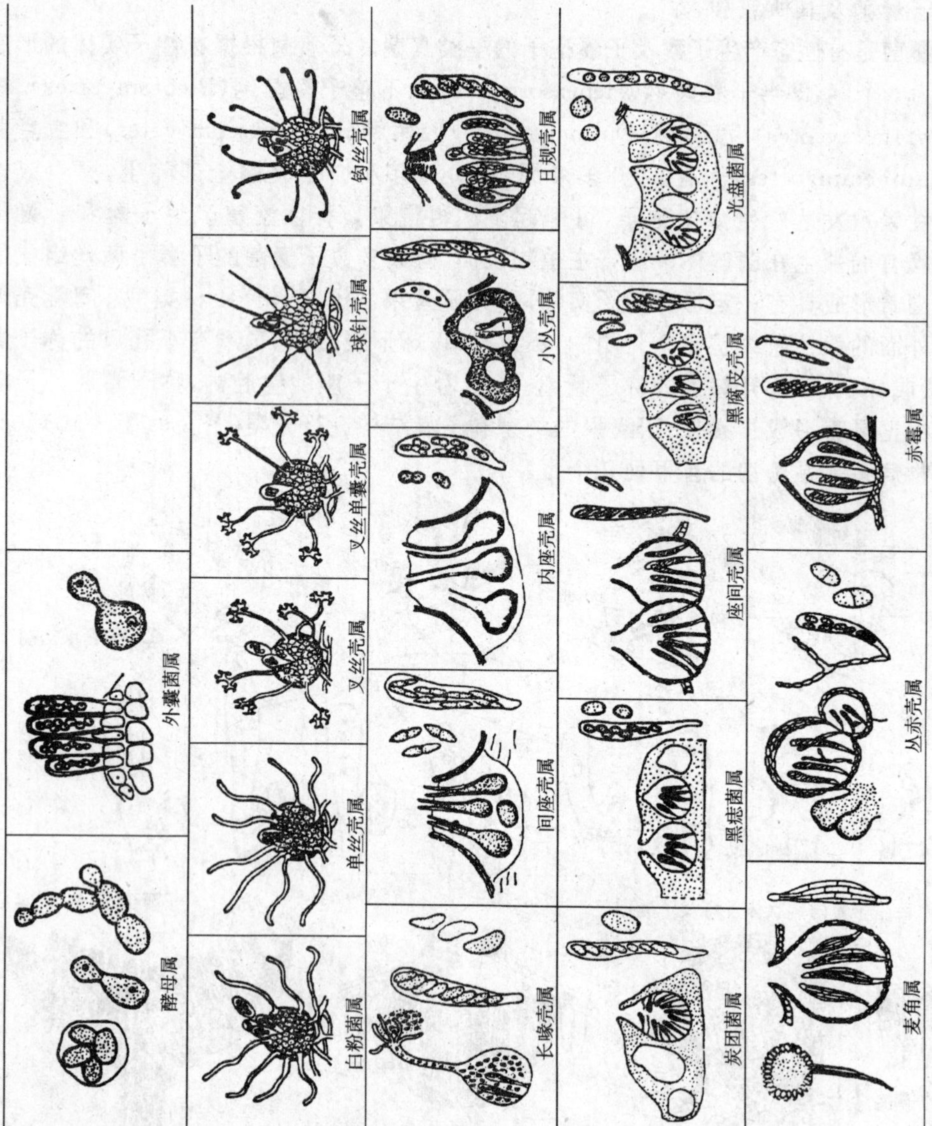

图 3-10 植物病原子囊菌主要类群及属的子实体、子囊及子囊孢子形态

和芽，引起畸形。如桃缩叶病（*Taphrina deformans*）、鹅耳枥缩叶病（*T. carpini*）、杨果肿病（*T. johansonii*）、李袋果病（*T. pruni*）、桦木丛枝病（*T. betulina*）和樱桃丛枝病（*T. cerasi*）等（图 3-11）。

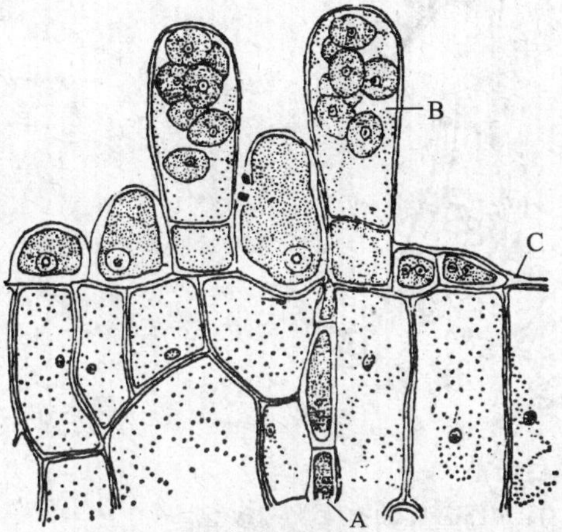

桃缩叶外囊菌
A.胞间菌丝 B.子囊及子囊孢子
C.角质层

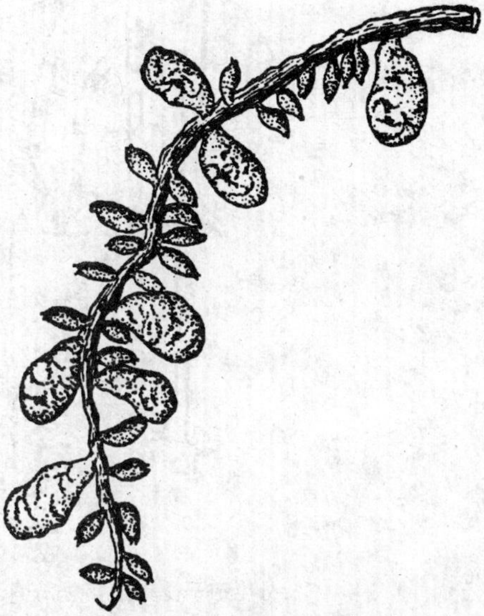

响叶杨果肿病和果穗
正常的蒴果和肿大的病果

图 3-11 外囊菌

（2）白粉菌目（Erysiphales） 其中白粉菌科（Erysiphaceae）真菌都是专性寄生的，菌丝着生于寄主表面，以吸器伸入表皮细胞吸取养分，无性阶段发达，自菌丝体上生分生孢子梗，分生孢子单生或串生，单细胞，无色。有性阶段产生闭囊壳，球形或扁球形，闭囊壳四周或顶端生有各种形状的附属丝（图 3-12）。闭囊壳中有一个或多个子囊，成束或栅状排列。子囊中有 2～8 个子囊孢子，孢子单细胞，无色。其中单丝壳属（*Sphaerotheca*）、叉丝单囊壳属（*Podospaera*）、球针壳属（*Phyllactinia*）、钩丝壳属（*Uncinula*）、白粉壳属（*Erysiphe*）、叉丝壳属（*Micnosphera*）易对园林植物造成危害。

（3）球壳菌目（Sphaeriales） 子囊壳多暗色，散生或聚生在基质表面或者部分或整个埋在子座内，子囊孢子单胞或多胞，无色或有色。子囊间大多有侧丝。无性世代发达，形成各种形状的分生孢子。引起叶斑、果腐、烂皮和根腐等病害。其中小丛壳属（*Glomerella*）、日规壳属（*Gnomonia*）、内座壳属（*Endothia*）、黑腐皮壳属（*Valsa*）、丛赤壳属（*Nectria*）常引起园林植物腐烂。

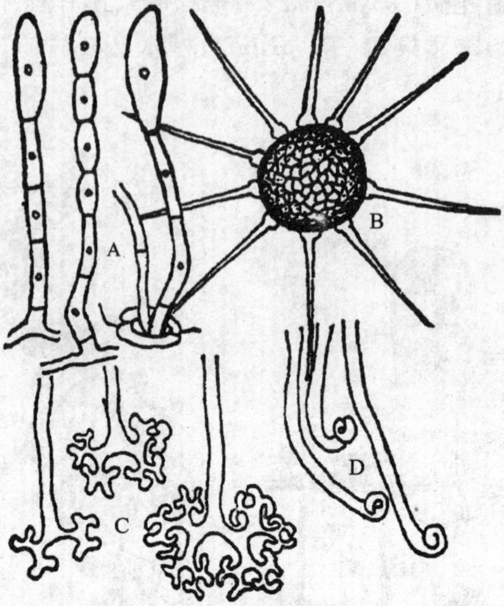

图 3-12　白粉菌

A. 分生孢子梗和分生孢子（自左至右：拟卵孢型，粉孢型，拟粉孢型）

B. 具针状附属丝的闭囊壳　C. 叉型附属丝　D. 钩状附属丝

(4)座囊菌目(Dothideales)　子囊果是子囊腔，子囊成束或平行排列在子囊腔内，子座内有一个或几个子囊腔，无性阶段发达，形成各种形状的分生孢子。如黑星菌属(*Venturiaes*)、球腔菌属(*Mycosphagrella*)、葡萄座腔菌属(*Botrosphaeria*)、球座菌属(*Guignardia*)等属中，有许多种引起园林植物严重病害。

4. 担子菌及其所致病害

担子菌亚门分为三纲，即冬孢菌纲(Teliomycetes)、腹菌纲(Gasteromycetes)和层菌纲(Hymenomycetes)。主要特征是菌丝发达，一般是双核的菌丝，许多菌丝在靠近隔膜处有称作锁状联合的钩状分枝，无性繁殖除锈菌外很少产生无性孢子，有性繁殖产生担子和担孢子。担子多棒状，不分隔或分隔。每个担子上一般形成 4 个担孢子。担子散生或聚生在担子果上。根据其担子是否分隔、担子果的有无以及裸果还是被果等性状进行分类。与园林植物有关的担子菌有下列几类：

(1)锈菌目(Uredinales)　约有 5000 种，是专性寄生菌。菌丝在寄主细胞间隙中扩展，以吸器伸入寄主细胞内吸取养料。在锈菌生活史中可以产生多种类型的孢子。典型的锈菌具有 5 种类型的孢子，即性孢子、锈孢子、夏孢子、冬孢子和担孢子。冬孢子主要起休眠越冬的作用，冬孢子萌发产生担孢子，常为病害的初次侵染源。锈孢子、夏孢子是起扩大蔓延的作用。有些锈菌还有转主寄生现象，即完成它的生活史需要通过两种不同的寄主。锈菌引起的植物病害，在病部可以看到铁锈状物（孢子堆），故称锈病（图 3-13）。感染锈病的叶片，一般引起黄色斑点，病枝有瘤肿的症状。重要的园林植物病原菌有：柱锈菌属（*Cronartium*）、鞘锈菌属（*Coleosporiam*）、栅锈菌属（*Melampsora*）、柄锈菌属（*Puccinia*）和胶锈菌属（*Gymnosporangium*）等。

（2）多孔菌目（Aphyllophorales） 一般形成较大的裸型担子果。担子果的下方有管孔，锯齿或平滑，子实层着生在管孔内壁齿状组织上或平展的菌体上，担子果的质地为革质、木质或栓质，一般比较坚实，大多数是腐生菌。其主要危害是引起立木腐朽和木材腐朽。

（3）黑粉菌目（Ustilaginales） 黑粉菌因其形成大量黑色的粉状孢子而得名。由黑粉菌引起的植物病害称黑粉病。黑粉菌无性繁殖，通常由菌丝体上生出小孢子梗，其上着分生孢子，或由担子和分生孢子以芽殖方式产生大量子细胞，它相当于无性孢子。有性繁殖主产生圆形厚壁和冬孢子，因冬孢子的形成方式有些像厚垣孢子，故过去也称厚垣孢子。冬孢子群集成团的产生，可出现在寄主的花器、叶片、茎或根等部位。被黑粉菌寄生的植物均在受害部位出现黑色粉堆或团。最常见的是寄生在花器上，使其不能授粉或不结实；植物幼嫩组织受害后形成菌瘿；叶片和茎受害其上发生条斑和黑粉堆；少数黑粉菌能侵害植物根部使它膨大成块瘿或瘤。黑粉菌与锈菌一样，主要根据冬孢子性状进行分类。危害园林植物的重要病原有条黑粉菌属（*Urocystis*）及黑粉菌属（*Ustilago*）等。常见的有银莲花条黑粉病及石竹科植物花药黑粉病等。

（4）外担子菌目（Exobasidiales） 不形成担子果，担子果裸生在寄主表面，形成子实层，担孢子 2～8 枚生于小梗上。危害植物的叶、茎和果实。常常使被害部位发生膨肿症状，有时也引起组织坏死。其中外担子菌属（*Exobasidium*）是园林植物的重要病原，常见的有杜鹃和山茶的饼病。

5. 半知菌及其所致病害

由于半知菌的生活史只发现无性阶段，有性阶段未发现，或不产生有性态，所以称为半知菌。已发现的有性态多属于子囊菌亚门，极少数属于担子菌，个别属于接合菌。半知菌亚门属三纲，即丝孢菌纲（Hyphomycetes）、腔孢菌纲（Coelomycetes）和芽孢菌纲（Blastomycetes）。半知菌营养体发达，有隔膜，其繁殖方式是从菌丝体上分化出特殊的分生孢子梗，由产孢细胞产生分生孢子，孢子萌发产生菌丝体。分生孢子梗分散着生在营养菌丝上或聚生在一定结构的子实体中。半知菌的无性子实体有以下几种（图 3-14）：

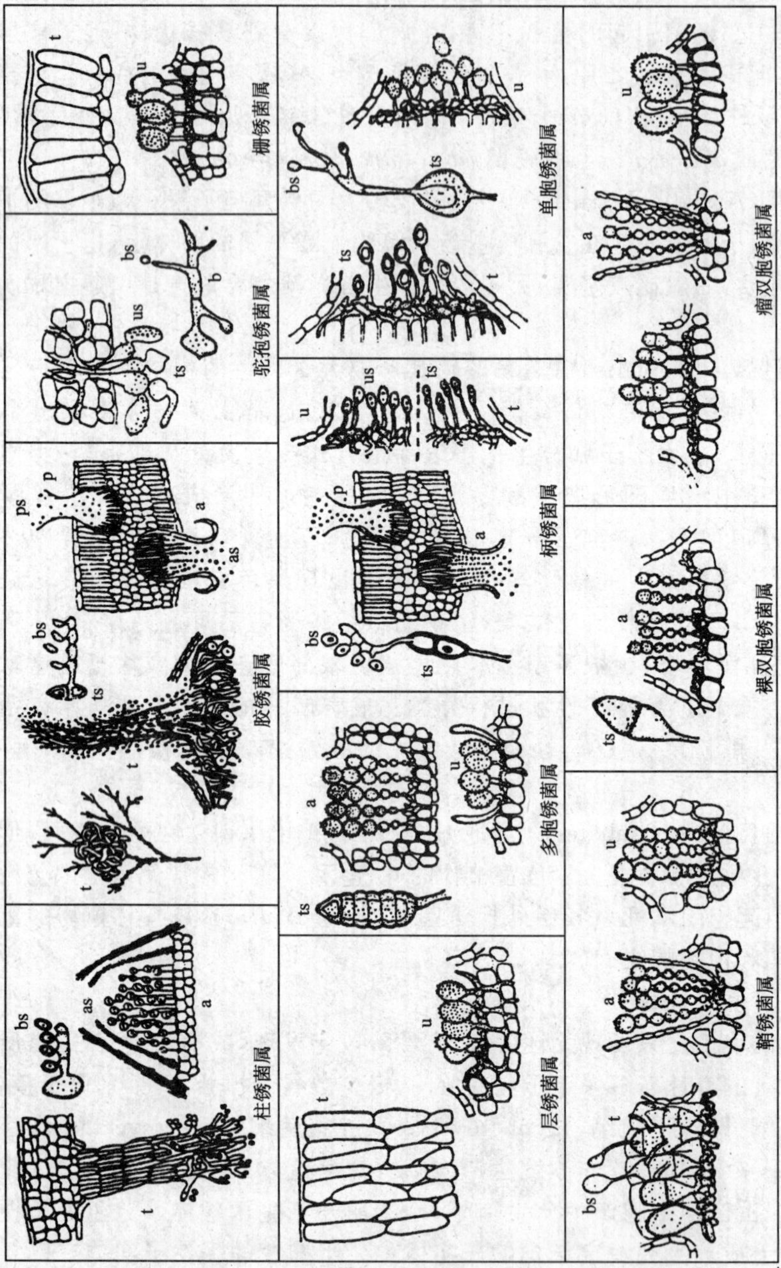

图3-13 锈 菌

a. 锈孢子器 as. 锈孢子 b. 担子 bs. 担孢子 p. 性孢子器
ps. 性孢子 t. 冬孢子堆 ts. 冬孢子 u. 夏孢子堆 us. 夏孢子

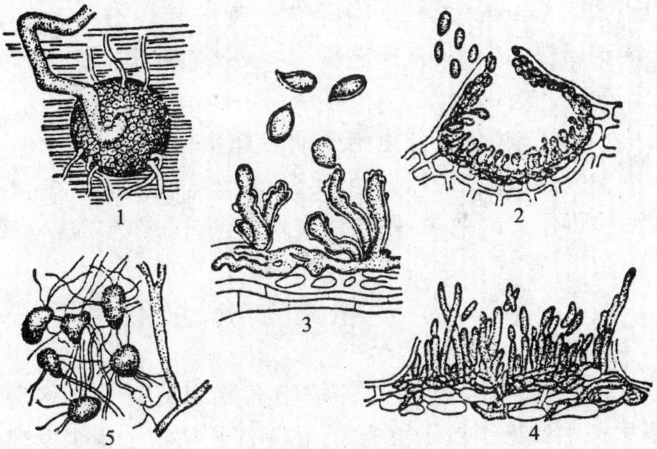

图 3-14　半知菌的子实体及菌核

1.分生孢子器外形　2.分生孢子器剖面　3.分生孢子梗　4.分生孢子盘　5.菌丝及菌核

(1)分生孢子器(pycnidium)　球形或者烧瓶状,顶端具孔口结构的为分生孢子器。器内壁或底部的细胞长出分生孢子梗,一般较短和不分枝,但也有的梗较长而分枝。

(2)分生孢子盘(acervalus)　扁平开口的盘状结构称分生孢子盘。盘基部凹面的菌丝团上平行着生分生孢子梗,有的分生孢子盘上长有黑色的刚毛。

(3)分生孢子座(sporodochium)　垫状或瘤状结构,其上着生分生孢子梗的称为分生孢子座。

半知菌亚门中有许多园林植物病原菌,引起植物各种器官的病害。与园林植物有关的重要半知菌有:

(1)丝孢目(Hyphomycetales)　分生孢子梗散生或成束生在菌丝体上或寄主表面。其中镰刀菌属(*Fusarium*)引起各种根病和萎蔫病;粉孢属(*Oidium*)、尾孢属(*Cercospora*)、葡萄孢属(*Botrytis*)、链格孢属(*Alternaria*)、枝孢属(*Cladosporium*)、轮枝孢属(*Vertillium*)等引起园林植物叶斑病。

(2)无孢菌目(Agonomycetales)　除厚垣孢子外,不产生其他任何孢子。通常以菌丝体、菌核或菌索出现。其中丝核菌属(*Rhizoctonia*)、小核菌属(*Sclerotium*)引起猝倒病或白绢病。

(3)黑盘孢目(Melanconiales)　分生孢子梗产生在孢子盘上。其中炭疽菌属(*Colletotrichum*)、盘二孢属(*Marssonina*)、盘多毛孢属(*Pestalotia*)引起园林植物多种炭疽及各种叶斑病。

(4)球壳孢目(Sphaeropsidales)　分生孢子梗着生在分生孢子器内。大茎点属(*Macroohoma*)、茎点属(*Phoma*)、壳针孢属(*Septoria*)和叶点霉属(*Phyllosticta*)常引起枝枯及各种叶斑病。

半知菌生活史一般比较简单，分生孢子萌发产生菌丝体，菌丝体上再产生分生孢子。在生长季节中重复若干代后，以分生孢子、菌丝体或菌核越冬。由于分生孢子量大，迅速成熟和传播，再侵染次数多，并且潜育期短，所以常造成病害流行。

第二节　植物病原细菌

植物细菌病害分布很广，目前已知的植物病原细菌有 300 多种，我国发现的有 70 种以上。细菌病害主要见于被子植物，松柏等裸子植物上很少发现。

一、病原细菌的一般性状

1. 细菌的形态结构

细菌属于原核生物界，是单细胞的微小生物。基本形状可分为球状、杆状和螺旋状三种。植物病原细菌全部都是杆状，两端略圆或尖细，一般宽约 0.5～0.8μm，长 1～3μm。

细菌的结构较简单。外层是有一定韧性和强度的细胞壁。细胞壁外常围绕一层黏液状物质，其厚薄不等，比较厚而固定的黏质层称为荚膜。在细胞壁内是半透明的细胞膜，它的主要成分是水、蛋白质和类脂质、多糖等。细胞膜是细菌进行能量代谢的场所。细胞膜内充满呈胶质状的细胞质。细胞质中有颗粒体、核糖体、液泡、气泡等内含物，但无高尔基体、线粒体、叶绿体等。细菌的细胞核无核膜，在电子显微镜下呈球状、卵状、哑铃状或带状的透明区域。它的主要成分是脱氧核糖核酸(DNA)，而且只有一个染色体组(图 3-15)。

绝大多数植物病原细菌不产生芽孢，但有一些细菌可以生成芽孢。芽孢对光、热、干燥及其他因素有很强的抵抗力。通常煮沸消毒不能杀死全部芽孢，必须采用高温、高压处理或间歇灭菌法才能杀灭。

大多数植物病原细菌都能游动，其体外生有丝状的鞭毛。鞭毛数通常 3～7 根，多数着生在菌体的一端或两端，称极毛；少数着生在菌体四周，称周毛。细菌有无鞭毛和鞭毛的数目及其着生位置是分类上的重要依据之一(图 3-16)。

2. 细菌的繁殖

细菌的繁殖方式一般是裂殖。即细菌生长到一定限度时，细胞壁自菌体中部向内凹入，胞内物质重新分配为两部分，最后菌体从中间断裂，把原来的母细胞分裂成两个形式相似的子细胞。细菌的繁殖速度很快，一般 1 小时分裂一次，在适宜的条件下有的只要 20 分钟就能分裂一次。

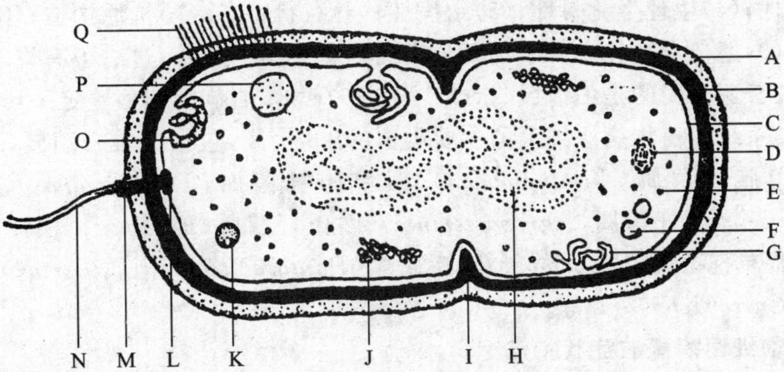

图 3-15　细菌结构模式图

A. 荚膜　B. 细胞壁　C. 原生质膜　D. 质粒　E. 核糖体　F. 气泡　G. 间体　H. 核质区　I. 横隔膜的发育　J. 聚核糖体　K. 异染粒　L. 鞭毛基体　M. 鞭毛鞘　N. 鞭毛　O. 载色体　P. 液泡　Q. 伞毛

3. 细菌的生理特性

植物病原细菌都是非专性寄生菌，都能在培养基上生长繁殖。在固体培养基上可形成各种不同形状和颜色的菌落，通常以白色和黄色的圆形菌落较为居多，也有褐色和形状不规则的。菌落的颜色与细菌产生的色素有关。细菌的色素若限于细胞内，则只有菌落有颜色，若分泌到细胞外，则培养基也变色。假单胞杆菌属的植物病原细菌，有的可产生荧光性色素并分泌到培养基中。青枯病细菌在培养基上可产生大量的褐色色素。

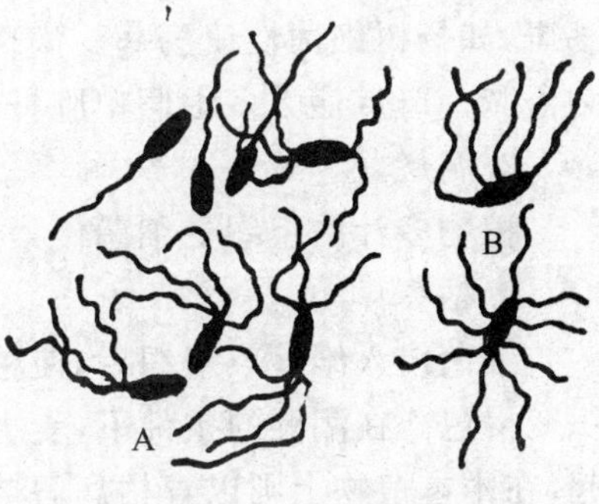

图 3-16　细菌的鞭毛

A. 极生鞭毛　B. 周生鞭毛

大多数植物病原细菌是好气的，只有少数是嫌气菌。细菌的最适生长温度是26～30℃，温度过高过低都会使细菌生长发育受到抑制，细菌对高温比较敏感，一般致死温度是 50～52℃。

革兰氏染色反应是细菌的重要属性。细菌用结晶紫染色后，再用碘液处理，然后用酒精或丙酮冲洗，洗后不褪色的是阳性反应，洗后褪色的是阴性反应。革兰氏染色能反映出细菌本质的差异，阳性反应的是细胞壁较厚，为单层结构；阴性反应的细胞壁较薄，为双层结构。

二、植物病原细菌的分类概况

细菌个体很小，构造简单，不像其他生物那样主要以形态作为分类依据。细菌分类主要以下列各方面的性状为依据：(1)形态学上的特征；(2)营养型及生活方式；

(3)培养特性;(4)生理生化特性;(5)致病性;(6)症状特点;(7)抗原构造;(8)对噬菌体的敏感性;(9)遗传学特性。关于细菌分类问题意见颇不一致,过去曾有许多种分类系统。现在较普遍采用的是伯节氏(Bergey)在1974年《伯节氏细菌鉴定手册》(第八版)提出的分类系统。植物病原细菌的主要类群有28个属,包括土壤杆菌属(*Agrobacterium*)、黄单胞杆菌属(*Xanthomonas*)、假单胞杆菌属(*Pseudomonas*)、链霉菌属(*Streptomyces*)、野杆菌属(*Agrobacterium*)、欧氏杆菌属(*Erwinia*)、根杆菌属(*Rhizobacter*)、根单孢菌属(*Rhizomonas*)、泛菌属(*Pantoea*)、节杆菌属(*Arthrobacter*)、短小杆菌属(*Curtobacterium*)等。

三、植物细菌病害的症状特点

植物细菌病害的主要症状有斑点、腐烂、枯萎、畸形等几种类型。

1.斑点

细菌性病斑发生初期,病斑常呈现半透明的水渍状,其周围形成黄色的晕圈,扩大到一定程度时,中部组织坏死呈褐色至黑色。有些细菌还能在寄主枝干韧皮部形成溃疡斑,如杨树细菌性溃疡病。病斑到了后期,常从自然孔口和伤口溢出细菌性黏液,称为溢脓。斑点症大多由假单胞杆菌或黄单胞杆菌引起的。

2.腐烂

植物多汁的组织受细菌侵染后,通常表现腐烂症状。腐烂主要由欧氏杆菌引起。

3.枯萎

细菌侵入维管束组织后,使植物输导组织受破坏,引起整株枯萎,受害的维管束组织变褐色。在潮湿的条件下,受害茎的断面有细菌黏液溢出。枯萎多由棒状杆菌属引起,在木本植物上则以青枯病假单胞杆菌最为常见。

4.畸形

以组织过度生长畸形为主,野单胞杆菌的细菌可以引起根或枝干产生肿瘤,或使须根丛生。

四、植物细菌病害的侵染循环和防治要点

细菌不能直接穿透表皮侵入,因此侵入途径只能是自然孔口和伤口,各种植物病原细菌均可以从伤口侵入寄主,假单胞杆菌和黄单胞杆菌两属中寄生性较强的一些种类除了通过伤口侵入外,也可以通过气孔、水孔或皮孔等自然孔口侵入植物体。野单胞杆菌和欧氏杆菌则是以伤口侵入寄主,细菌从侵入到发病大多只需要几天时间,因此,在一个生长季节中往往可以有多次再侵染的机会。

在自然条件下,细菌的传播主要依靠雨滴飞溅作用,很少由气流和昆虫传播,故传播的距离一般不远。由于细菌的侵入和传播都需要在有水的条件下进行,所以,细菌病害的发生与发展往往与湿度的高低及一年中雨露的分布有密切的关系。

带菌的种苗是细菌病害侵染的重要来源。种子带菌易引起苗期的感染，然后再传给成株。在木本植物上，幼苗可以在苗木的枝干内越冬，许多危害树木叶部的细菌都同时能危害新梢，它们都可以在新梢的病组织中越冬，引起下一年的侵染，植物病死后残体，也是细菌越冬的重要场所，但在病残体分解之后，其中的细菌也大部分死亡。植物病原细菌一般不能在土壤中存活很久。

植物细菌病害的防治最重要的是减少侵染源。从地区来说，要采取检疫措施，防止新病菌的传入。在病区内则应培养无病种苗，进行种苗的消毒处理和清除病株及残体。化学药剂对细菌病害的防治效果一般不理想。原因是细菌由雨水传播到寄主感病部位的同时就有侵入的条件，从接触到侵入的时期较短，一般保护剂不能充分发挥作用。植物病原细菌对抗菌素较为敏感，波尔多液也有较好的效果。对于从根部侵入的细菌，可以考虑用抗病的植物作砧木进行嫁接来防病。选育抗病品种也是防治细菌病害的重要途径。

第三节　植物病原病毒

病毒是一类非细胞形态的具有传染性的寄生物，其核酸基因的重量小于 3×10^{8} 道尔顿，需要有寄主细胞的核糖体和其他成分才能复制增殖。

一、植物病毒的一般性状

1. 病毒的形态结构

病毒比细菌小，只在电子显微镜下才能观察到病毒粒体。其形态可分为三类：(1)棒状，有硬棒状和软棒状（或称纤维状、线状）两类，软棒状一般长 450～1250nm，个别长 2000nm，宽 10～13nm；硬棒状长 130～300nm，宽 15～20nm；(2)球状，粒体常呈几面体，直径一般在 16～80nm 之间；(3)弹状或称杆状，一般呈子弹状，一端钝圆一端平截或呈杆菌状两端钝圆。长 50～240nm，为宽的 3 倍。不同类型的病毒粒体大小差异很大（图 3-17）。

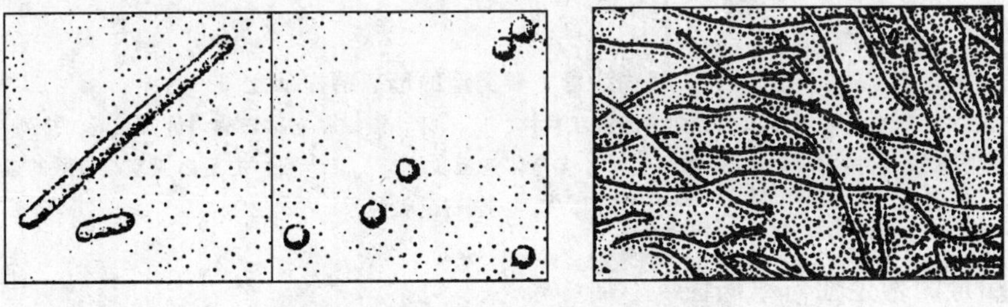

图 3-17　电子显微镜下病毒粒体的形态

病毒粒体是由核酸和蛋白质两大部分组成，蛋白质在外形成衣壳，核酸在内，形成轴心。绝大部分植物病毒的核酸是核糖核酸（RNA），个别种类是脱氧核糖核酸（DNA）。RNA 为单链，少数是双链的。核酸携带着病毒的遗传信息，使病毒具有传染性。

各种病毒的结构是不同的。一般棒状病毒的粒体是空心的，其外壳由蛋白质亚基呈螺旋对称排列组成，中间是核酸链。球状病毒的粒体中心也是空的，外壳由 60 个或 60 个倍数的蛋白质亚基组成，蛋白质亚基镶嵌在粒体表面。弹状病毒粒体的结构更复杂，具有较粒体短而细的管状中髓；蛋白质亚基也组成螺旋形衣壳，在衣壳外有一层突起的外膜，外膜是由脂蛋白的亚基组成，外膜的突起为糖蛋白；核酸链与蛋白质的结合与棒状病毒相似（图 3-18）。

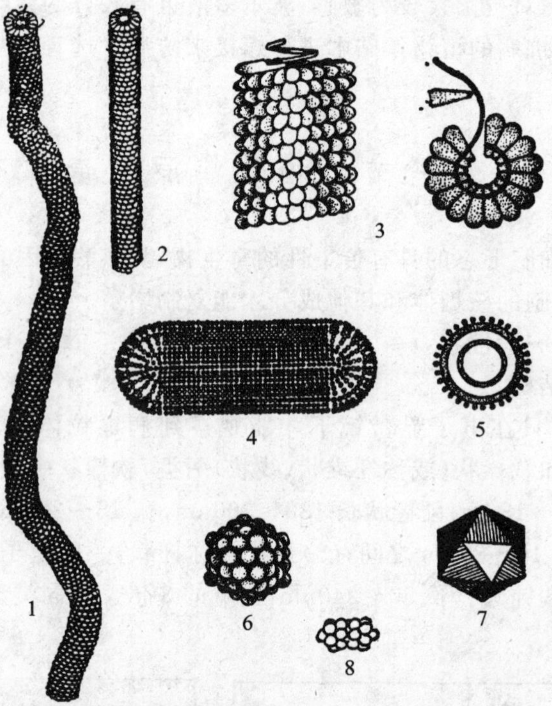

图 3-18　植物病毒主要类型的形态结构示意图

1. 长而弯曲的线状粒体　2. 僵直的杆状粒体　3. 示杆状或线状病毒核酸与蛋白亚基的排列　4. 杆菌状粒体　5. 杆菌状粒体横切面　6. 多角体病毒粒体　7. 二十面体的蛋白亚基与核酸的排列　8. 联体（双生）病毒的粒体

2. 病毒的寄生性与致病性

病毒是一种专性寄生物，它的粒体只能存在于活的细胞中。病毒的寄生性和寄生专化性不完全符合，一般对寄主选择性不严格，因此它的寄主范围很广。如烟草花叶病毒能侵染36科的236种植物。不少植物感染某种病毒后不表现症状，其生长发育和产量不受显著的影响，这表明有的病毒在寄主上只具有寄生性而不具有致病性。这种现象称为带毒现象，被寄生的植物称为带毒体。

3.病毒的增殖

病毒缺少生活细胞所具备的细胞器，而且绝大多数植物病毒都缺乏独立的酶系统，不能合成自身繁殖所必须的原料和能量。因此，病毒只能在活细胞内利用寄主的营养物质和能量分别合成蛋白质和核酸，从而形成新的病毒粒体。病毒侵入寄主细胞后，在其核酸（基因组）的控制下，在寄主细胞里分别形成其子代的核酸与蛋白质外壳等成分，然后在寄主细胞内装配成病毒粒体，最后以各种方式释放到细胞外，再感染其他细胞。病毒的这种增殖方式称为复制。通常，病毒的增殖过程也是病毒的致病过程（图3-19）。

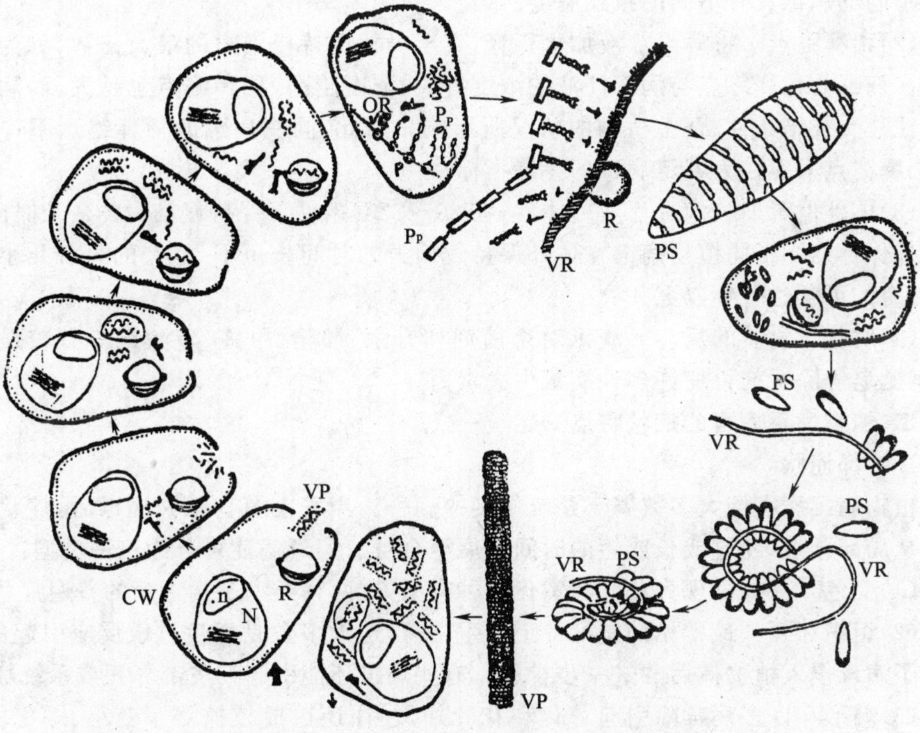

图3-19　病毒的侵染与体内生物合成循序

CW.细胞壁　R.核糖体　n.核仁　N.核　p.多聚糖　Pp.蛋白亚基　VP.病毒粒子

□为氨基酸　—为复制的RNA　…为转移RNA　～～为病毒RNA、VR

4.病毒的变异

植物病毒发生变异的现象是普遍的，发生变异的原因很多，有自然发生的，也有人工诱发的。最常见的是病毒通过不同的寄主时，使种内的某些更适应的粒体分别得到增殖而形成若干变株。其次化学和物理因素也能诱发病毒变异，如电离辐射以及高温、亚硝酸、羟胺等处理，特别是亚硝酸处理的作用最明显。再次病毒的增殖过程也会发生遗传变异。不同的变株可能引起植物表现不同的症状。株系或变株之间在致病力、传毒介体、抗原特异性等方面也有差异，有的甚至粒体形状也不一样。因此，病毒的变异使鉴定、选育抗病品种及防治变得相当复杂。

5.病毒对外界条件的稳定性

病毒对外界因子的影响较其他微生物稳定，主要表现以下几个方面：

(1)致死温度(失毒温度)　将病毒汁液在不同温度下处理 10 分钟后，使病毒失去致病力的最低温度，称为致死温度。病毒对温度的抵抗力比其他微生物高，也相当稳定。不同的病毒具有不同的致死温度。

(2)稀释终点　将病毒汁液加水稀释，直至仍能保持侵染力的最大倍数，称为稀释终点。病毒的稀释终点与病毒汁液的浓度有关，浓度越高，稀释终点也越大，而病毒的浓度往往受栽培条件、寄主植物的状况所影响。因此，同一病毒的稀释终点不一定相同，稀释终点只能作为鉴定病毒的参考指标。

(3)体外保毒期　病毒汁液离体后，在 20～22℃条件下保持侵染力的最长时间，称为体外保毒期。不同植物病毒在体外保持致病力的时间长短不一，有的只有几小时或几天，有的可长达一年以上。

(4)对化学物质的反应　病毒对杀菌剂如升汞、酒精、甲醛、硫酸铜等有较强的抗性，但肥皂等除垢剂可使许多种病毒失去毒力。

二、植物病毒病害的症状特点

1.外部症状

植物病毒病害绝大多数属于系统侵染的病害。当寄主植物感染病毒后，症状发生总是从局部开始，经过或长或短的时间扩展至全身。病毒病症可分为三种类型：

(1)变色　主要表现为花叶和黄化两种类型，这两种类型是病毒病的普遍症状。

(2)组织坏死　最常见的是叶片上产生枯斑，这大多数是寄生过敏反应引起的，它阻止了病毒侵入植物体后的进一步扩展。有些病毒还能引起韧皮部坏死或系统坏死。

(3)畸形　许多病毒除引起黄化和花叶外，往往还造成植株器官变小、矮化、节间缩短、丛枝、皱叶、蕨叶、卷叶、瘤肿等变态，这些变态常常是病毒病的最终表现。

2.内部变化

植物受病毒侵染后除在外部表现一定的症状外，在感病植物细胞内也可以引起病变。细胞内结构变化，较明显的如叶绿体的破坏和各种内含体的出现。在光学显微镜下所见到的内含体，有无定形内含体（X-体）和结晶状内含体两种。这两种内含体在细胞质内和细胞核内均有。此外，还有一些内含体在电子显微镜下才能看到。如风轮状、环状及束状内含体（图 3-20）。

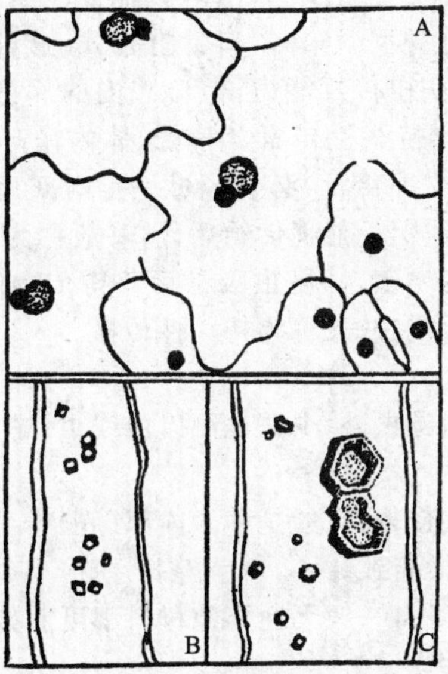

图 3-20 病毒的内含体

A. 感染蕃茄桃叶珊瑚花叶病毒的 Solanum noci-florum 的表皮细胞内的水泡性内含体和细胞核接触
B. 感染烟草环斑病毒的烟叶麦皮细胞内的小晶体 C. 感染烟草花叶病毒的烟叶毛细胞内的皿状晶体
（A. 据 Smith 照片改绘，B、C. 据 Bawden 和 Sheffield 照片改绘）

环境条件对病毒病害的症状有抑制或增强作用。例如花叶症状在高温下常受到抑制，而在强光照下则表现得更明显。由于环境条件的关系，使植物暂时不表现明显的症状，甚至原来已表现的症状也会暂时消失，这种现象称为隐症现象。

三、病毒病害的传播

病毒是专性寄生物，它必须在活体细胞内寄生活动，不能像其他病原物那样主动地传播，只能通过轻微的伤口侵入植物体，因而轻伤不但为病毒开放了门户，而且又不至造成寄生细胞的死亡。病毒的具体传播方式主要有以下几种：

1. 接触传播

病、健植株的叶片因相互碰撞摩擦而产生轻微伤口，病毒随着病株汁液从伤口流出侵染健株。通过沾有病毒汁液的手和操作工具也能将病毒传给健株。

2. 嫁接传播

几乎所有的植物病毒都能通过嫁接的方式传播，病毒可由带毒一方传给无毒一方。树木根系间的自然接合也会造成病毒的株间传播。

3. 昆虫传播

植物病毒的媒介昆虫主要是蚜虫和叶蝉，其他如飞虱、粉蚧、椿象、木虱、蓟马等。它们传播病毒的方式有三种类型。第一，口针携带式，这种传播方式最简单。昆虫的口针在病株刺吸以后，立即获得传毒能力，但口腔内的病毒排完后，便失去传毒能力，所以这种传毒方式也叫做非持久性传毒。第二，体内循环式，这种传毒方式较复杂。昆虫吸取病毒汁液后，不能立即传毒，必须经过一定时间后，才具有传毒能力，这类病毒在虫体内保持的时间较长，但不能遗传给后代，一般称为半持久性传播。第三，增殖式传毒。病毒能在昆虫体内增殖，即昆虫吸毒后获得传毒能力且保持很长时间，并可以通过卵把病毒传给它的后代，故又称为持久性传播。

4. 其他介体传播

植物病毒的传播介体除昆虫外，少数也可以由线虫、螨类、真菌及菟丝子等传播。

5. 种子传播

种子传毒有的是因种皮带毒，有的是种子内部(胚)带毒。种皮带毒是由果肉污染所致，种皮带毒是由花粉传染所致。

由于病毒系统侵染的特性，一般无性繁殖材料都可能传播病毒病害。

四、病毒病害的防治特点

病毒病害与其他侵染性病害比较，更加难以防治。由于植物病毒的寄主范围广，对化学药剂抵抗性较强，所以在防治上存在一定的复杂性和局限性。主要防治途径有以下几个方面：

1. 选用无病繁殖材料

这一措施对无性繁殖栽培的苗木、花卉特别重要。选用无病植株的枝条和幼苗作为接穗和砧木，避免嫁接传毒。由于病毒在植物中一般不进入生长点，利用植物的芽和生长点进行组织培养可获得无病苗木。

2. 减少侵染来源

带病的植株是病毒病的主要传染来源，由于病毒的寄主范围广，所以除草消灭野生寄主是防治病毒病的重要途径。

3. 防治媒介昆虫

4. 培育抗病品种

品种的抗性要注意两个方面，包括对病毒本身的抗性和对传毒虫媒的抗性。

5. 病株治疗

用温汤处理带病的种苗和无性繁殖材料，可以杀死其中病毒。用干扰核酸代谢的化学物质来防治病毒，也会获得显著效果。

第四节　植物病原植原体

植原体(Mycoplasma-like organism 简称 MLO)是 1967 年从桑萎缩病中认识的一种新病原。这类微生物的形态结构与动物病原菌原体极为相似。目前已发现 300 多种植物的 90 种左右的病害是由植原体引起。园林植物上已知的植原体病害有泡桐丛枝病、枣疯病、桑萎缩病、榆韧皮部坏死病及翠菊黄化病、三叶草叶肿病等。

一、植原体的一般性状

现在一般所称的植原体包括两种类型。一类为螺原体(Spiroplasma)，在其发育过程中形成螺旋状菌体，一般长 3～25μm，直径 100～200nm。常见附着有圆球状结构，在培养过程中形态也有变化。螺原体在培养基上形成典型的“荷包蛋”状的菌落。另一类不产生螺旋状菌体，现在发现的植原体大多属于这一类。植原体没有细胞壁，在电镜下，最常见的是近圆形到不规则椭圆形的球状体。大型球状体的直径一般为 250～400nm，最大的可达 800～1000nm 或更大些。小型球状体直径为 75～150nm。

植原体是一类没有细胞核，但具有原核的低等细胞状态的微生物，体积小于细菌，大于病毒，可以通过细菌过滤器，以二裂方式进行繁殖。植原体主要在植物的筛管细胞中寄生，偶尔也可以在韧皮部的薄壁细胞中发现。植原体对四环素族很敏感。

二、植原体病害的症状和防治

由植原体引起的植物病害，大多表现为黄化、花变绿、丛枝、萎缩现象。丛枝上的叶片常表现为失绿、变小、发脆等特点。丛枝上的花芽有时转变为叶芽，后期果实往往变形，有的植物感染植原体后节间缩短、叶片皱缩，表现萎缩症状。

植物上的植原体在自然界主要是通过叶蝉传播，少数可以通过木虱和菟丝子传播。嫁接也可以是传播植原体的有效方法。但就目前所知，植原体很难通过植物汁液传染。在木本植物上，从植原体接种到发病所经历的时间较长。

防治植原体病害基本上与防治病毒病害相似。严格选择无病的繁殖材料，防治媒介昆虫，选用抗病品种。由于植原体对四环素药物敏感，使用这类药物可以有效地抑制许多种类植原体病害。

第五节　植物病原线虫

线虫属线形动物门(Nemathalminthes)线虫纲(Nematoda)，它在自然界分布很广，种类繁多，有的可以在土壤和水中生活，有的可以在动植物体内营寄生生活。被线虫危害的植物种类很多，裸子植物、被子植物等均能受害。根瘤线虫危害花卉、苗木根系，引起根皮中柱细胞不正常生长，形成大小不等的根瘤，被害植株生长不良，甚至枯死。

一、线虫的一般性状

植物病原线虫多为不分节的乳白色透明线形体，雌雄异体，少数雌虫可发育为梨形或球形，线虫长一般不到1mm，宽约0.05～0.10mm。线虫虫体通常分为头部、颈部、腹部和尾部。头部的口腔内有吻针和轴针，用以刺穿植物并吮吸汁液。寄生线虫在土壤或植物组织中产卵，卵孵化后形成幼虫，幼虫侵入寄主为害。幼虫一生需蜕皮4次才能变成成虫，交配后雄虫死亡，雌虫产卵，线虫完成生活史的时间长短不一，有的需一年，有的只需几天至几周(图3-21)。

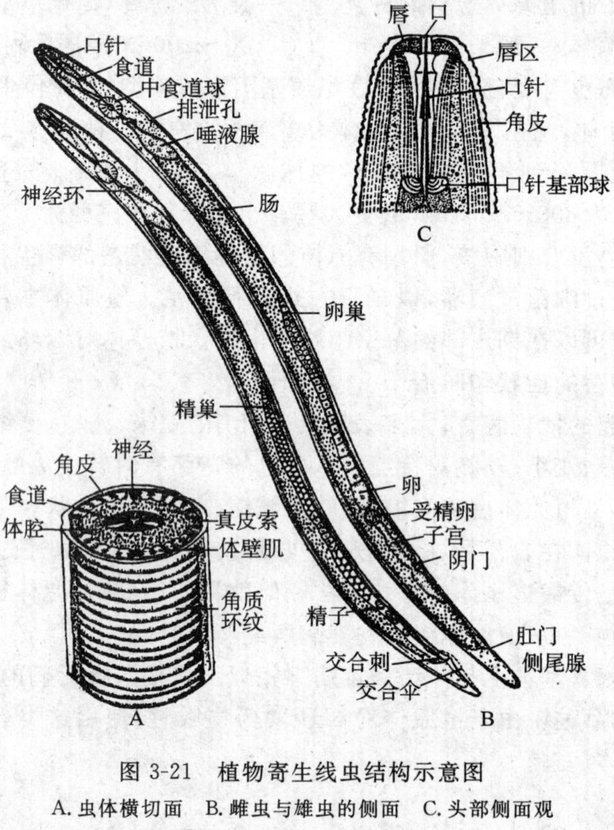

图3-21　植物寄生线虫结构示意图

A.虫体横切面　B.雌虫与雄虫的侧面　C.头部侧面观

最适宜线虫发育和孵化的温度为20～30℃，温度过高(40～50℃)时，线虫不活跃甚至死亡。土壤潮湿有利于线虫活动，但土壤水分过多不利于线虫存活，所以田间长期积水，能杀死大多数线虫。多种线虫病在沙壤中比在黏重土壤中发生严重，这是因为沙土通气良好，有利于线虫的生活和活动。

线虫主要靠种子、苗木作远距离传播，土壤灌溉水也可以传播线虫，病株残体中的线虫也可借风、机具等作一定距离的传播。线虫自身只能作短距离的主动运动，在传播病害上意义不大。不同类群的线虫有不同的寄生方式，有的寄生在植物体内，称为内寄生；有的线虫只以头部或吻针插入寄主体内吸取汁液，虫体在寄主体外，称为外寄生；也有的线虫先行外寄生，再行内寄生。

线虫除直接引起植物病害外，还能成为其他病原物的传播媒介。现已证明寄生线虫中有三个属都是病毒的传播者。如已发现一种美洲剑线虫（*Xiphinema americana*）能将马铃薯环斑病毒传给南美扁柏的根，但不表现症状。同时，因线虫为害常为其他根病的病原物开辟了侵入途径，甚至将病原物直接带入寄主组织内。例如香石竹萎蔫病是由一种假单孢杆菌和任何一种根线虫联合引起的，细菌是通过线虫造成的伤口侵入植物的。

二、植物线虫病害的症状

线虫对植物的致病作用，除了吻针对寄主刺伤和虫体在寄主组织内穿行所造成的机械损伤之外，线虫还分泌各种酶和毒素，使寄主组织和器官发生各种病变。园林植物线虫病害的主要症状表现为以下两种类型：

1. 全株性症状

植株生长衰弱矮小，发育缓慢，叶色变淡，甚至萎黄，类似缺肥、营养不良的现象。这种症状主要是根部受线虫为害所致。

2. 局部性症状

由于线虫取食时寄主细胞受到线虫唾液（内含多种酶如酰胺酶、转化酶、纤维酶、果胶酶和蛋白酶等）的刺激和破坏作用，常引起各种异常的变化，其中最明显的是瘿瘤、丛根及茎叶扭曲等畸形症状。

三、园林植物上重要的寄生线虫

园林植物根部的外寄生线虫比较普遍，但由于树木的根系庞大，根外部的寄生线虫的影响不十分显著，所以关于这方面的研究较少，当前树木上重要的寄生线虫主要是根结线虫和松材线虫。

1. 根结线虫（*Meloidogyne*）

危害观赏植物的根结线虫大约有 30 余种，多数寄主范围很广。其中 4 种在世界各地分布最广。即北方根结线虫（*Meloidogyne*，*hapla*）、南方根结线虫（*M. incognita*）、爪哇根结线虫（*M. iavauica*）和花生根结线虫（*M. arenaria*）。我国园林植物的根结线虫病有仙客来、四季海棠、鸡冠花、牡丹、栀子、月季、桂花、法桐、樟树、泡桐及柳根结线虫病等。

根结线虫以二龄幼虫自根冠后方的幼嫩组织侵入，以口针刺入中柱组织的细胞中，固定取食，在线虫头部附近形成几个多核的巨形细胞。侵入组织中的幼虫经三次蜕化而发育成为成虫，雄虫发育成熟后不久死亡。雌虫在发育过程中逐渐肥大成梨形，每一雌虫可产卵 500 枚，卵产于胶质卵囊中，卵囊可能在植物体外或埋于植物体内，待虫瘿腐败后落入土中，在适宜条件下卵孵化，又以二龄幼虫再侵染寄主。在较适宜的温湿度条件下，多数根结线虫约 3～4 周内完成一代，温度较低的地区，约 1～2 月完成一代。

2. 松材线虫(*Bursaphelenchus xylophilus*)

引起松树枯萎病的线虫是于 20 世纪 60 年代在日本首先发现的，后来研究认为线虫是松树枯死的真正原因。

松材线虫在日本分布极广，除北海道外几乎遍及全境，引起大量松树枯死，后来美国和法国也先后发现了松材线虫，感病的有火炬松、湿地松、弗吉尼亚松和欧洲赤松等。我国近年来在华中和华南地区也发现松树枯死现象，已经证明南京黑松的枯死是由松材线虫引起的。

松材线虫是由松褐斑天牛(*Monochamus altternatas*)传播的。天牛一年一代，以幼虫在边材中作蛹室越冬，5 月开始化蛹，5～7 月羽化为成虫，飞到松树幼嫩的枝条上取食补充营养，6 月下旬开始在受松材线虫为害而衰弱的树上产卵于树皮下，经一周左右幼虫蛀入边材部分，以幼虫越冬。

松材线虫在松树木质部中发育至 4 龄，聚集在天牛蛹室内壁中越冬，次年春季附着在天牛成虫体上传播。当天牛取食时，线虫掉落在松枝上，并自天牛取食的伤口侵入，在树脂道中繁殖，并通过树脂道扩散到全树，松材线虫在树体中繁殖极快，在适宜条件(25～30℃)下，3～4 天即可完成一代。由于树体内充满大量线虫，不但使树脂道受到破坏，而且水分亏缺，使树木到秋天即枯萎而死。

3. 茎线虫(*Ditylenchus*)

茎线虫属的两性成虫均呈线形，体长可达 2mm；雌虫体形极肥胖。多为内寄生型。可危害茎(包括球茎和鳞茎)、叶和花等器官。引起组织坏死腐烂或植株矮化变形，有病鳞茎横断面有褐色环斑。常见的有水仙、郁金香、福禄考等茎线虫病。

4. 滑刃线虫(*Aphelenchoides*)

雌雄成虫均为细长的蠕虫状。多为内寄生型，也有外寄生型，危害观赏植物的主要是内寄生型。主要侵害植物的芽和叶片，引起枯斑和凋萎；也能侵染花，引起花朵干枯或畸形。个别危害植物的茎和根，使植株外形萎缩。常见的有菊花、珠兰、翠竹、大丽花等叶线虫病；姜花的花线虫病；唐菖蒲、水仙、扶桑、杜鹃等多种花木线虫病。

四、植物线虫病害的防治

1.植物检疫

有些重要的线虫在我国尚未发现，应采取过关检疫措施，有效防止这些线虫传入我国。

2.轮作和间作

植物寄生线虫大多是专性寄生的，它们的卵和幼虫在土壤中存活的时间有限，用非寄主作物或树种进行轮作和间作，可以达到防治的目的，轮作的期限应根据线虫在土壤中存活期而定。在美国曾发现在桃园中间作猪屎豆能降低根瘤线虫的密度。

3.种苗处理

有些线虫是在种子或苗木中越冬并由种苗传播，带有线虫的树苗可用热力处理。如受根结线虫侵害的桑苗，在48～52℃的温度下处理20～30分钟，即可杀死根瘤中的线虫。

4.土壤处理

土壤是线虫活动的主要场所，土壤处理是防治植物线虫病的传统方法。土壤处理通常有药剂处理和热处理两种方法。目前常用的杀线虫剂有氯化苦、克线磷、呋喃丹、涕灭威、壮棉氮等。热处理土壤多采用干热法，温室可用蒸气加热土壤。

第六节　寄生性种子植物

种子植物大都是自养的，只有少数因缺乏叶绿素不能进行光合作用或因某些器官退化而成为异养的寄生植物，这类植物大都是双子叶的，已知有1700多种，分属于12个科。

依据寄生方式可分为半寄生和全寄生两种。重要的半寄生性种子植物为桑寄生科(Loranthaceae)，这种植物的叶片有叶绿素，可以进行光合作用，但必须从树木寄生体内吸取矿质元素和水分。桑寄生科在我国已发现有6个属，50余种，其中重要的是桑寄生属(*Loranthus*)，其次是槲寄生属(*Viscum*)。重要的全寄生性种子植物有菟丝子科(Cuscutaceae)和列当科(Orobanchaceae)。这种植物的根、叶均已退化，全身没有叶绿素，只保留茎和繁殖器官，它们的导管、筛管与寄主植物的导管和筛管相连，从寄主植物中吸收水分和无机盐，并依赖寄主植物供给碳水化合物和其他有机营养物质。

寄生性种子植物对木本植物的危害是使生长受到抑制，如落叶树受桑寄生侵害后，树叶早落，次年发芽迟缓，常绿树则在冬季引起全部落叶或局部落叶，树木受害，有时引起顶枝枯死、叶面缩小等。

一、桑寄生属(*Loranthus*)

桑寄生一般是桑寄生属的总称，这一属的植物是一种常绿性寄生灌木(也有少数是落叶性的)，高 1m 左右，叶对生，轮生或互生，全缘。两性花，花被 4～6 枚，浆果，呈球形或卵形。桑寄生的种子是由鸟类传播的，有的鸟喜欢浆果，但种子不能消化，被吐出或经消化道排出，当种子落到树上，便粘附在树皮上，在适宜的条件下萌发，萌发过程中产生胚根，胚根与寄主接触后形成盘状吸盘，附着在树皮上，由吸盘产生初生吸根，从皮目或侧芽侵入树皮的外层，当初生吸根接触到活的寄主皮层组织时，便形成分枝的假根，然后再产生与假根垂直的次生吸根，伸入木质部与寄主导管相连，吸取寄主的水分和无机盐，供桑寄生生长发育，在次生吸根及假根上，可以不断产生不定芽并形成新的枝条，又从茎基部的不定芽上长出匍匐茎，沿着主枝干背光面延伸并产生吸根侵入寄主树皮，如此不断蔓延为害，被害植物树势衰退，严重者可使上部枝条枯死。

二、槲寄生属(*Viscum*)

槲寄生是槲寄生属植物的总称，叶片革质，对生或全部退化；小茎作叉状分枝，不产生匍匐茎。花极小，单生或互生，雌雄异株，果实浆果，内果皮外有一层吸水性很强的黏性物质，内含槲寄生素，味涩，对种子有保护作用，果实成熟后，以其鲜艳的颜色招引鸟类啄食，种子自鸟嘴吐出或从粪便中排出，以此来传播。

槲寄生与寄主的关系与桑寄生相同，槲寄生能产生生长刺激物质，使寄主受害部位过度生长形成肿瘤。

三、菟丝子属(*Cuscuta*)

菟丝子是菟丝子属植物的总称，全世界约有 100 多种，我国发现约有 10 余种，常见的有中国菟丝子(*Cuscuta chinensis*)和日本菟丝子(*Cuscuta japonica*)。菟丝子种的区别主要根据茎的粗细、花和蒴果的形态及寄主的范围。

中国菟丝子茎细，直径在 1mm 以下；黄色，无叶；花小，聚生成无柄小花束；蒴果内有种子 2～4 枚。主要危害草木植物。

日本菟丝子茎较粗，直径达 2mm，黄白色，并有突起的紫斑；尖端及其下面三个节上有退化鳞片状的叶；花冠管状，白色，蒴果内有种子 2～4 枚。主要危害木本植物。它的寄主范围很广，在我国已发现 80 种以上的植物受害。

菟丝子的种子成熟后，脱落在地上，到第二年春天萌发，萌发的时期一般较寄主植物开始生长或萌发期晚，这样便于它营寄生生活，种子萌发时，种胚的一端先形成无色或黄色丝状幼芽，幼芽在空中旋转，当碰到寄主时，就缠绕在其上，在两者紧密结合处，菟丝子即产生吸盘伸向寄主组织，部分组织分化为导管和筛管，分别同寄主的导管和筛管连接。从寄主体内吸取养料，当寄生关系建立之后，原来的幼茎下部即枯死，菟丝子完全与土壤脱离关系，其上端继续生长并产生分枝，又绕在寄主植物上产生新的吸器。菟丝子的蔓延速度很快，一株菟丝子在有利条件下经过 3 个月可以发展到 $20m^2$ 的面积，其断茎能继续生长，进行营养繁殖。

防治菟丝子主要是减少侵染来源，消除菟丝子和种子，冬季深耕，使种子深埋土中，不能萌发。此外，在春末夏初进行苗地检查，发现菟丝子立即清除，以免蔓延。"鲁保1号"是一种寄生在菟丝子上的炭疽病菌的生物制剂，于阴雨天施用对防治大豆菟丝子有良好效果，在园林植物上亦可试用。

第七节　病原物的寄生性、致病性和植物的抗病性

病原物的寄生性是指病原物从寄主活的细胞和组织中获得营养物质的能力。致病性是指病原物对寄主组织的破坏和毒害的能力。

一、病原物的寄生性

生物按其营养方式可以区分为自养和异养生物两大类。所有病原物都是异养生物，它们从寄主体内获得营养才能生存。寄生能力是指寄生物从寄主体内获取营养物质的能力。根据病原物寄生能力的强弱，通常划分为以下类型：活养生物、半活养生物、死养生物。

1. 活养生物(Biotrophs)

在自然界中只能从活的组织中摄取营养物质，并在活组织上完成其生活史的生物，不论它们容易培养与否，均称为活养生物。

2. 半活养生物(Hemibiotrophs)

摄取营养的方式与活养生物相同，但能在寄主组织死后继续发育并产生孢子。

3. 死养生物(Perthotrophs)

侵入之前先杀死寄主组织，然后进入死组织摄取营养物的生物称死养生物。

二、寄生专化性

寄生性强弱是指寄生物从活的组织中和细胞中获得营养物质的能力。寄生物对寄主植物的种类和品种，以及寄主发育的阶段有一定的选择性，我们称为寄生专化性。

1. 寄主范围

寄生物对寄主具有选择性，任何寄生物都只能寄生在一定范围的寄主植物上。一种寄生物能够寄生的植物种的范围称为"寄主范围"。各种寄生物的寄主范围差别很大，有的只有一二种寄主；有的则多至几百种，甚至上千种寄主。例如桃缩叶病菌只危害桃树，而紫纹羽病菌可以危害苹果、梨、桃、樱桃、葡萄、茶、白杨、柳、松、杉、桧柏等百余种植物。一般来说，非专性寄生物寄主范围比较广泛，而专性寄生物的寄主范围则比较狭窄。

2. 转主寄生

寄生性的专化，还表现在病原物的转主寄生方面。有的病原物，例如某些锈菌必

须经过在两种亲缘不同的寄主植物上寄生，才能完成其生活史。这种现象称为“转主寄生”。如苹果锈病菌和梨锈病菌，分别在苹果树和梨树上渡过其性孢子和锈孢子阶段，而在桧柏上渡过冬孢子阶段。没有桧柏，这两种锈菌就不能完成其生活史。

3. 专化性和生理小种

病原物的寄生性在演化过程中，由于受到不同性质的寄主植物的影响，即由于病原物和某些科、属、种寄主植物，甚至和某些品种经常发生营养关系后，便逐渐失去了在其他寄主植物上的寄生能力。于是便产生了寄生性的专化现象。这引起菌的种内群体对寄主的致病力发生不同程度的变化，而在形态上并无差异或差异不明显。在植物病理学中，常将病原物种内对寄主植物的科和属具有不同致病力的专化类型称为专化型。如寄生于各种树木上的槲寄生在形态上都基本相同，但根据它们寄主范围的不同，至少可将这个种划分三个专化型：阔叶树槲寄生、冷杉槲寄生、松槲寄生。病原物的种或变种内形态上相似，而某些性状，生理、生化特性，致病性或其他方面有不同的生物型或生物型群称为生理小种。

上述病原物对寄主植物的这种特殊的适应性或选择性称为寄生专化性。寄生专化是个普遍现象，不仅发生在寄生程度高的专性寄生菌上，兼性腐生菌和兼性寄生菌也可能有专化性。据研究，病原真菌中，除葡萄霜霉病菌、马铃薯癌肿病菌等少数几种在形态和生理上很少分化外，大多数真菌经过深入的探索，均可发现寄生专化现象。

三、病原物的致病性

致病性是病原物为害寄主的能力，即其生命活动对寄主发生不良影响的能力。寄生物对寄主的致病作用是多方面的，掠夺寄主的营养物质和水分是致病作用的一个方面，其代谢产物酶、毒素、生长刺激素对寄主的生理干扰或毒害作用往往更为严重，如某些真菌、细菌分泌多种酶使植物组织中胶层分解，组织解体，细胞死亡。感染榆树的枯萎菌分泌毒素，改变细胞渗透性，堵塞导管，影响水分运输，使全株萎蔫枯死，在树木银叶病、榆树荷兰病中毒素的作用也很明显。病原物分泌的生长调节素包括植物生长素、赤霉素、细胞分裂素及乙烯等引起植物肿瘤、丛枝、过度生长等症状，如杨树根癌细菌分泌生长刺激素，刺激根部细胞分裂，形成癌肿。

植物发病后，虽最后都引起部分组织或全株死亡，但各种寄生物对植物细胞或组织破坏作用的缓急因病菌与植物的相互适应程度不同而异。兼性寄生物致病性强，侵入前或侵入后不久，分泌酶和毒素使植物组织急剧坏死，然后从死组织中获得养料，病植物多表现枯斑、溃疡、腐烂等坏死症状。专性寄生物及部分寄生性强的兼性寄生物，侵入后不立即杀死寄主细胞组织，产生刺激生长素或轻微破坏寄主正常代谢，病害发展缓慢，病植物表现褪色、畸形症状，利于寄生物从寄主活的细胞中吸取养分。

四、植物的抗病性

1. 抗病性的概念

一种病原物往往可寄生在多种植物上，这些不同种的植物对同一病原物的感受性存在不同程度的差异，植物易于感染某种病害的特性称感病性。相反，在病害流行的条件下，植物不易感染某种病害的特性称抗病性。植物完全不感染某种病害的特性称高度的抗病性。有些植物在受病原物侵染之后，像感病植物一样严重地发病，但其产量受病害的影响却较感病植物轻微得多。植物的这种特性称为耐病性。耐病性也是植物抗病性的一种表现。

2. 植物抗病的机制

植物抗病性分为被动的和自动的两类。被动的抗病性是在病原物侵入之前，植物就已具备的抗病特性。自动抗病性则是病原物侵入以后，植物受到侵染的刺激而产生的抗病反应的特性，可使植物免于发病或少受危害。植物抗病的机制很复杂，有下列因素：

(1)避病性　有些植物本质上是感病的，但由于其感病期与病原盛发期错开或缩短了植物感病部分暴露在病原物之下的时间，避免或减少了受侵机会，则病轻。生产上提早或延迟播种，合理安排品种可减轻病害。如春天适当催芽和提早松苗播期，使幼苗在侵染适温(20℃)到来前就木质化，减少猝倒病。

(2)保卫反应　植物受病原物侵染后，侵染点周围的细胞往往产生过敏反应而迅速死亡，使只能从活细胞获得营养的专性寄生菌或寄生性强的病原物不能进一步扩展，形成微小的枯死斑称过敏性坏死保卫反应。如沙松和火炬松受蔗生柱锈菌侵染后，次生针叶出现过敏现象，于菌丝进入枝干前便脱落，阻止病菌向枝干扩展。核果类树叶受穿孔病菌侵染后，侵染点周围形成一个木栓化的隔离层，使受侵部分与健康部分隔离开，最后穿孔。树木皮层受烂皮病菌和溃疡病菌侵染后往往形成愈伤组织，把坏死部分与健康组织隔离开，使树木恢复健康。

保卫反应的机理不很清楚，可能与受侵染植物体内核糖核酸、脱氧核糖核酸、多糖含量、多元酚氧化酶过分活跃有关，也可能与植物受病菌侵染后产生的植物保卫素——苯甲酸、豌豆素、日齐素或其他萜烯类物质有关。

(3)获得免疫性　当动物或细菌受到病毒的侵染时，可以产生一种有免疫作用的物质，称为干扰素。这种干扰素抑制新的病毒核酸的合成，可以保护细胞不受其他病毒的侵染。类似的现象也见于植物中，如烟草感染花叶病毒就不再受白花叶病毒的侵染。植物受到病原物弱毒品系的侵染以后，侵染点附近组织可不再受强毒品系的侵染。如火疫病细菌的无毒菌系能保护苹果茎秆不受火疫病危害。虽然上述反应与动物获得的免疫性很相似，但至今在植物体内未能得到类似干扰素的物质。

第四章　园林植物侵染性病害的发生与流行

第一节　侵染程序

一、病害的侵染过程与初侵染、再侵染

侵染过程一般可分为四个阶段，即接触期、侵入期、潜育期和发病期。

1. 接触期

从病原物与寄主接触，或到达能够受到寄主外渗物质影响的根围或叶围开始，到病原物向侵入部位生长或运动，并形成某种侵入机构为止，称为接触期。病原物同植物体接触是无选择性的，只有与寄主植物的感病部位接触才是有效的。在接触期病原物除了直接受到寄主的影响外，还受到环境因素的影响，如大气的温度和湿度、植物表面渗出的化学物质、植物表面微生物群落拮抗或刺激作用等。接触期是病原物侵染过程中的薄弱环节，也是防止病原物侵染的有利阶段。

2. 侵入期

从侵入到病原物与寄主建立稳定寄生关系为止，这一时期称为侵入期。

(1)侵入途径和方式　病原物侵入寄主的途径因种类不同而异。

①直接侵入：一部分真菌可以从健全的寄主表皮直接侵入，如梨黑星分生孢子，树木根腐蜜环菌以根状菌素直接侵入。

②自然孔口侵入：植物体表的自然孔口，有气孔、皮孔、水孔、蜜腺等，绝大多数真菌和细菌都可以通过自然孔口侵入，如松针褐斑病从气孔侵入，松树溃疡病从皮孔侵入。

③伤口侵入：植物表面各种伤口如剪伤、虫伤、碰伤、落叶的叶痕等都是病原物侵入的门户。在自然界，一些病原细菌和许多寄生性较弱的真菌往往由伤口侵入，如立木腐朽和皮层腐烂病由伤口侵入。

各种病原物的侵入途径有一定的专化性，在三大类病原物中，病毒仅能靠外力通过微伤或以昆虫作为介体而进行侵入；细菌可以被动地落在自然孔口或伤口而进行侵入，而真菌除以上途径外尚有直接侵入的本事。不同真菌侵入的步骤也不一样，典型的是：孢子在适宜条件下萌发产生芽管，芽管与寄主表皮接触后顶端可膨大形成附着胞，然后从附着胞上产生较细的侵染丝侵入寄主体内。真菌不论以何种侵入途径侵入

都可形成附着胞，但以直接侵入和自然孔口侵入的真菌产生附着胞较普遍，从伤口和其他途径侵入的真菌也可以不产生附着胞和侵染丝直接以芽管侵入。

(2)影响侵入的条件　影响病原物侵入的环境条件，首先是湿度和温度，其次是寄主植物。

①湿度：湿度对于侵入的影响最大，真菌除白粉菌外，孢子萌发的最低相对湿度都在 80%以上，鞭毛菌的游动孢子和能动的细菌在水滴中最适宜于侵染。

②温度：温度影响孢子萌发和菌丝生长的速度，各种真菌的孢子都有其最高、最适及最低的萌发温度。离开它所需的最适温度越远，则所需萌发的时间越长，超出最高或最低温则不能萌发。如杨树灰斑病菌分生孢子萌发的最低、最适、最高温度分别是 3℃、23～27℃、38℃，而杉木炭疽病菌的分生孢子为 12℃、20～24℃、32℃。温度在一般情况下，更多的作用是影响孢子的发芽率，发芽势，而不一定能确定其是否侵染。应当指出，在病害能够发生的季节里，温度一般能满足侵入要求，而湿度则变化较大，常常成为病害侵入的限制因素。

3. 潜育期

从病原物侵入与寄主建立寄生关系开始，直到表现明显的症状为止称为潜育期。

(1)局部侵染和系统侵染　寄生关系建立以后，病原物在寄主体内扩展的范围因种类不同而异。大多数真菌和细菌在寄主体内扩展的范围限于侵入点附近，称局部侵染。叶斑类病害是典型的局部侵染病害，如毛白杨黑斑病的单个病斑直径不超过 1mm。病原物自侵入点能扩展到整个植株或植株的绝大部分，称系统侵染，如许多病毒、植原体以及少数的真菌、细菌的扩展属于这一类型。枯萎病类、丛枝病类都是系统侵染的结果。

(2)环境条件对潜育期的影响　潜育期的长短因病害而异，叶部病害一般 10 天左右，也有较短或较长的。如杨树黑斑病为 2～8 天，松落针病为 2～3 个月，立木腐朽病的潜育期有时长达数年或数十年。

在潜育期中，寄主体就是病原物的生活环境，其水分养分都是充足的。潜育期长短受外界环境，特别是气温影响最大。一般情况下，在适于病原物生长的温度下潜育期较短，温度偏高或偏低，潜育期延长。如毛白杨锈病，13℃时潜育期 8 天，15～17℃时 13 天，20℃时 7 天。

值得注意的是，有些病原物侵入寄主植物后，由于寄主和环境条件的限制，暂时停止生长活动而潜伏在寄主体内不表现症状，但当寄主抗病性减弱，环境有利于病菌生长时，病菌可继续扩展并出现症状，这种现象称为潜伏侵染。有些病害出现了症状后，由于环境条件不适宜，症状可暂时消失，称为隐症现象。有些病毒侵入一定寄主后，在任何条件下都不表现症状称为带毒现象。有些植物病害的发生是由于两种以上的病原物同时或先后侵染而引起的，这种现象称为复合侵染。

4. 发病期

受病植物症状的出现，表示潜育期的结束，发病期的开始。也就是说，从寄主植物表现出症状后，到症状停止发展这一阶段称为发病期。

在发病期中，病原物仍有一段或长或短的扩展时期，其症状也随着有所发展，严重性不断增加。最后，病原物产生繁殖器官（或休眠），症状便停止发展，一次侵染过程至此结束。

第二节 植物病害的侵染循环

侵染循环是指病害从前一生长季节开始发病，到下一生长季节再度延续发病的过程，它包括以下三个环节：(1)初侵染和再侵染；(2)病原物的越冬；(3)病原物的传播。

一、病害的初侵染和再侵染

由越冬的病原物在植物生长期引起的初次侵染称为初侵染。在初侵染的病部产生的病原体通过传播引起的侵染称为再侵染。在同一生长季节，再侵染可能发生许多次，病害的侵染循环，可按再侵染的有无分为：

1. 多病程病害

一个生长季节中除初侵染过程外还有再侵染过程，如梨黑星病、各种白粉病和炭疽病等属于这类病害。

2. 单病程病害

一个生长季节只有一次侵染过程，如松落针病、槭黑痣病属于这类病害。

对于单病程病害每年的发病程度取决于初侵染多少，只要集中消灭初侵染来源或防止初侵染，这类病害就能得到防治。对于多病程病害，情况就比较复杂，除防治初侵染外，还要解决再侵染问题，防治效率的差异也较大。

二、病原物越冬

许多植物到冬季大都进入落叶休眠或停止生长状态。寄生在植物上的病原物如何渡过这段时间，并引起下一生长季节的侵染，这就是所谓的越冬问题。越冬是侵染循环中一个薄弱环节，掌握这个环节常常是某些病害防治上的关键问题，病原物越冬的场所有以下几个：

1. 有病寄主

感病寄主是园林病害最重要的越冬场所，树木不但枝干是多年生的，常绿针阔叶树的叶也是多年生的，寄主体内的病原物因有寄主组织的保护，不会受到外界环境的影响而安全越冬，成为次年初侵染来源。

2.病株残体

绝大部分非专性寄生的真菌、细菌都能在因病而枯死的立木、倒木、枝条和落叶等病残体中存活或以腐生的方式存活一段时间。因此彻底清除病株残体等措施有利于消灭和减少初侵染来源。

3.种子苗木和其他繁殖材料

种子及果实表面和内部都可能有病原物存活。春天播种时成为幼苗病害侵染的来源。种子带菌对园林树木病害并不重要。苗木、接穗、插条和种根等上的病原物作为侵染来源与有病植株情况是一样的。

4.土壤、肥料

土壤、肥料也是多种病原物越冬的主要场所，侵染植物根部的病原物尤其如此。病原物可以厚垣孢子、菌核等在土壤中休眠越冬，有的可存活数年之久。病原物除休眠外，还以腐生方式在土壤中存活。根据病原物在土壤中存活能力的强弱，可以分为土壤寄居菌和土壤习居菌。土壤寄居菌必须在病株残体上营腐生生活，一旦寄主残体分解，便很快在其他微生物的竞争下丧失生活能力。土壤习居菌有很强的腐生能力，当寄主残体分解后能直接在土壤中营腐生生活。

三、病原物的传播

在植物体外越冬的病原物，必须传播到植物体上才能发生初侵染，在植株之间传播则能引起再侵染。有许多病原物如带鞭毛的细菌、游动孢子等都有主动传播的能力。但是，这种主动传播的距离极为有限，病原物的传播主要依赖外界因素被动传播，其主要传播方式如下：

1.风力传播(气流传播)

真菌的孢子很多是借风力传播的，真菌的孢子数量多，体积小，易于随风飞散。气流传播的距离较远，范围也较大，但可以传播的距离并不就是有效距离，因为部分孢子在传播的途中死去，而且活的孢子还必须遇到感病的寄主和适当的环境条件才能引起侵染，传播的有效距离受气流活动情况、孢子的数量和寿命以及环境条件的影响。

借风力传播的病害，防治方法比较复杂，除去注意消灭当地的病原物以外，还要防止外地病原物的传入。确定病原物的传播距离，在防病上很重要，转主寄主的砍除和无病苗圃的隔离距离都是由病害传播距离决定的。

2.雨水传播

植物病原细菌和真菌中的黑盘孢目、球壳孢目的分生孢子多半是由雨水传播的，低等的鞭毛菌的游动孢子只能在水滴中产生和保持它们的活动性，雨水传播的距离一般都比较近，这样的病害蔓延不是很快。对于生存在土壤中的一些病原物，还可以随灌溉和排水的水流而传播。

3.昆虫和其他动物传播

有许多昆虫在植物上取食活动，成为传播病原物的介体，除传播病毒外还能传播病原细菌和真菌，同时在取食和产卵时，给植物造成伤口，为病原物的侵染造成有利条件。此外，线虫、鸟类等动物也可传播带病菌。

4.人为传播

人们在育苗、栽培管理及运输等各种活动中，常常无意识传播病原物。种子、苗木、农林产品以及货物包装用的植物材料，都可能携带病原物。人为传播往往是远距离的，而且不受外界条件的限制，这是实行植物检疫的原因。

第三节　病害的流行与预测

一、病害的流行

植物病害在一定时期和地区内普遍而严重发生，使寄主植物受到很大损害，或产量受到很大损失，称为病害的流行。

1.病害流行的条件

传染性病害的流行必须具备三个方面的条件，即有大量致病力强的病原物存在，有大量的感病性的寄主存在，有对病害发生极为有利的环境。三方面因素互相联系，互相影响。

(1)大量的感病寄主　易于感病的寄主植物大量而集中的存在是病害流行的必要条件。植物的不同种类、不同年龄以及不同个体对病害有不同的感病性，营造大片同龄的纯林，易于引起病害流行。在某些条件下造林选用林木的品系不当，也是引起病害流行的原因。

(2)致病力强的病原物　病害的流行必须有大量的致病力强的病原物存在，并能很快地传播到寄主体上。没有再侵染或再侵染次要的病害，病原物越冬的数量，即初侵染来源的多少，对病害流行起决定作用。而再侵染重要的病害，除初侵染来源外，侵染次数多，潜育期短，繁殖快，对病害流行常起很大的作用。病原物的寿命长以及有效的传播方式，也可加速病害流行。

(3)适宜的发病条件　环境条件影响着寄主的生长发育及其遗传变异，也影响其抗病力，同时还影响病原物的生长发育、传播和生存。气象条件(温度、湿度、光照、风等)、土壤条件、栽培条件(种植密度、肥水管理、品种搭配)，与病害流行关系密切。

上述三方面因素是病害流行的必不可少的条件，缺一不可。但是，各种流行性病害，由于病原物、寄主和它们对环境条件的要求等方面的特性不同，在一定地区，一定时间内，分析病害流行条件时，不能把三个因素同等看待，可能其中某些因素基本具备，变动较小，而其他因素变动或变动幅度较大，不能稳定地满足流行的要求，限制了病害流行。因此，把这种易变动的限制性因素称为主导因素。如杨树腐烂病，在北方的某些地区，感病的寄主大量而集中地存在着，病原物也普遍地附生于枝干树皮表层，这时病害流行取决于环境条件，如遇突然的干旱或冻害，病害便随即流行起来。在另外一些病害里，病原物或大量的感病寄主的存在可能是流行的决定条件。

2.病害流行的时间及空间变化

任何植物病害都有一个发生、发展与消逝的过程，这一过程因病害种类、季节、年份和地区的不同而各有其特点。

单病程病害通常在春季或夏季流行，它们在较短的时间内发病率达到最高峰，然后停止发展，如落叶松早期落叶病就属于这类。

多病程病害在一年或一个季节中病情发展全过程，一般可区分为始发(开始发生时期)、盛发(病情发展到高峰时期)和衰退(在盛发期后或两个盛发期间出现的低潮时期)三个时期。

多病程病害开始发生时多是零星分布的，通过不断再侵染而逐渐达到高峰。这类病害流行曲线主要受气候条件的影响呈波浪式发展，可能出现两个以上的高峰。

一种病害在每一年里的消长过程基本上是类似的，但是在不同的年份之间，病害流行的早晚、严重的程度都有差别，这种差异是年份间气候条件的不同造成的。

病害的地区分布是相对稳定的，如我国的落叶松早期落叶病目前基本上分布于东北地区，而白绢病仅限于炎热的南方。但是，由于防治工作的开展和抗病寄主的选用，病害空间分布在某种程度上又是不断地变动着的。

二、病害流行的预测

根据病害流行的规律和即将出现的有关条件，可以推测某种病害在今后一定时期内流行的可能性，称为病害预测。病害预测的方法和依据因不同病害的流行规律而异，通常主要依据：(1)病害侵染过程和侵染循环的特点；(2)病害流行因素的综合作用，特别是主导因素与病害流行的关系；(3)病害流行的历史资料以及当年的气象预报等。

根据测报的有效期限，可区分为长期预测和短期预测两种。长期预测是预测一年以后的情况，短期预测是预测当年的情况。

由于病害发展中各种因素间的关系很复杂，而且各种因素也在不断变化，因此，病害的预测是一项复杂的工作。

第五章 昆虫的外部形态

昆虫属于节肢动物门(Arthopoda)昆虫纲(Insecta)。昆虫的种类繁多,已知的有100多万种,约占动物界3/4以上。昆虫的种类不同,其身体构造差别很大,但昆虫都具有共同的特征:(1)体躯分为头、胸、腹3个体段;(2)头部有1对触角、1对复眼,有的还有1～3个单眼;(3)胸部生有6足4翅,故昆虫纲也称为6足纲;(4)腹部由10节左右组成,末端生有外生殖器(如蝗虫的身体构造见图5-1)。

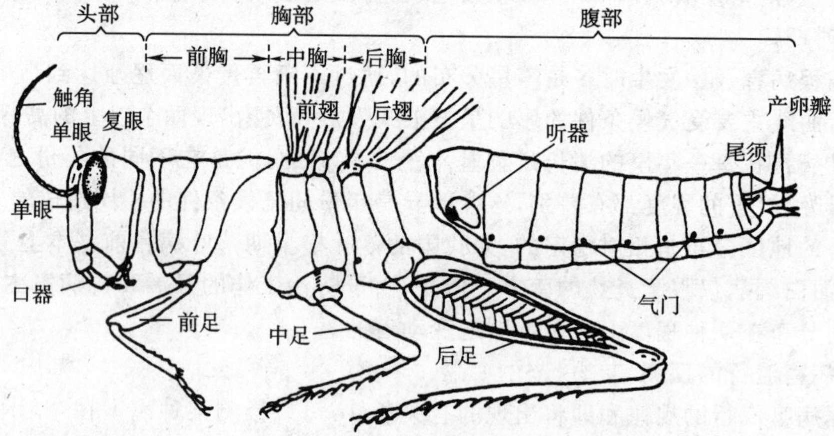

图5-1 蝗虫体躯侧面观

第一节 昆虫的头部及其附器

头部是昆虫体躯最前的一个体段,生有触角、复眼、单眼等感觉器官和取食的口器。

一、触角的基本结构及类型

触角的基本构造由柄节、梗节、鞭节3部分组成。柄节是触角连接头部的基节,通常粗短,以膜质连接于触角窝的边缘上;梗节为触角的第2节,一般比较细小;鞭节为梗节以后各节的统称。触角的形状随昆虫的种类和性别而不同,其变化主要在鞭节。

常见的形状分成下列几种类型(图 5-2)：

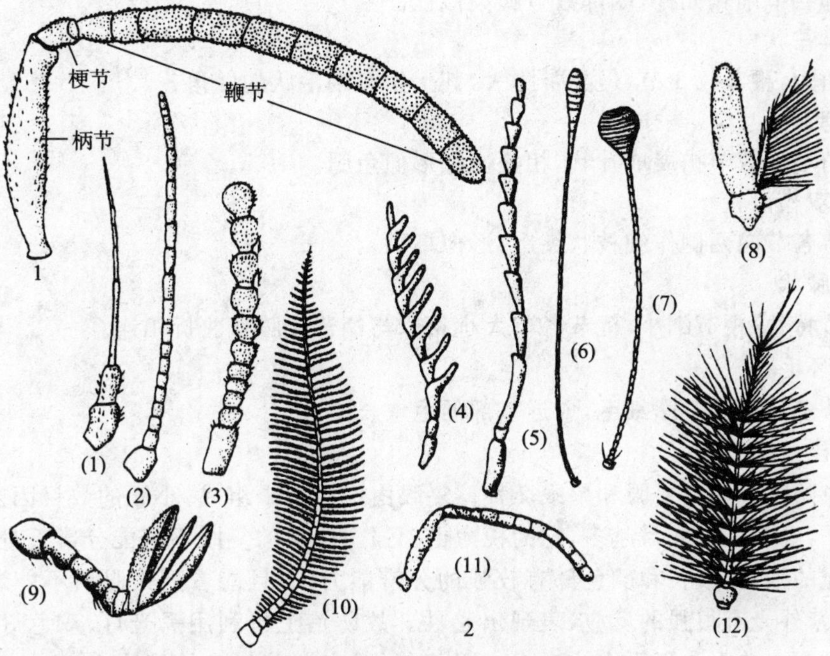

图 5-2　触角的基本构造和类型

1. 触角的基本构造　2. 触角的类型：(1)刚毛状(蜻蜓)　(2)丝状(飞蝗)　(3)念珠状(白蚁)　(4)栉齿状(绿豆象)　(5)锯齿状(锯天牛)　(6)棍棒状(白粉蝶)　(7)锤状(长角蛉)　(8)具芒状(绿蝇)　(9)鳃片状(棕色金龟甲)　(10)双栉齿状(樟蚕蛾)　(11)膝状(蜜蜂)　(12)环毛状(库蚊)

1. 刚毛状

触角很短，基部 2 节粗大，鞭节纤细似刚毛。

2. 丝状

除基部 2 节稍粗大外，其余各节大小相似，相连成细线状。

3. 念珠状

鞭节各节近似圆珠形，大小相似，相连如串珠。

4. 栉齿状

鞭节各节间向一边作细枝状突出，形似梳子。

5. 锯齿状

鞭节各节近似三角形，向一侧作齿状突出，形似锯条。

6. 棍棒状

基部各节细长如杆，端部数节逐渐膨大，形似棍棒。

7. 锤状

基部各节细长如杆，端部数节膨大似锤。

8. 具芒状

触角短，鞭节仅 1 节，但异常膨大，其上生有刚毛状的触角芒。

9. 鳃片状

触角端部数节扩展成片状，相叠一起形似鱼腮。

10. 双栉齿状

鞭节各节向两侧作细枝状突出，形似鸟羽。

11. 膝状

柄节特长，梗节细小，鞭节各节大小相似与柄节成膝状曲折相连。

12. 环毛状

鞭节各节都具 1 圈细毛，愈近基部的毛愈长。

二、昆虫的眼

昆虫的眼一般有复眼和单眼 2 种。复眼由许多小眼组成，小眼的数目因昆虫种类而有不同，一般小眼数目越多，它的视力也越强。昆虫的复眼不但能分辨近处的物体，而且对光的强度、波长和颜色都有较强的分辨能力，并且能看到人眼所不能看见的短光波，对紫外光有很强的反应，表现出趋性。故防治上可利用黑光灯、双色灯、卤素灯等诱集昆虫。单眼与复眼中的 1 个小眼相似，没有调节光度的能力，一般认为单眼只能辨别光的方向和强弱，不能形成物像(图 5-3)。

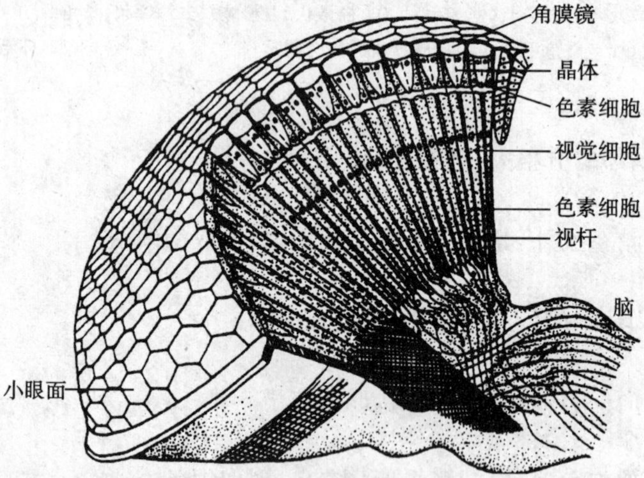

图 5-3 昆虫复眼的模式构造

三、昆虫的口器

口器是昆虫取食的器官,昆虫因食性和取食方式不同,口器在外形和构造方式上也有相应的特化。一般分咀嚼式和吸收式两类。后者又因吸收方式不同分为刺吸式、虹吸式和锉吸式等几种主要的类型。

1. 咀嚼式口器

在演化上是最原始的类型,其他不同类型的口器均是由这一形式演化而来。它为取食固体食物的昆虫所具有。其为害特点是使植物受到机械损伤。

2. 刺吸式口器

这类口器为吸食植物汁液或动物体液的昆虫所具有。其为害特点是被害的植物外表通常难以发现损伤,但在吸食过程中因局部组织受损或注入植物组织中的唾液酶的作用,破坏叶绿素,形成变色斑点,或枝叶生长不平衡而卷曲,或因刺激形成瘿瘤,植物失去大量营养物质而致生长不良,甚至枯萎而死。另外,许多刺吸式口器昆虫,还传播病毒。

3. 虹吸式口器

这类口器为蛾、蝶类所特有。除少数吸果夜蛾类的口器能穿破果皮吸食果汁外,一般均无穿刺能力。

4. 锉吸式口器

这类口器为蓟马类所特有。被害植物常出现不规则的变色斑点、畸形或叶片皱缩卷曲等症状。

了解昆虫口器类型和为害特性,不但可以准确地识别昆虫,而且还可针对害虫不同口器的特点,选择合适的农药进行防治。如防治咀嚼式口器的害虫,可选用具有胃毒作用的杀虫剂。防治刺吸式口器的害虫,则需选用具有内吸性能的杀虫剂。

第二节 昆虫的胸部及其附器

胸部是昆虫的第 2 个体段,由 3 个体节组成,由前向后依次为前胸、中胸和后胸。各胸节侧下方生有 1 对足,分别为前足、中足和后足。在中胸和后胸的背面两侧,许多种类生有 1 对翅,称为前翅和后翅。

一、胸足的基本结构和类型

胸足是昆虫体躯上最典型的分节附肢,自连接胸部起,分别由基节、转节、腿节、胫节、跗节和前跗节所组成。根据昆虫胸足的功能可将其分为以下几种类型(图 5-4):

1. 步行足

这是最常见的足,比较细长,各节无显著特化现象。

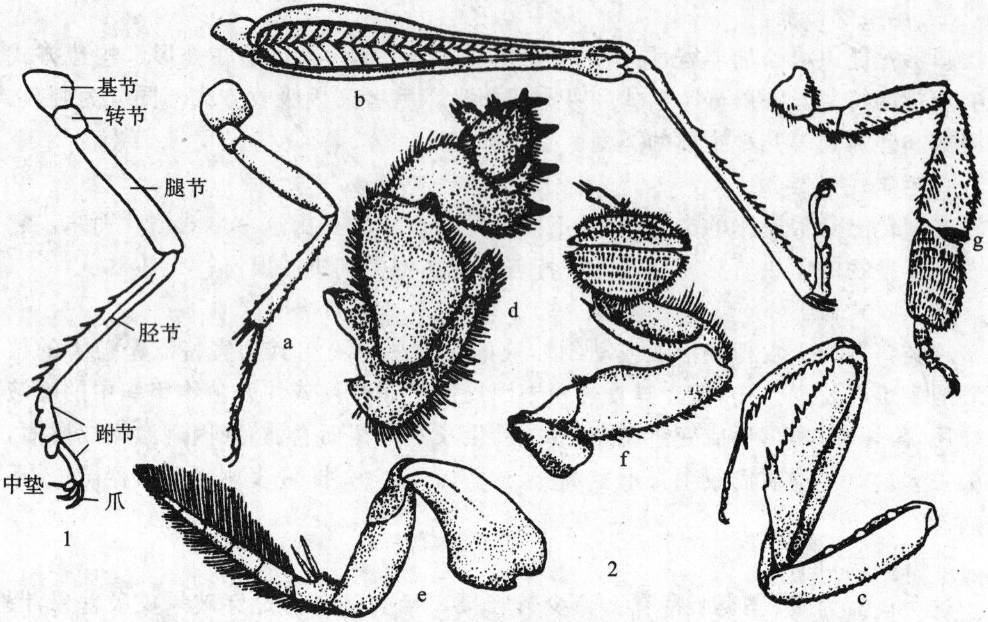

图 5-4 昆虫足的基本构造和类型

1. 足的基本构造 2. 足的类型：a. 步行足(步行虫) b. 跳跃足(蝗虫的后足) c. 捕捉足(螳螂的前足) d. 开掘足(蝼蛄的前足) e. 游泳足(龙虱的后足) f. 抱握足(雄龙虱的前足) g. 携粉足(蜜蜂的后足)

2. 跳跃足

这类足的腿节特别发达，胫节细长，适于跳跃。

3. 捕捉足

基节特别细长，腿节的腹面有 1 条沟槽，槽的两边有 2 排刺，胫节的腹面也有 1 排刺，胫节弯曲时，正好嵌在腿节的槽内，适于捕捉小虫。

4. 开掘足

其特点是粗短扁壮，胫节膨大宽扁，末端具齿，跗节呈铲状，便于掘土。

5. 游泳足

有些水生昆虫的后足，各节变得宽扁，胫节和跗节生有细长的缘毛，适于在水中游泳。

6. 抱握足

跗节特别膨大且有吸盘状构造，在交配时能抱雌体。

7. 携粉足

其特点是后足胫节端部宽扁，外侧平滑，边缘具长毛，同时第 1 跗节也特别膨大，内侧具有刺毛，形似花粉梳，用以梳集花粉。

二、翅的构造及类型

昆虫的翅多为膜质薄片，一般呈三角形，呈现 3 个角和 3 个边。当翅展开时，位于前方的边缘称为前缘，后方的称为后缘或内缘，外面的称外缘。与身体相连的一角称肩角，前缘与外缘所成的角为顶角，外缘与后缘间的角称臀角（图 5-5）。翅上的褶纹将翅面划分为 4 个区。在翅基部有基褶，把基部划出 1 个三角形区称腋区；从翅基到臀角有一臀褶，臀褶之前的称臀前区，之后的称臀后区。有些昆虫还具有 1 条轭褶，其后方有 1 个区称轭区。不同昆虫的翅的功能有所不同，可归纳为膜翅、鳞翅、毛翅、缨翅、覆翅、鞘翅、半鞘翅和平衡棒 8 种类型。

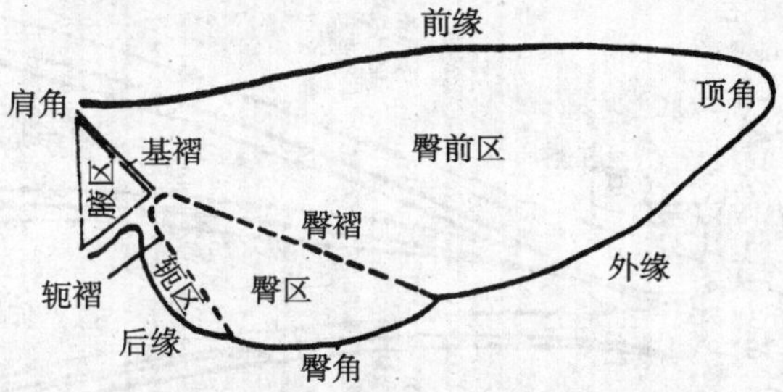

图 5-5 翅的缘、角和分区

第三节 昆虫的腹部

腹部是昆虫的第 3 个体段，前端与胸部紧密相连，后端生有肛门和外生殖器等器官。腹部内包有大部分内脏和生殖器官，是昆虫新陈代谢和生殖的中心。腹部一般由 9～11 节组成。有些种类腹节愈合，仅有 5～6 节，如蜂、蝇等。腹部除末端数节外，一般无附肢，各节由背板、腹板和连接它们的侧膜组成。各节间也由柔软的节间膜连接。因此，腹节可以互相套叠，伸缩弯曲，以利交配和产卵活动。腹部 1～8 节两侧各有气门 1 对，用以呼吸。某些种类腹部末端生有尾须。

昆虫的外生殖器（图 5-6），雄性的称交尾器，一般由一个管状的阳具和 1 对钳状的抱握器所组成；雌性的称做产卵器，由 2～3 对瓣状物构造而成。不同种类的昆虫，外生殖器的变化很大，有些种类并无产卵器，直接由腹部末端几节伸长成一细管来产卵，如蛾类、蝇类和甲虫类等的雌虫；有些种类的产卵器已不用来产卵，而特化为螯刺，用以自卫或攻击猎物（其他虫体），如蜜蜂、胡蜂、泥蜂、土蜂等。

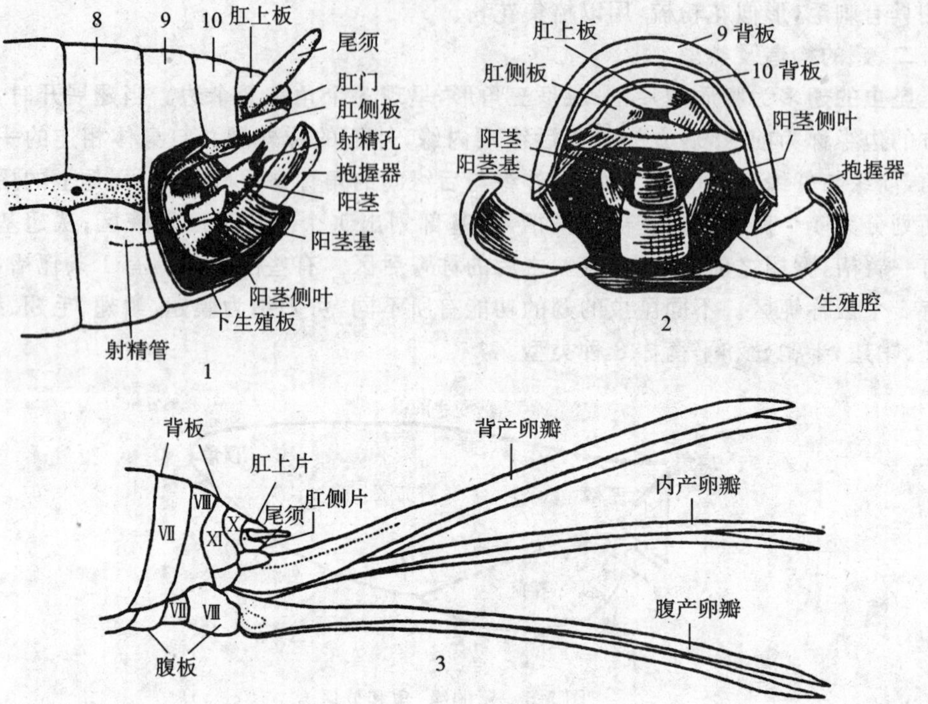

图 5-6 交尾器、产卵器的基本构造

1. 交尾器(部分体壁已去掉,示其内部构造) 2. 交尾器后面观 3. 产卵器

第四节 昆虫的体壁

昆虫的躯体外包围一层硬化了的皮肤,称为体壁。体壁起着支撑身体、着生肌肉的作用。与高等动物的骨骼作用相似,所以又称“外骨骼”。外骨骼是节肢动物的重要特征之一。另外,昆虫的体壁还有保护内部器官、防止体内水分过度蒸发,以保持体内水分平衡和防止微生物及其他有害物质侵入的作用。体壁上还生有许多感觉器官,是昆虫接受各种外界刺激,与外界环境发生联系的重要器官。

昆虫的体壁构造比较复杂,由里向外依次为底膜、皮细胞层及表皮层组成(图 5-7)。底膜为一薄膜组织,是体壁与内脏的分界线。皮细胞层一般由圆柱状或长方形的单层真皮细胞所组成,部分细胞在发育过程中特化成刚毛、鳞片、刺、距等外长物伸出体壁外面,有的特化成能分泌特殊物质的腺体。表皮层是皮细胞层的分泌产物,由里向外又可分为内表皮、外表皮和上表皮三层。内表皮为表皮层中最厚的一层,主要成分是蛋白质和几丁质，容易被水及水溶性物质所渗透。外表皮是由内表皮外层骨化而成，是表皮中坚硬的层次，主要化学组成是骨蛋白和几丁质及脂类等化合物，所以也属于亲水性的。上表皮是表皮中最薄的一层，但构造最复杂。通常由里向外分为表皮质层、蜡层及护蜡层。表皮质层和护蜡层都是脂类和蛋白质的复合物，而蜡层几乎全是蜡质，所以上表皮的特性是亲脂性的（即拒水性的）。蜡层是昆虫保持体内水分免于过度蒸发和阻止水溶性物质侵入的主要部分。如果蜡层及护蜡层被破坏，昆虫就会由于过分失水而干死。长期生活在土中的昆虫，蜡层常被土粒磨损，所以在日光下暴晒，容易出现死亡。

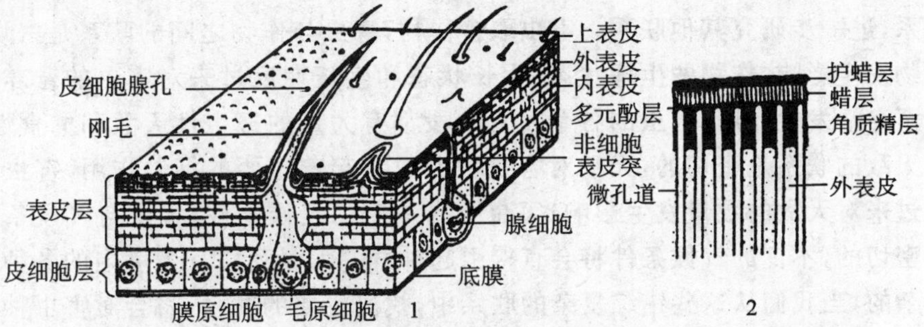

图 5-7　昆虫体壁构造模式图

1. 体壁结构　2. 体壁表皮层

第六章 昆虫生态学

昆虫生态学是研究昆虫的种群与其周围环境的关系，从而揭露昆虫种群数量发展变化的规律性。研究一种害虫的生态学问题，首先注意的是与害虫直接有关的几个方面的联系，进一步研究其他联系。害虫取食作物，害虫与作物之间的联系是密切的，害虫对作物发生影响，作物的生理状态、生长状态和生长期反过来对害虫的营养、生长、繁殖甚至存活发生作用；害虫的各个发育阶段都有大量的寄生性天敌和捕食性天敌，害虫与天敌的联系是密切的，天敌对害虫种群数量起着重要的抑制作用，害虫种群数量也反过来对天敌的数量发生影响；害虫要求一定的气候条件，害虫与气候条件的关系也是密切的，不良的气候条件将会直接引起种群的大量死亡。生境内的各种联系是错综复杂的，当我们从这些错综复杂的联系中，找出主要的联系，将会对害虫种群数量变化规律有较深刻的了解，从而有助于控制害虫的发生数量，解决害虫为害的问题。

第一节 气候因素对昆虫的影响

气候因素主要包括温度、湿度、降水、光、风等。这些因素与昆虫的生命活动的关系非常密切，它们既是昆虫生长发育、繁殖、活动必需的生态因素，也是昆虫种群自然发生、发展的自然控制因子。

一、温度

昆虫是变温动物，保持与调节体温的能力不强，其体温随着环境温度的变化而改变，外界环境温度能直接影响昆虫的代谢速率从而影响昆虫的生长发育、繁殖速率及其生命活动。所以温度是气候条件中影响最大的因素。

1. 昆虫对温度的反应可以划分成几个区域

(1)致死高温区　在此区间，昆虫体内酶系遭到破坏，蛋白质凝固，昆虫经后期兴奋后即行死亡。

(2)亚致死高温区　在此区间，昆虫各种代谢速度不一致，从而导致生长发育和繁殖不良。时间过长，也可造成死亡。

(3)适温区　在此区间，昆虫的生命活动正常进行，处于积极状态，体内能量消耗最少，死亡率最低，生殖力最大。

(4)亚致死低温区　在此区间，昆虫体内各种代谢过程不同程度地减慢，处于冷昏迷状态。如低温持续时间长，则可引起死亡。

(5) 致死低温区　在此区间，昆虫体液结冰，原生质因遭受不断扩大的冰晶机械损伤而脱水，生理结构受到破坏，细胞膜受到破损，昆虫致死。

2. 有效积温法则及其应用

有效积温法则是用来分析昆虫发育速度与温度的关系的，其意义是昆虫完成某一虫态或一个世代的发育所需要的有效温度积累值是一个常数。单位以日度表示，即

$$K = NT \tag{1}$$

式中：N——发育历期；K——为一常数，即总积温；T——发育期间平均温度。

由于昆虫的发育是在适宜的温度范围内进行的，故将其发育的最低温度称为发育起点温度。发育起点以上的温度是对昆虫发育起作用的温度，称为有效温度。上式中 K 值即为有效温度累积值，简称有效积温。

故上式应修正为

$$K = N(T - C) \tag{2}$$

式中：C——发育起点温度；$(T-C)$——有效平均温度；K——有效总积温(日度)。

(2)式中 C、K 值可以通过实验方法测定昆虫某虫期在不同温度组合(5 个或 5 个以上)下的发育历期，再经统计分析方法而求得。将(2)式移项，得有效积温预测式：

$$N = K/(T - C) \tag{3}$$

根据(3)式，即可利用害虫某虫期的发育起点和有效积温资料，根据当地常年同期的平均温度，结合近期气象预测，对这一害虫下一虫期的发生期作出预测。同样，也可利用世代发育起点和有效积温来估计该虫在当地的全年发生世代数。

二、湿度

湿度不但与昆虫体内水分平衡、体温以及活动有关，而且还可直接影响昆虫生长发育。各种昆虫生长发育都有适宜的湿度范围，湿度过低或过高均会抑制昆虫的发育。但对不同生活习性的昆虫来说，湿度对其产生的影响作用有所差异。一般而言，湿度对日出性昆虫的生长发育影响较小，而对夜出性或土栖性昆虫的影响较大。

降雨对昆虫的影响也很大。降雨不但可影响大气湿度，且大雨、暴雨对小型昆虫以及初孵幼虫和卵有冲刷、黏附等机械致死作用。

值得一提的是，在气候条件中，温度和湿度常常综合地作用于昆虫。分析害虫种群数量变动规律时，必须要注意温湿度综合效应。

三、光

光对昆虫的作用包括太阳光的辐射热、光的波长、光照强度与周期。光是一种电

磁波，波长不同，显示各种不同性质。昆虫多趋向波长为 650～750nm 的短光波，特别是对 330～400nm 的紫外光有强烈的趋性。根据昆虫这种特性，利用黑光灯、双色光灯诱杀害虫，可以提高诱杀效果。

光照强度的变化，能影响昆虫昼夜节律、交尾产卵、取食、栖息、迁飞等行为。不同昆虫对光照强度有不同的反应，从而形成不同的生活节律。根据昆虫活动习性与光照强度的关系，可将昆虫的昼夜活动习性分成三大类：(1)日出性昆虫；(2)夜出性昆虫；(3)暮出性昆虫。

昆虫的活动节律不单纯是对光照强度变化的反应，还有其复杂的生理学基础。这种内在的生理节律过程，是生物体内循时性组织的一种功能性反应，它与光信号是密切相关的，这种现象在生物学上称为生物钟。

光周期是指昼夜交替时间在一年中的周期变化，它影响着许多昆虫种类的年生活史循环。

第二节　土壤环境

土壤也是很多昆虫尤其是地下害虫必需的生态环境。有些昆虫终身蛰居在土中，有些则以某个或某些虫态生活在土中。所以土壤的气候、理化特性与昆虫生命活动至关重要。

一、土壤温湿度

土壤温度主要取决于太阳辐射。其变化特点因土壤层次不同和土壤植被覆盖物不同而异。表层的温度变化比气温大，土层越深则土温变化越小。土壤温度也有日变化和季节变化，还有不同深度层次间变化。土温也受土壤类型和物理性质的影响。土壤温度直接影响土栖昆虫的生长发育、繁殖与活动。

土壤湿度主要取决于土壤含水量，通常大于空气湿度。因此，许多昆虫的静止虫期，常以土壤为栖息场所，可避免空气干燥的不利影响。

土栖昆虫由于体壁经常与土粒接触，上表皮护蜡层容易磨损，体壁通透性加强，故采用深耕晒垡或药剂拌种等措施，可有效防治害虫。

二、土壤理化性状

土壤的理化性状包括土壤成分、组成的土粒大小、土壤的紧密度、通气性、团粒的构造情况，以及含盐量、含有机质的多少和土壤反应等性状。各种具有不同理化性质的土壤，不但影响生长在土壤内的植物，同时也决定着地下昆虫和地面某些昆虫的种类和数量。

有些土栖昆虫常以土中有机物为食料，土壤中施有机肥料对土壤生物群落的组成影响很大。施用未腐熟的有机肥料能使地下害虫为害加剧。

第三节　生物因素

生物因素是环境因素的重要组成部分，它包括环境中的一切生物，由于生物的生命活动和相互联系，就构成了自然界生物间的相互依存和相互制约的关系。害虫本身也是生物因素的成分，同时与其他生物因素有联系。生物因素既影响昆虫的生长、发育、繁殖和分布，又影响昆虫的种群密度变化。植食性昆虫受寄主植物和天敌的影响非常明显，同时，种间和种内的密度变化在一定条件下也影响种群的盛衰。

一、食物链与食物网

生物与生物之间是相互联系的，如植食性昆虫取食植物，但它们又被其他捕食性、寄生性昆虫或其他动物摄食，这样就构成了几个彼此相联的食物环节，称为食物链(food chain)。在自然界中，单纯的食物链是不存在的，通常是由许多彼此相互关联，具有某种共同环节数目的食物链结合在一起，构成一个食物网(food web)。

二、生物群落和生态系统

自然界的生物并非孤立地存在或孤立发展的。在一定的地域内，由于气候、地形、地势、土壤等非生物因素的相似，往往具有一定的互相联系的动物和植物成分，由此形成了该地域内特定的动、植物种类所组成的结构，通常称之为生物群落(biocommunity)。在一定的气候和土壤条件下，具有一定的生物群落，这些生物和非生物相互作用形成一个自然综合体，这个自然综合体常有一定的结构，并能凭借这一结构进行物质循环、能量转换，起着相互依存和相互抑制的功能，生态学上称之为生态系统(ecological system)。

三、昆虫与植物

植物是植食性害虫的食料，食料的质和量可以直接或间接地影响昆虫的繁殖、发育速度及存活率。昆虫对不同种植物及同种植物的不同部位有一定选择能力，这种选择功能主要通过感觉器官来完成。植物体表次生化学物质对昆虫有诱集、驱斥作用。害虫为害对作物产量与品质均有某种程度的影响，根据害虫为害习性和作物反应大致可分为 3 种基本类型：(1)敏感性。作物产量损失随害虫为害程度的增加而增加，在一定为害区间，作物损失与为害率呈直线关系。(2)耐害性。作物产量损失与随害虫为害程度呈“S”形曲线关系，即在害虫密度较低的情况下，产量不会因害虫的为害而降低，有一个较稳定的阶段，但为害增加到一定程度的时候，产量就急骤下降，而降到一定程度后又出现一个相对稳定的阶段。(3)补偿性。与耐害性基本一致，只在为害程度较低时还呈现一定的补偿能力。即有时害虫为害不但不减产，反而会提高经济产量，但为害达到一定程度时，产量就急骤下降。在长期的自然选择及协同进化过程中，作物对害虫的为害也表现出一系列的抗性反应。

作物的抗虫性，可分为生态抗性和遗传抗性：①生态抗性。是因环境因子引起的某种暂时性的抗虫特性，它们不受遗传因素所控制。②遗传抗性。是由作物种质决定的一类抗性，一般认为是昆虫对作物取食过程中的一系列反应和植物对昆虫适应性反应的综合结果。

四、害虫与天敌

天敌是一类重要的生物因素，在自然界中，昆虫天敌种类非常丰富，包括病原微生物（如由真菌、细菌、病毒、原生动物和线虫引起的昆虫疾病），捕食性天敌（如肉食性昆虫、蜘蛛和捕食螨、蛙类和捕食鸟等）以及寄生性昆虫（如寄生蜂、寄生蝇等）三大类群。它们对抑制害虫种群数量有着重要作用。

天敌与害虫之间的关系是相互依存、相互制约的辩证关系。天敌是害虫种群数量的调节者，对害虫种群有跟随现象，天敌作用的大小往往取决于其食性专化程度、搜索能力、生殖力和繁殖速度，以及对环境的适应能力等。天敌与寄主之间也有复杂的联系，天敌搜索害虫的过程有 4 个连续的顺序，即发现害虫的栖境、搜索害虫、选择害虫和害虫的适应性反应。害虫对天敌也会发生许多防卫性反应。一是忌避保护：以警戒色、拟态或分泌报警信息素告诫同种昆虫逃避；二是化学与物理性防御：如释放难闻的气味，有些昆虫还具有假死式突发性昏迷习性；三是选择性保护：如昆虫的多型现象及物候隔离；四是血细胞的防御与免疫反应：如大多数昆虫在遭受寄生蜂寄生时，血细胞形成包囊，包围在寄生物四周，干扰寄生物的取食和气体交换。

第七章　昆虫生物学

昆虫生物学内容主要包括昆虫的繁殖、发育、变态以及从卵开始到成虫为止的生活史等方面的生命特性。对害虫来说，找出它们生命活动中的薄弱环节加以防治或抑制；对益虫则可以找出人工保护、繁殖和利用的途径。

第一节　昆虫的生殖方式

除极少数昆虫存在雌雄同体外，大部分昆虫属于雌雄异体动物。昆虫在复杂的环境条件下具有多样的生活方式，经过长期的适应，生殖方式也表现多样性。归纳起来，有两性生殖、孤雌生殖、卵胎生和多胚生殖等。

一、两性生殖

绝大多数昆虫以两性生殖繁衍后代，即通过雌雄交配后，精子与卵子相结合，雌虫产下受精卵，再发育成新个体，这种生殖方式称为两性生殖，或称为两性卵生，这是昆虫普遍存在的一种繁殖方式。

二、孤雌生殖

有些昆虫种类，卵不经过受精就能发育成新的个体，这种生殖方式称为孤雌生殖，又叫单性生殖。孤雌生殖对昆虫的分布有重要的作用。即使有一头雌虫被带到新的地方，如果环境条件适宜，也能在这个地方繁殖后代。有些昆虫在一个时期进行两性生殖，另一个时期进行孤雌生殖，两种生殖方式交替进行，称作异态交替，或称世代交替，如蚜虫。有些昆虫可以同时进行两性生殖和孤雌生殖，如蜜蜂，在交配后产下的受精卵发育成雌蜂（蜂王和工蜂），未受精卵发育成雄蜂。

三、卵胎生

雌虫未经交配的卵在母体内依靠卵黄供给营养进行胚胎发育，直到孵化为幼体后才从母体中产出，这种孤雌生殖方式称为卵胎生，又叫孤雌胎生，如蚜虫的单性生殖。

四、多胚生殖

多胚生殖也是孤雌生殖的一种方式，如一些寄生蜂可以由一个卵发育成两个到几百个，甚至上千个个体，称为多胚生殖。其性别常以所产的卵是否受精而定，受精的为雌性，未受精的为雄性。多胚生殖是对活体寄生的一种适应，它可以利用少量的生活物质和在较短时间内繁殖较多的后代。

第二节　昆虫的发育和变态

昆虫个体发育由卵到成虫性成熟为止，可分为两个阶段，即胚胎发育和胚后发育阶段。第一个阶段是依靠母体留给营养(或由卵黄供给营养)在卵内进行发育的阶段；第二个阶段是从卵内孵化开始发育成长到性成熟为止，这一阶段是昆虫在自然环境中自行取食获得营养和适应环境条件的独立生活阶段。

一、昆虫变态的类型

昆虫在胚后发育阶段，其外部形态和内部器官等方面要经过一列变化，即经过若干次由量变到质变的几个不同发育阶段，这种变化称做变态。昆虫的变态主要有下列两大类：

1. 不全变态(图 7-1)

昆虫个体发育经过卵、若虫和成虫三个阶段。成虫的特征随着若虫的生长发育而逐步显现，翅在若虫体外发育。由于若虫仅除翅和生殖器官尚未发育完全外，其他在形态特征和生活习性等方面均与成虫基本相似，因此这样的不全变态又称为渐变态。

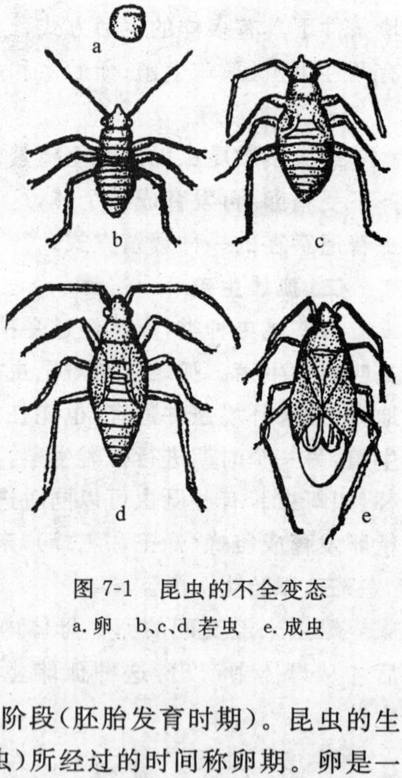

图 7-1　昆虫的不全变态

a. 卵　b、c、d. 若虫　e. 成虫

2. 全变态(图 7-2)

昆虫个体发育过程中要经过卵、幼虫、蛹和成虫 4 个发育阶段。幼虫在外部形态和生活习性上同成虫截然不同，幼虫不断生长经若干次脱皮变为形态上完全不同的蛹，蛹在经过一定时期后羽化为成虫。因此，这类变态必须经过蛹的过渡阶段来完成幼虫到成虫的转变过程。

二、昆虫个体发育各阶段的特性

1. 卵期

对卵生的昆虫来说，卵是昆虫个体发育的第 1 个阶段(胚胎发育时期)。昆虫的生命活动是从卵开始的，卵自产下后到孵化出幼虫(若虫)所经过的时间称卵期。卵是一个不活动的虫态，所以昆虫对产卵和卵的构造本身，都有特殊的保护性适应，也正是因

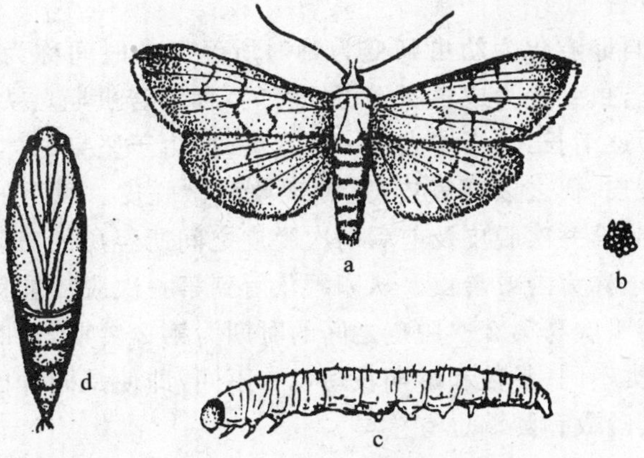

图 7-2　昆虫的全变态

a. 成虫　b. 卵　c. 幼虫　d. 蛹

为卵是个不活动的虫态,所以常被用作虫情调查的对象,不论是调查种群消长趋势或估计种群数量,都比较简单准确。因此,了解昆虫的产卵方式,确认各种卵的类型,以至鉴别近似种的卵,都有特殊的实际意义。

(1)卵的形态结构　卵是一个大型细胞,最外层是坚硬且构造十分复杂的卵壳,表面常有各种裂纹,卵壳下为一薄层卵黄膜,包围着原生质和丰富的卵黄。在卵黄和原生质中央有细胞核,又称卵核。一般在卵的前端卵壳上有一个或数个小孔,称为卵孔。卵孔是卵受精时精子进入卵内的通道,也称精孔或受精孔(图 7-3)。了解卵壳构造与研究利用杀虫剂有密切关系。

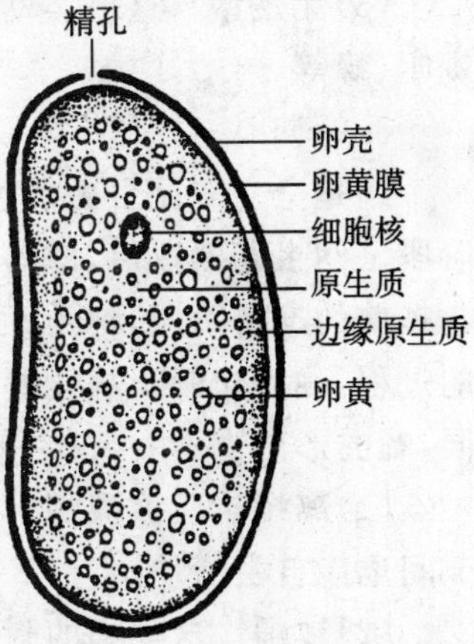

图 7-3　昆虫卵的构造

(2)昆虫的产卵方式及场所　昆虫的产卵方式随种类而不同,有的单粒散产,有的集聚成块,有的在卵块上还覆盖一层茸毛,有的卵则具有卵囊或卵鞘。产卵场所也因昆虫种类而异,多数将卵产在植物的表面,有些将卵产于植物组织内,一些地下害虫则产于土中。

(3)卵的发育和孵化　两性生殖的昆虫,卵在母体生殖腔内完成受精过程并产出体外后,当环境条件适宜时,便进入胚胎发育期。在卵内完成胚胎发育后,幼虫或若虫即破卵壳而出,称为孵化。一批卵从开始孵化到孵化结束,称为孵化期。

2. 幼虫(若虫)期

全变态类昆虫自卵孵化为幼虫到变为蛹时所经历的时间称为幼虫期。不全变态类昆虫自卵孵化为若虫到变为成虫所经历的时间,称为若虫期。从卵孵化出的幼体通常很小,取食生长后逐渐长大,当增大到一定程度时,由于坚韧的体壁限制了进一步生长,就必须脱去旧表皮,代之以新表皮,这种现象称做脱皮。脱下的皮称做蜕或蜕皮。幼虫和若虫从孵化到第一次脱皮及前后两次脱皮之间所经历的时间,称为龄期。在每一龄期中的具体虫态称为龄或龄虫。从卵孵化后到第一次脱皮前称为第 1 龄期,这时的虫态即为 1 龄;第 1 次与第 2 次脱皮之间的时期为第 2 龄期,这时的虫态即为 2 龄,以此类推。昆虫种类不同,龄数和龄期长短也有不同,即使是同种昆虫,也会因为各种环境条件的不同,其龄数和龄期也有差异。

全变态昆虫的幼虫随种类不同,其幼虫形态也各有不同,常见的昆虫幼虫主要有 3 种类型(图 7-4):

(1)多足型　这类幼虫的特点是除具有发达的胸足外,还具有腹足或其他腹部附肢。如蛾、蝶类幼虫有 2～5 对腹足。叶蜂幼虫具有 8 对腹足。

(2)寡足型　这一类幼虫具有发达的胸足,但没有腹足或其他腹部附肢。如步行虫、瓢虫、芫菁、金龟甲、叶甲等。

(3)无足型　这一类幼虫没有胸足和腹足行动器官,有时头部也都退化。如天牛、蝇咀、蜂等。

3. 蛹期

蛹是全变态昆虫由幼虫转变为成虫过程中所必须经过的一个时期,是成虫的准备阶段。幼虫老熟以后,即停止取食,寻找适当场所,同时体躯逐渐缩短,活动减弱,进入化蛹前的准备阶段,称为预蛹(前蛹),所经历的时间即为预蛹期。预蛹脱去皮变成蛹的过程,称为化蛹。从化蛹时起到发育到成虫所经历的时间,称为蛹期。昆虫种类不同,蛹的形态也不一致,一般有以下 3 种类型(图 7-5):

(1)离蛹　又称裸蛹。这类蛹的特征是附肢和翅不贴在身体上,可以活动,同时腹节间也能自由活动。

(2)被蛹　这类蛹的附肢和翅等紧贴在蛹体上,不能自由活动,大多数或全部腹节也不能活动。

(3)围蛹　实际上是一种裸蛹,由于幼虫最后脱下的皮包围于蛹体之外,形成圆桶形硬壳。

4. 成虫期

成虫期是昆虫个体发育的最后阶段,其主要任务是交配、产卵,繁衍后代。因此昆虫的成虫期实际上是生殖时期。

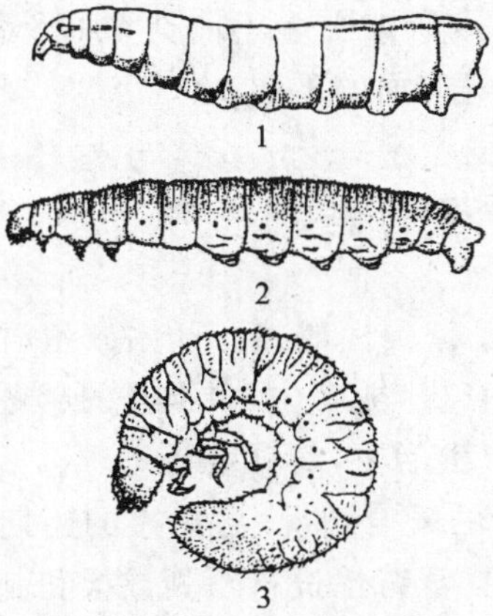

图 7-4 昆虫的幼虫类型

1.无足型(蝇类) 2.多足型(蝶类) 3.寡足型(蛴螬)

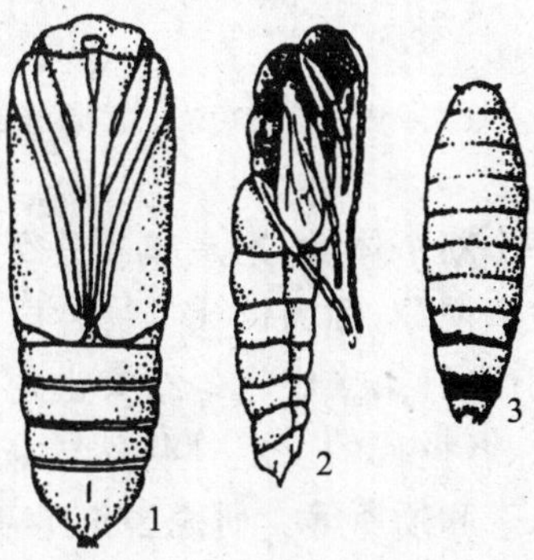

图 7-5 蛹的类型

1.被蛹(夜蛾) 2.离蛹(胡蜂类) 3.围蛹(蝇类)

(1)羽化 成虫从它的前一虫态脱皮而出的过程,统称为羽化。不全变态的昆虫的若虫经最后一次脱皮,即羽化为成虫。而全变态昆虫的蛹由蛹壳破裂羽化为成虫。初羽化的成虫,一般身体柔软,翅和部分附肢均未伸展。随后身体逐渐硬化,体色加深。成虫吸入空气并借肌肉收缩和血液流向翅内,以血液的压力,使翅完全伸开,进行活动或飞翔。成虫从羽化开始直到死亡所经历的时间,称为成虫期。

(2)性成熟和补充营养 一些昆虫羽化为成虫后,性器官就已经成熟,即能交配和产卵,繁衍后代。这类昆虫的成虫羽化后不需要取食,一般口器退化,寿命较短。另外一些昆虫羽化为成虫时,性腺和卵还没有完全成熟,必须继续取食一段时间,获得充足的营养物质以满足性腺和卵的发育需求,然后才能交配产卵。这种对性成熟不可缺少的营养,称为补充营养。

(3)交配和产卵 成虫性成熟后,即可交配和产卵。交配的次数随各种昆虫不同而异。雌雄成虫从羽化到性成熟开始交配所经历的时间,称为交配前期。雌成虫从羽化到开始产卵所经历的时间,称为产卵前期。雌成虫从开始产卵到产完卵所经历的时间,称为产卵期。

(4)产卵能力 雌雄成虫交配后,雌成虫产卵的数量,称为繁殖力。产卵量的多少随种类而异,同时也受到环境因素的影响。昆虫的繁殖力一般都很强,这也是许多害虫在短时间内猖獗成灾的根本原因。

(5)雌雄二型和多型现象 同种昆虫的雌雄成虫除了直接产生性细胞的性腺(生殖器官)和实行交配、产卵等活动的外生殖器的构造截然不同外,雌雄的区别也常表现在个体的大小、体型的差异、颜色的变化等方面。这种现象称为雌雄二型。此外,在同一种昆虫中，除雌雄异型外，在相同的性别中，还具两种或更多不同类型的个体，称为多型现象。多型现象表现在体躯构造、形态和颜色等方面的不同。

第三节　昆虫的世代和年生活史

一个新个体（不论是卵或是幼虫）从离开母体发育到性成熟并开始繁殖时为止的个体发育周期，称为世代。一种昆虫在一年内的发育史，或者说，由当年的越冬虫态开始活动起，到第二年越冬结束止的发育过程，称为年生活史，简称生活史。包括发生的世代数、各世代的发生时期及与寄主植物发育阶段的配合情况、各虫态的历期以及越冬的虫态和场所等。研究害虫生活史，是掌握其生物学特性进行预测预报和制定防治策略的重要资料。

各种昆虫完成一个世代所需的时间不同，在一年内完成的世代数也不同。有的昆虫一年只发生一代，称为一化性昆虫。一年内发生多代的称为多化性昆虫。在多化性昆虫中，往往因各虫态发育进度参差不齐，导致野外发生的世代难以划分界限，即在同一时间内出现不同世代的相同虫态，这种现象叫做世代重叠。世代重叠往往导致虫情复杂化，给害虫的测报和防治带来困难，因为在这种情况下，往往需要增加调查防治次数，才能收到预期的效果。

第四节　昆虫的休眠和滞育

昆虫同别的节肢动物一样，在一年的发生过程中，在隆冬或盛夏季节，常常会出现一段或短或长的生长发育暂时停滞的时期，通常称为越冬或越夏。表面上看，昆虫的越冬或越夏，只是安全渡过不利的环境条件的一种现象，但就产生或消除这种现象的条件以及昆虫对这些条件反应来说，我们把这种生长停滞的现象区别为两种不同的性质，即休眠和滞育。

一、休眠

休眠常常是由不良的环境条件直接引起的，当不良环境消除时，就可以恢复生长发育。其中主要是温度因子。具有休眠特性的昆虫，有的需在一定的虫态休眠，有的则以任何虫态（虫龄）休眠。

二、滞育

滞育虽然也是由环境因子引起的，但常常不是不利的环境条件直接引起的，在自然情况下，当不利的环境条件还远未到达之前，就进入滞育了。而且一旦进入滞育，即使给以最适宜的条件，也不会马上恢复生长发育。所以它具有一定的遗传稳定性。凡有滞育特性的昆虫，都各有固定的滞育虫态。滞育可分为兼性滞育和专性滞育两种类型。

1. 兼性滞育

昆虫在不同的地理分布区一年发生的世代数不同，也可以说，滞育不出现在固定的世代，而是随地理环境、气候和食料等因素变动。

2. 专性滞育

又叫绝对滞育，都出现在一年只发生一代的昆虫。不论外界条件如何，只要到了各自的滞育虫态，都进入滞育。

究竟是什么条件导致昆虫滞育的问题，早就引起了许多昆虫学者的兴趣。现在已从几百种滞育昆虫中得到证实，光周期（昼夜光照、黑暗的节律）的变化是引起滞育的主要因素，其次是温度和食料等。

第五节　昆虫的习性

昆虫的习性（Habits）包括昆虫的活动和行为，是建立在神经反射活动基础上的一种对外来刺激作用所作的运动反应。这种对复杂的外界环境所具有的主动调节能力，也是长期自然选择的结果。了解害虫的生活习性，是农业工作者制定控制害虫的策略和方法的重要依据。

一、食性

食性（Feeding habits）就是取食的习性。不同昆虫对食物有不同的要求，按食物种类，可分为以下几类：

1. 植食性（Phytophagous）

以取食活体植物及其产品为食料。包括农作物害虫和吃植物性的仓库害虫。按寄主范围的广、窄，又可分为单食性、寡食性和多食性 3 种。

(1)单食性　只取食 1 种植物。

(2)寡食性　只取食 1 个科或其近缘科内的若干种植物。

(3)多食性　取食范围广，涉及许多不同的植物。

2. 肉食性（Carnivorous）

取食动物性食物，包括捕食和寄生性两大类。如天敌等。

3. 杂食性（Saprophagous）

既可以吃植物性食物也可以吃动物性食物的昆虫。

二、趋性

昆虫的趋性（Taxis）是较高级的神经活动，也是一种无条件反射。趋性是昆虫对任何一种外部刺激来源(光、温度、化学物质等)产生的反应运动。这些运动带有强迫性,昆虫不趋即避,因此趋性有正趋性和负趋性之分。按刺激物性质,趋性可分为:(1)趋光性(对于光源的反应);(2)趋温性(对于热源的反应);(3)趋化性(对于化学物质的反应);(4)趋湿性(对于湿度的反应);(5)趋地性(对于土壤的反应)等。其中以趋光性和趋化性最为重要和普遍。

三、群集性

大多数昆虫都是分散生活的,但也有一些昆虫在田间经常可见大量个体聚集在一起生活,这种群集现象,据其性质可分为两类:

1. 暂时群集

一般发生在昆虫生活史中的某一阶段。往往是由于有限空间内昆虫个体大量繁殖或大量集中的结果。这种现象与昆虫对生活小区中一定地点的选择性有关,因为在它们群集的地方,可获得生活上的最大满足。这种群集现象是暂时性的,遇到生态条件不适合时,或在其生活的一定时期就会分散。

2. 长期群集

群集时间较长,包括个体整个生活周期。群集后往往不再分散。

四、拟态和保护色

昆虫的拟态和保护色是对环境适应的方式之一。拟态是指一种动物与另一种动物很相像,因而获得了保护自己的现象。如菜蛾停息时形似鸟粪;尺蠖幼虫在树枝上栖息时,以腹足固定于树枝上,身体斜立,很像枯枝;枯叶蝶停息时双翅竖立,翅背极似枯叶,是拟态的典型例子。保护色是指某些动物具有同它的生活环境中的背景相似的颜色,这有利于躲避捕食性动物的视线而得到保护自己的效果。

第八章　昆虫生理学

昆虫个体生命活动和繁殖后代依赖于内部各器官的生理机能及其相互间的协调，因此，了解昆虫内部器官的基本构造和生理机能是研究害虫防治不可缺少的理论基础。

第一节　体腔和内部器官的位置

昆虫体壁所包成的腔，称为体腔。由于体腔内充满血液，所以这种体腔又称血腔。昆虫所有内部器官都浸浴在血腔内。

昆虫的血腔由肌纤维和结缔组织构成的膈模在纵向分隔成 2 个或 3 个小血腔，称为血窦。大多数昆虫在背血管下面有一层膈膜，称为背膈，它将血腔分隔成背面的背血窦和中央的围脏窦。由于司循环作用的背血管位于背血窦内，所以背血窦又称围心窦。在有些昆虫中，如直翅目蝗科、鳞翅目和双翅目的成虫等，在腹部腹板两侧之间还有一层腹膈纵贯其间，腹膈下面的血窦，称腹血窦。由于腹血窦内包含了腹神经索，所以又称围神经窦（图 8-1）。

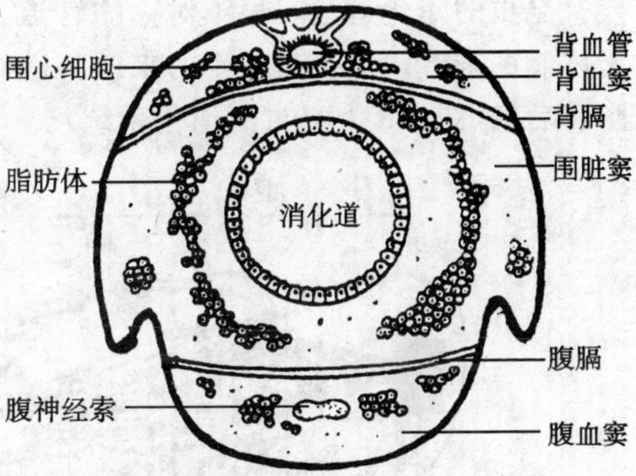

图 8-1　昆虫腹部横切面

昆虫各内脏器官在体腔内的位置是：消化道呈管状，纵贯于体腔的中央部分；消化道上方是背血管，它是血液循环的动力；神经系统除脑外，位于消化道的下方；气管系统位于消化道的两侧及背面和腹面的内脏器官之间；生殖系统卵巢或睾丸位于腹部消化道的背面，侧输卵管和中输卵管或输精管和射精管则位于消化道的腹面；排泄器官（马氏管）着生于消化道中、后肠之间。体壁肌和内脏肌分别附着于体壁下方和内脏的表面；脂肪体则主要包围在内脏周围；各种内分泌腺体位于内脏器官相应的部位（图 8-2）。

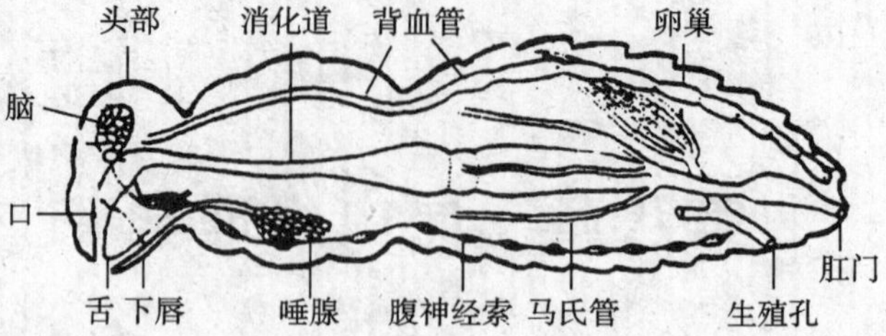

图 8-2　昆虫纵切面模式图

第二节　消化系统

昆虫的消化系统包括一根自口到肛门，纵贯血腔中央的消化道以及与消化有关的唾腺等。

一、消化道的一般构造和机能

昆虫的消化道是一根不对称的管道，前端的口位于口前腔的基部，后端的肛门位于体躯的末节。根据其发生的来源和机能的不同，消化道可分为 3 个部分，即前肠、中肠和后肠（图 8-3 为蝗虫的消化系统）。

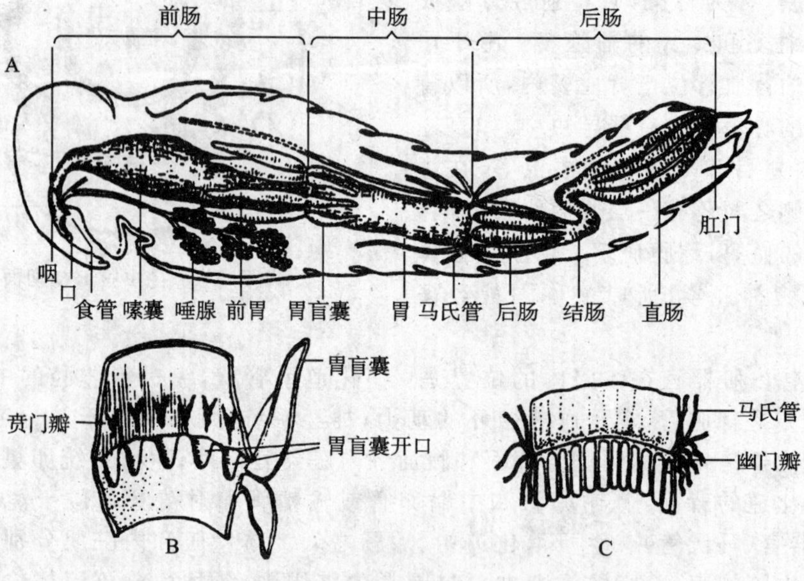

图 8-3　蝗虫的消化系统

A. 东亚飞蝗消化系统　B、C. 非洲飞蝗部分消化道纵切面

1.前肠

前肠从口开始，经由咽喉、食道、嗉囊，终止于前胃，而以伸入中肠前端的贲门瓣与中肠分界。

(1)咽喉　是前肠的最前端部分。

(2)食道　位于咽喉之后的狭长管道，它是食物的通道。

(3)嗉囊　是食道后端膨大的部分，其形状随昆虫种类而异。嗉囊的主要功能是暂时贮存食物。有些昆虫的嗉囊具有部分消化的作用。

(4)前胃　前胃是前肠的最后区域，也是消化道中最特化的部位，前胃的形状变异很大，在取食固体的昆虫中通常很发达。它的主要功能是磨碎食物。

(5)贲门瓣　位于前胃的后端，是由前肠末端的肠壁向中肠前端陷入而形成的一圈环形内褶。主要功能是使食物可以从前肠直接输入到中肠的肠腔，而不与胃盲囊接触；阻止中肠内食物倒流入前肠。

前肠是由胚胎时期的外胚层内陷而成，由内向外依次分为内膜、肠壁细胞层、底膜、纵肌、环肌和围膜6层。

2.中肠

中肠又称胃，一般是一条前后粗细近似的管道，前端与食道或前胃相接，后端以马氏管的着生处与后肠分界。很多昆虫中肠肠壁的前端常向外突出形成囊状或管状的胃盲囊。胃盲囊的主要功能是吸收消化食物，增加中肠的分泌面积。而半翅目昆虫的胃盲囊可作为细菌繁殖的场所。某些种类昆虫（如同翅目）的中肠弯曲地盘在体腔内，其前后两端与后肠的前端部分紧密地束缚在一起，包裹一层结缔组织围鞘而形成滤室（图8-4）。滤室的作用是能将食物中不需要的或过多的游离氨基酸、糖分和水分等直接经后肠排出体外。

中肠是食物进行消化作用和吸收营养的主要场所，它是由胚胎时期内胚层的中肠韧演变而成的。中肠在组织上也分为6层，只是肌肉层的排列与前肠不同，环肌排列在纵肌的内面，中肠无内膜而以围食膜代之，故由内向外排列依次为围食膜、肠壁细胞层、底膜、环肌、纵肌及围膜。围食膜由肠壁细胞分泌，组分为蛋白质和几丁质，主要功能是包围食物，保护中肠肠壁细胞，对营养物质、酶具有渗透性。

3.后肠

这是消化道的最后一段，前端以马氏管的着生处与中肠分界，后端终止于最后腹节的开口——肛门。常分为回肠、结肠、直肠3个部分。后肠前端内面常特化成幽门瓣，幽门瓣的开启，可使中肠内消化后的残渣进入回肠，而幽门瓣关闭时，则只有马氏管的排泄物进入后肠。在回肠和结肠的交界处，常有一圈瓣状物形成的直肠瓣，以调节残渣进入直肠。大部分昆虫直肠前半部肠壁特化成直肠垫。直肠垫一般是由大型

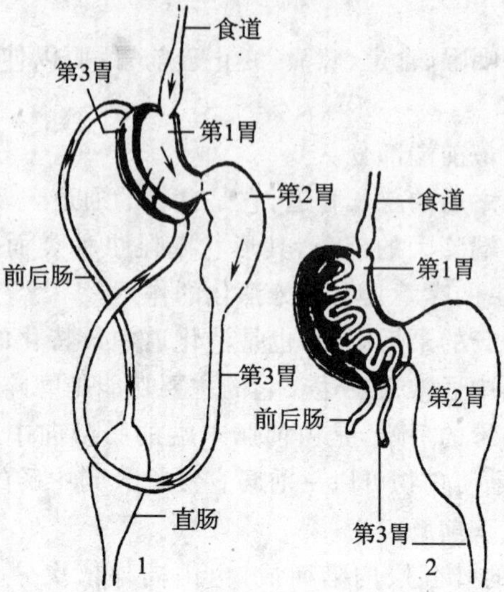

图 8-4 同翅目昆虫滤室构造

1. 滤室的模式构造 2. 中肠后端在滤室内曲回的情况

的柱状肠壁细胞组成，其功能主要是增加直肠吸收面积。

后肠也是由胚胎时期的外胚层演变而成，所以它的组织上基本与前肠类似，但肌肉层的排列不很规则。后肠的主要功能是吸收食物和尿中的水分及无机盐类，并排出食物残渣和代谢废物，以调节血淋巴渗透压和酸碱度等。

二、食物的消化和吸收

昆虫的食物种类很多，包括活的或死的植物组织、植物汁液、木质纤维、真菌、动物及其他昆虫的组织、血液等。这些食物常以一些碎片或悬浮液进入消化道内，但均不能被细胞直接吸收，必须经过消化作用，使大分子降解或水解成小分子，并成水溶液状态，才能透过中肠的肠壁细胞所吸收。消化作用主要依赖于中肠肠壁细胞分泌的消化酶的作用。昆虫消化酶的种类和数量是与其食物种类相适应的。一种昆虫所具有的消化酶的种类越多，表明它可利用的食物种类也越多。这些酶除唾液中含有少量之外，均是由中肠分泌的。

不同昆虫因取食的食物种类和消化机能不同，肠内的酸碱度也不同。中肠的消化作用必须在一个稳定的酸碱度条件下才能进行。一般昆虫消化液的 pH 值在 6～8 之间。许多蛾、蝶幼虫肠液的 pH 值在 8～10 之间。

昆虫消化道的氧化还原电位不仅影响消化酶的活性，还影响肠壁细胞的吸收作用。

食物颗粒自前肠进入中肠后，经消化作用形成液态的营养物质，可被中肠的吸收细胞和胃盲囊吸收，由中肠的前端进入血液，再经血液循环，将营养成分输送到各个组织中去。

三、与消化有关的腺体

昆虫的消化道一般没有本身单独的腺体。与消化有关的腺体主要有上颚腺、下颚腺、下唇腺，总称为唾腺。此外，有些昆虫（如蜜蜂中的工蜂）还有咽喉腺，在鞘翅目等昆虫的直肠后端，还具有肛腺。

唾腺的主要功能是：分泌唾液，用以润滑口器、湿润食物、溶解固体颗粒、帮助消化食物及建造蜂房等；蜜蜂受精后上颚腺的分泌物中则含有性信息激素，能阻止工蜂卵巢发育以及建造就急王台；工蜂的咽喉腺能分泌“王浆”，用以饲育幼虫。

四、消化系统与药剂防治的关系

防治害虫的农药，有些是通过害虫的消化道而起作用的，如胃毒剂和拒食剂。

胃毒剂施于昆虫取食的食物上，经昆虫摄入消化道后引起中毒死亡。一种胃毒剂的毒力及其在昆虫中肠内能否溶解或溶解度的大小，直接影响杀虫效果。

1. 肠道 pH 值与药剂的关系

中肠是昆虫进行消化和吸收的主要场所，因而中肠 pH 值对杀虫剂的应用效果有重要关系。一般来说，酸性的胃毒剂在碱性溶液中的溶解度大，因此对碱性中肠液的昆虫就容易杀死，反之对酸性中肠液的昆虫效力就比较低。

2. 胃毒剂引起昆虫肠道病变

细菌性杀虫剂如苏云金杆菌能引起部分昆虫中真皮细胞解体或脱落。

拒食剂则是影响昆虫食欲的药剂，昆虫摄食这类药剂后不再取食，最后因饥饿而死。

第三节　排泄器官

昆虫排泄器官的主要功能是排除新陈代谢产生的 CO_2 和氮素废物，调节体内无机盐和水分的平衡，从而保持血液的一定渗透压和化学组成，使各部分器官能正常进行活动。排泄器官排除的多种物质，包括 CO_2、H_2O 和含氮素废物和无机盐类等，总称为排泄物。与高等动物不同，昆虫排泄的含氮废物主要是尿酸及其盐类，由于尿酸比尿素含氢少，更适于保持体内水分，而游离的尿酸和尿酸盐几乎不溶于水，所以排泄时不需要伴随水分，这对于昆虫保留体内水分是非常有利的。昆虫的排泄器官和组织包括体壁、呼吸系统、马氏管、脂肪体及围心细胞等，其中马氏管为昆虫的主要排泄器官。

一、马氏管的构造及其排泄机能

马氏管来源于外胚层，着生于中肠与后肠的交界处，基端通入消化道内，是浸浴在血液中长形盲管，其数目因种类而异，一般为 4～6 条，少则 2 条，多达上百条。

1. 马氏管的构造

昆虫的马氏管虽然来源于外胚层，但没有内膜，肠壁细胞由单层皮细胞排列组成，其内缘具有条纹边，在光学镜下观察，有些昆虫马氏管的条纹边可分为两种类型：一类是其端段紧密排列成短杆状栅栏组织，称蜂窝边；另一类是基段由分离的原生质丝突起形成的毛刷状组织，称为刷状边。管壁细胞的外面有一层底膜，底膜上有一层含有很多微气管和交织成网的气管端细胞所组成的围膜，气管分支将马氏管附近的器官联系在一起，使马氏管随着消化道的蠕动而在血液中运动。

2. 马氏管的排泄机能

马氏管从血液中吸收的代谢物、水分、无机盐类及其他有机分子，不断进入后肠，由直肠垫细胞调节再吸收作用，称排泄循环。其主要作用是保持一个体液循环液流，使血液内的代谢废物不断地被运送到直肠腔内沉淀，从而调节血液的渗透压和水分、离子平衡(图 8-5)。

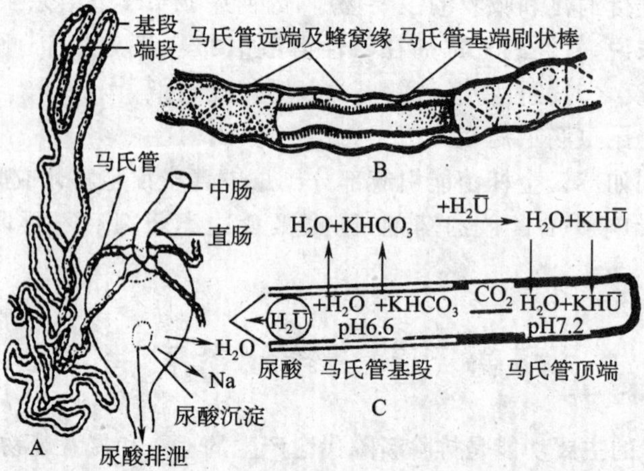

图 8-5 吸血蝽马氏管构造和管内无机盐类的流行及尿酸排泄、沉淀的关系模式图

A. 吸血蝽的排泄器官 B. 马氏管基段和端段交界处 C. 马氏管形成尿酸沉淀图解

二、其他排泄器官

1. 脂肪体

昆虫脂肪体为不规则的团状、疏松带状或叶状组织。组成脂肪体的细胞主要有两

类：一类是贮存养料的细胞；另一类是积聚着尿酸结晶的尿盐细胞，具有排泄作用。

2. 围心细胞

围心细胞分布在背血管两侧，能吸收血液中的叶绿素、胶体颗粒大分子物质，也有积贮排泄的作用。

第四节 循环系统

昆虫的循环系统和其他节肢动物一样，属于开放式，即血液在体腔内各器官和组织间自由运行。昆虫的主要循环器官是一根位于消化道背面、纵贯于背血窦中的背血管。在很多昆虫体内还存在有辅搏动器官，它们一般位于体躯的各部位和附肢的基部和内面，使血液能被驱入附肢的尖端。

一、背血管的构造

背血管由肌纤维和结缔组织所组成。可分为动脉和心脏两个部分。

1. 动脉

动脉是背血管的前端部分。前端伸入头腔内，开口在脑与食道之间形成的一个血窦内，后端连通第一心室，是引导血液向前流动的管道。

2. 心脏

心脏部分常由一连串鳞茎球状的心室组成。大多位于腹腔，有的则延伸到胸腔内。每个膨大的部分即为 1 个心室。心室的数目因种而异，一般为 4 个，多则 11 个，每个心室都有 1 个心门，位于心室的中部或末端，是血液流入心脏的开口。心门的内缘向内折入，形成心门瓣，当心室收缩时，心室后的心门瓣将心门掩闭，使血液向心脏前端流动，而不至于从心门流回体腔（图 8-6）。昆虫的心脏常以放射状、扇形的横纹翼肌联接和固定在附近的组织上。

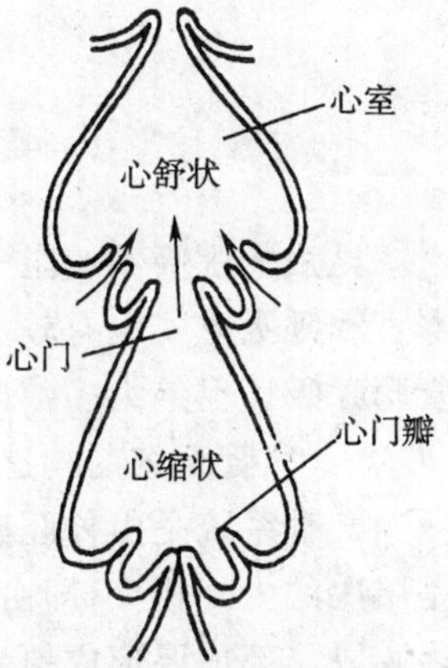

图 8-6 心门和心门瓣的作用

二、血液循环途径

当心脏扩张时，背血管的血液经由心门进入心脏，当心室由后向前依次收缩时，将血液不断推向前进，通过动脉压入头部。因此，在虫体前端的血液压力较高，驱使血液在体腔内由前向后流动。

存在有触角辅搏动器的昆虫，部分血液压入触角内进行循环，血液流入胸部血腔时，一部分进入腹血窦，流经胸足后再流回血腔内。

在有翅昆虫中，由于翅基的辅搏动器的作用，使血液在翅脉壁与翅脉形成的翅脉腔之间流动。

三、昆虫的血液及其功能

昆虫的血液又叫血淋巴，主要由血浆和血细胞组成。昆虫血液以血浆为主，在血液中流动的血细胞的数量很少，一般只占血液总量的5%左右。昆虫的血细胞是悬浮在血浆内或附着在组织表面的各种形状细胞，常见的血细胞有原血细胞、浆细胞、颗粒细胞、色囊血细胞、脂血细胞、球形血细胞、类绛色细胞等7个类型。血液的主要功能是：贮存与运送养料、酶、激素以及代谢废物；吞噬、愈伤、调节体内水分含量；传递压力以助孵化、脱皮、羽化、展翅及气管系统的通风作用等。由于绝大部分昆虫血液中不含红血球与血红蛋白，所以昆虫血液循环不携带氧气，与呼吸作用无关。

四、杀虫剂与循环系统的关系

杀虫剂进入虫体后，都要依赖血液循环把药送到神经系统和其他组织中，才能发生作用。一般来讲，血液循环越快，药剂运载效率越高，杀虫效果越好。杀虫剂破坏循环系统时主要表现为：扰乱血液循环，破坏血细胞，使心脏搏动率下降，减轻血液循环压力。

第五节　呼吸系统

昆虫的呼吸系统由气门和气管系统组成。由于各种昆虫生活习性的不同，其呼吸器官和呼吸方式也有较大的变化。昆虫的呼吸方式有体壁呼吸、气泡和气膜呼吸及气管腮呼吸。但绝大多数昆虫是靠气管系统呼吸。

一、气管系统的构造和分布

气管系统是由外胚层内陷而成，因此组织结构和理化性质与体壁基本上相同。只是层次的内外相反，即由底膜、管壁细胞和内膜组成。气管内膜上没有蜡层和护蜡层。内膜以局部加厚形成螺旋丝，增加气管的弹性，以利于气管的扩张。气管有主干和分支，由粗到细，最后分成许多微气管，着生在组织间或细胞内。气管在体壁上的开口，称为气门。自气门伸入到体内的一小段气管为气门气管。每体节的气门气管分出3支，分别伸向虫体的背面、腹面和中央，依次称为背气管、腹气管和内脏气管。各节气管之间还有纵行的气管相连，纵贯于体躯两侧。连接所有气门气管的为侧纵干；连接各节背气管的为背纵干；连接各节腹气管的为腹纵干；连接各内脏气管的为内脏纵干(图8-7)。

某些善于飞行的昆虫气管，局部膨大为囊状的气囊，气囊伸缩，能加速空气流通量和增加浮力，有利于飞行活动。

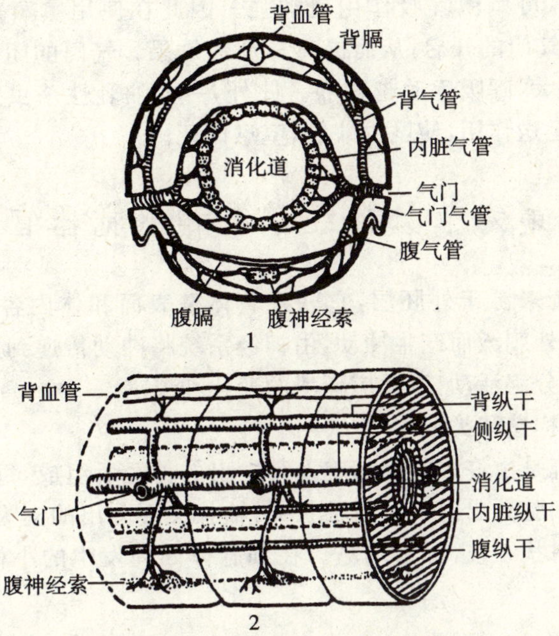

图 8-7　气管分布模式图

1. 体躯横切面　2. 侧面透视

二、气体的交换

气体在气管系统内的传送，主要靠气体的扩散作用和气管的通风作用来完成。

1. 扩散作用

昆虫生命活动需用的氧气，是借大气与气管间、气管与微气管间、微气管与组织间的氧气压力差，从大气中直接获取的。由于代谢的作用，使组织内部消耗了氧，产生了 CO_2，因而使大气中氧的分压高于气管内氧的分压，气管内 CO_2 的分压高于大气中 CO_2 的分压，所以氧气能向气管内扩散，CO_2 则能向气管外扩散。

2. 通风作用

也称换气运动，是指昆虫依靠腹部的收缩、扩张，帮助气体在气管系统内进行气体交换的一种形式。具有气囊的昆虫，气囊的伸缩也能加强气管内的通风作用。

三、呼吸系统与害虫防治的关系

杀虫药剂对昆虫的呼吸都有一定的影响。不同类型的杀虫剂引起不同程度的呼吸率的改变，或是被刺激而增加，或是被抑制而降低。

大部分昆虫，气体交换的强弱与组织内酸性代谢物和代谢产生的 CO_2 多少有关。

如果体内积累增多，可刺激呼吸作用就加强。因此在使用熏蒸剂防治害虫时，提高CO_2浓度，可加速度气门的开启，从而提高毒剂的效果。气门的闭合也与温度有关，温度越高，气门开口越大，呼吸运动越剧烈。此外，一些油乳性杀虫剂有阻塞气门、影响气管系统中气体的运送作用，使昆虫缺氧，窒息而死。

第六节　神经系统和感觉器官

昆虫的神经系统来源于外胚层，它联系着体壁表面和体内各种感觉器官和反应器，感觉器官接受内外刺激而产生冲动，由神经系统将冲动传递到肌肉、腺体等反应器官，从而引起收缩和分泌活动，以适应环境的变化和要求。

一、神经系统的构造和类型

昆虫的神经系统是由许多神经细胞及其发出的神经所组成，每个神经细胞及其分支称神经原。神经细胞分出的主枝称轴状突，轴状突再分出的支为侧支。轴状突及其侧支的顶端发生的树状细枝，称为端丛。在细胞体四周发生的小树状分支，称树状突（图 8-8）。

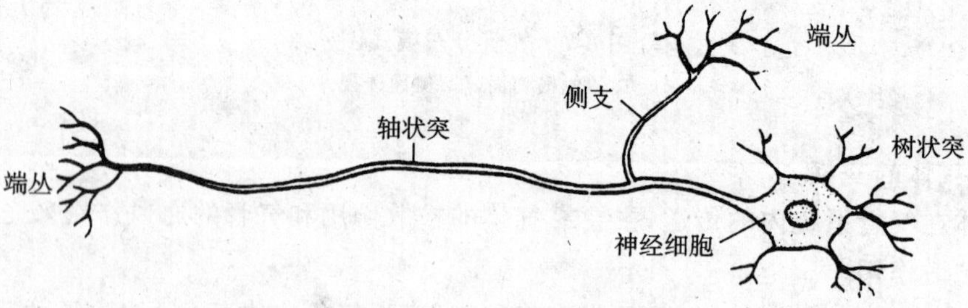

图 8-8　神经原模式图

按神经原的作用，神经原可分为感觉神经原、运动神经原和联络神经原。

昆虫的神经系统可分为中枢神经系统、交感神经系统和周缘神经系统三部分。

1. 中枢神经系统

中枢神经系统包括脑和腹神经索（图 8-9）。脑由前脑、中脑、后脑组成，其上有神经通到眼、触角、上唇和额。脑不仅是头部的感应中心，也是神经系统中最主要的联系中心。腹神经索包括头内的咽下神经节及以后各体节的一系列神经节的神经索。

2. 交感神经系统

交感神经系统包括口道神经索、中神经和腹部最后一个神经节。主要功能是司内脏器官的活动。

3. 周缘神经系统

周缘神经系统包括除去脑和神经节以外的所有感觉神经纤维和运动神经纤维形成的网络结构。它们接受环境刺激，并传入中枢神经系统，再把中枢神经系统发出的指令传送到运动器官，从而做出相应的反应。

二、昆虫的感觉器官

昆虫对环境条件刺激的反应，必须依靠身体的感觉器接受外界的刺激，通过神经与反应器联系，然后才能做出适当的反应。昆虫的感觉器主要分为四类：

1. 感触器

感受外界环境和体内机械刺激的感受器。

2. 听觉器

感受声波刺激的感受器。

3. 感化器

感受化学物质刺激的感受器。味觉器和嗅觉器属于这一类型。

4. 视觉器

感受光波刺激的感受器。

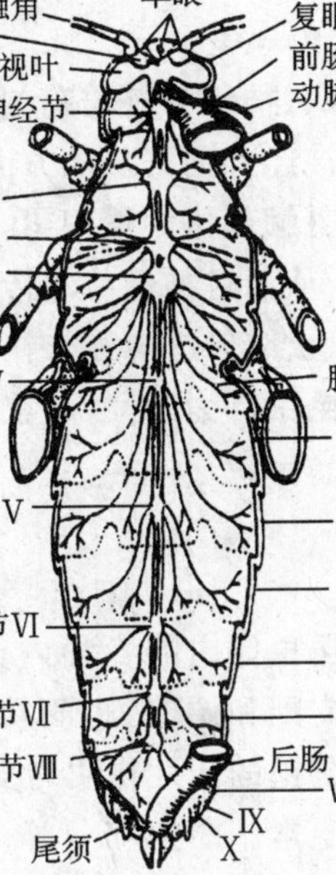

图 8-9　蝗虫的中枢神经系统

三、神经传导过程

神经冲动的传导主要包括神经原内、神经原与神经原之间以及神经原与肌肉（或反应器）间的传导。整个传导是一个相当复杂的过程。

1. 神经原内的传导

当神经的某一部位接受刺激后，兴奋部位膜的通透性发生改变，产生了兴奋，兴奋达到一定程度时，形成明显的电位差，形成动作电位，产生了电脉冲，从而推进传导。

2. 神经原间的传导

冲动在神经原间的传导是靠突触传导。

（1）突触的构造　一个神经原与另一个神经原相接触的部位，称为突触。

（2）突触的传导　当突触前神经末梢发生兴奋时，就有兴奋性传递物质从突触小泡中释放出来，扩散到突触间隙，作用于突触后膜上的受体，激发后膜产生动作电位，使神经兴奋冲动继续传递下去。

3. 运动神经原与肌肉间的传导

也靠突触传导，其特点是神经末梢释放的化学传递物质为谷氨酸盐，使冲动传到肌肉。

四、神经系统与药剂防治的关系

神经毒剂可从多方面影响神经系统的正常传导：有的对化学传递物质产生作用，导致突触部位大量积累，引起颤动、痉挛等；有的与化学传递物质的受体发生竞争性的结合，从而对神经冲动传导产生了阻塞作用；有的影响动作电位在神经原上的正常传导，阻止或促进神经末梢释放化学传递物质。神经毒剂作用于神经系统后，轻者干扰引起昆虫行为紊乱，严重干扰可致昆虫死亡。

第七节　内分泌系统

昆虫体内的各种内分泌活动，直接受到神经系统的支配和调节，也间接受神经控制下某些组织器官所分泌的活性物质的支配和调节，这一活性物质，称为激素。产生和分泌激素的组织和器官，称为内分泌器官。内分泌器官分泌不同的激素，起着不同的作用，彼此之间也有一定的联系，共同组成一个内分泌系统。昆虫的内分泌系统包括脑神经分泌细胞群、咽下神经节、心侧体、咽侧体、前胸腺、绛色细胞、脂肪体及某些神经节等(图 8-10)。

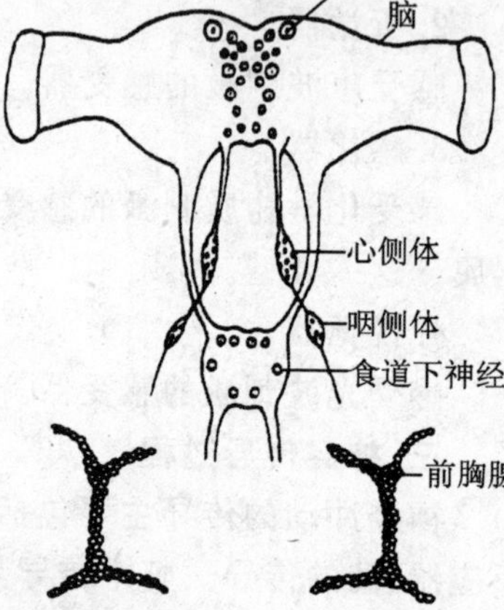

图 8-10　昆虫主要内分泌器官图解

一、昆虫的主要内分泌器官及其分泌的内激素

1. 脑神经分泌细胞群

脑神经分泌细胞群是由昆虫前脑内背面的大型神经细胞所组成，并与心侧体和咽侧体相连。脑神经分泌细胞群的主要分泌物是激素，其主要功能是：激发和活化前胸腺分泌脱皮激素，控制昆虫幼期的脱皮作用，因而脑激素又称促前胸腺激素。

2. 心侧体

心侧体位于前胸后方及背血管前端的两侧或上方，是一对光亮的乳白色的小球体。其功能为：具有贮藏脑神经分泌球体和混合神经分泌物的作用；能产生一种心体激素，影响心脏搏动率以及消化道的蠕动；产生高血糖激素、脂激素，刺激脂肪体释放海藻糖，激发磷酸化酶的活性，促进脂肪合成与分解；还有利尿和控制水分代谢的作用等。

3.咽侧体

位于咽喉两侧,紧靠心侧体,并各有一神经与心侧体相连。受脑激素的刺激,可分泌保幼激素。保幼激素的主要功能是:抑制成虫器官芽的生长和分化,从而使虫体保持幼戡期状态。另外,保幼激素对成虫卵细胞的发育和昆虫的多型现象等生命活动起作用,因此,保幼激素又称促性腺激素。

4.前胸腺

一般位于头部和前胸之间,是一对透明、带状的细胞群体。受脑激素的刺激,可分泌脱皮激素。脱皮激素的主要功能是激发昆虫脱皮过程。

二、昆虫的外激素

昆虫的外激素又称信息激素,是由昆虫体表特化的腺体分泌到体外,能影响同种其他个体的行为、发育和生殖等的一种化学物质。主要外激素有:性外激素、性抑制外激素、踪迹外激素、报警外激素和聚集外激素。

1.性外激素

是成虫在性成熟时由腺体分泌到体外,用以引诱同种异性个体,进行交尾活动或其他生理效应的一类挥发性化学物质。

2.性抑制外激素

某些昆虫分泌的一种能抑制性器官发育的激素。

3.踪迹外激素

是由社会性昆虫所分泌,作为指示路线的信号物质。

4.报警外激素

某些昆虫在受惊扰时,能释放出一些招引其他个体来保护种群的物质。

5.聚集外激素

某些昆虫分泌的一种能使同种个体聚集的物质。

三、昆虫激素的应用

昆虫激素的应用越来越受到重视,如施用微量的保幼激素养蚕,可适当延长幼虫期,增进食桑量,从而使虫体肥大,产丝量增多,提高蚕丝产量;用保幼激素类似物防治害虫,则可干扰虫体生理机制,出现畸形虫体。

性外激素及其类似物目前已广泛应用于害虫的预测预报及防治,在昆虫抗性治理上也具有重要的抗性监测功能;而人工合成的性诱剂防治害虫也越来越受到重视,通过干扰害虫准确地寻找配偶进行正常的交配,从而降低其发生数量,达到控制害虫危害的目的。

第八节 生殖系统

昆虫的生殖系统是产生精子或卵子、进行交配、繁殖种族的器官。所以，它们的结构和生理功能，就在于增殖生殖细胞，使它们在一定时期内达到成熟阶段，经过交配、受精后产出体外。

一、雌性生殖器官的基本结构

雌性内生殖器官包括一对卵巢、一对侧输卵管、受精囊、生殖腔(或阴道)、附腺等(图 8-11)。

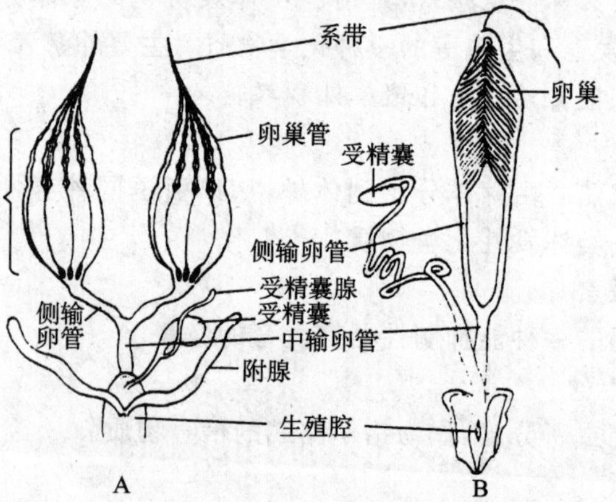

图 8-11 雌性生殖器官的构造

A. 模式构造 B. 蝗虫的雌性生殖器官

卵巢由若干条卵巢管组成，不同昆虫的卵巢管数目不同。卵巢管是产生卵子的地方。卵按其发育的顺序，依次排列在卵巢管内，愈在下面的卵愈接近成熟。侧输卵管与卵巢相接，两侧输卵管汇合形成一条中输卵管。中输卵管通向生殖腔(或阴道)，其后端开口是生殖孔。生殖腔是昆虫雌雄生殖器交尾的地方，故又称交尾囊。生殖腔背面附有一个受精囊，用以贮存精子。受精囊上有特殊的腺体，能分泌保持精子活力的物质。生殖腔上还着生有一对附腺，其功能是分泌胶质，使虫卵黏结成块或黏着于物体上。

二、雄性生殖器官的基本结构

雄性内生殖器官包括一对睾丸(或精巢)、一对输精管、贮精囊、射精管、阳茎和生殖附腺(图 8-12)。

睾丸由许多睾丸管组成，数目因种而异。睾丸管是精子形成的地方。输精管与睾

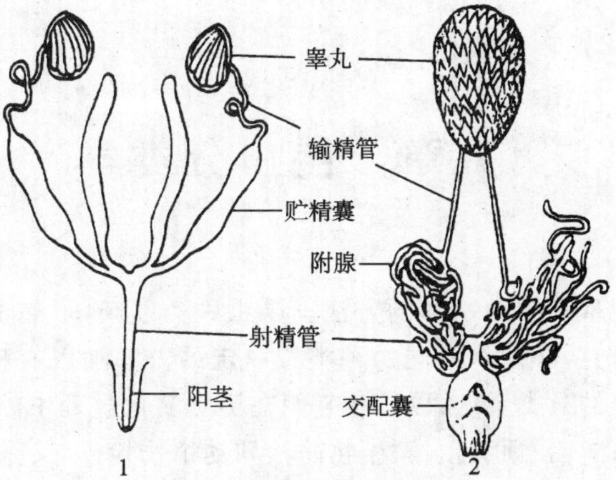

图 8-12 雄性生殖器官的构造

1.模式构造 2.蝗虫的雄性生殖器官

丸管相通，基部常膨大为贮精囊，贮精囊是暂时存放精子的地方，当精子成熟时，就通过输精管进入贮精囊。射精管开口于阳茎的端部。雄性附腺大多开口于输精管与射精管相连的地方，一般成对存在，其主要功能是分泌包藏精子的精珠。

三、交尾、授精和受精

昆虫的交配又称交尾，它是雌雄两性成虫交合的过程。昆虫在交尾时，雄虫把精子射入雌虫的生殖腔内，并贮存在受精囊中，这个过程称为授精。授精后雌虫不久开始排卵，当成熟的卵经过受精囊时，精子就从受精囊中释放出来，与卵子相结合，这个过程称为受精。

四、生殖系统与害虫防治的关系

研究昆虫生殖器官的基本构造，以及它们的交尾、受精等生殖行为，对于害虫的防治有着重要的作用。

1.利用绝育防治害虫

采用辐射不育、化学不育剂等绝育方法，可以使昆虫雌虫不育或雄虫不育或雌雄虫均无法生育，从而干扰昆虫种群的繁衍而达到防治的目的。

2.预测预报

通过解剖雌虫的内生殖器官，观察卵巢发育的进度，作为预测害虫的产卵量、产卵时期及发生量等的依据，从而制定适宜的防治策略。

第九章　昆虫分类学

分类是认识客观事物的最基本的方法。昆虫种类复杂，形态变化多端，人们为了认识昆虫以便进行研究，必须将不同的种类按一定的方法加以有秩序的分门别类，建立一个符合客观规律的分类系统，以反映它们在历史演化过程中的亲缘关系。昆虫分类学直接服务于害虫防治、预测预报、生物防治和动植物检疫，又是生物学和生态学研究不可缺少的条件，因此昆虫分类学是研究昆虫学的基础学科。

昆虫分类学的基本任务之一是为鉴定种类提供科学依据，而种类鉴定是农林害虫防治和益虫利用研究工作必须首先解决的问题。种名鉴定之后，便可查阅相关科学文献，了解研究工作的进展，借鉴前人的工作经验来开展自己的工作。每一种昆虫，在确定种名的同时，也确定了它们的所属，以及和其他昆虫的亲缘关系。同一属、科的昆虫，不仅在形态上有很多共同性，而且在生物学、发生规律以及对药剂的反应等方面也相类似，因而有可能利用已知害虫的知识去推断发现新害虫的一些发生特点和实施防治措施。

第一节　分类的阶元

阶元是生物分类学确定共性范围的等级。现代生物分类采用的有：界、门、纲、目、科、属、种等7个必要的阶元。种是分类的基本阶元。相似的、具有共同起源的种，聚合成属。相似的、具有共同起源的属，聚合成科。建立一个属必须以模式种为依据，科的依据是模式属。属和科都有形态学和生态学上的独特性。目以上的阶元是最稳定的阶元。

分类阶元使昆虫的所属，包括分类位置和系统发育都有明确的概念。以飞蝗为例：

界：动物界　Animalia

　门：节肢动物门　Arthropoda

　　纲：昆虫纲　Insecta

　　　目：直翅目　Orthoptera

科：蝗科　Locustidae

属：飞蝗属　*Locusta*

种：飞蝗　*Locusta migratoria* L.

第二节　种和亚种

物种，简称种，是分类学的基本阶元。种是能够相互配育的自然种群的类群，这些类群与其他近似类群有质的差别，并在生殖上相互隔离着，它是生物进化过程中连续性与间断性统一的基本间断形式。

林奈时代认为物种是不变的，所以种的定义强调了形态的相似和能相互配育。达尔文时代阐明了物种间的相互亲缘关系，强调了生物的进化，即可变性，但忽略了相对稳定性。现代的定义在承认生物进化的同时，指出了种的相对稳定性。

生物科学的发展，对物种的定义发生着巨大的影响。基因工程的研究迅速发展，正冲击着生殖隔离这一禁区，关于物种的定义，是否要作重大修改，目前尚未定论。

亚种是命名法惟一承认的种以下的分类阶元。亚种是指具有地理分化特征的种群，在分类上与本种中其他亚种有可供区别的形态和生物学特征。

第三节　学名和命名法

一、学名

学名是全世界统一的名称，用以称呼生物的各个阶元。按照《国际动物命名法规》规定，亚属和亚属以上各阶元的科学名称是单名，种是双名，亚种是三名，均必须用拉丁文书写。

属名（亚属名）　在文法上是一个单数主格的名词，第一个字母都应大写。印刷用斜体字，手写稿应在下面划一横线。

科名　是在模式属名的字干上加—idae，总科名加—oidae，族名加—ini。目以上阶元无固定字尾。首字母均应大写，正体字排印，书写时不划横线。

种名　由属名和种本名两个拉丁文词汇组合而成。属名首字母大写，种本名首字母小写，均以斜体字排印。种名的上述命名方法称为双名法。

亚种名　亚种名是三名的，即：属名、种本名和亚种本名。属名首字母大写，种本名和亚种本名小写，均用斜体字排印。

定名人　学名之后应写明定名人姓氏，用正体字排印。

二、命名法

命名法的根本目的是做到一物一名，保证名称的稳定，防止和纠正同物异名和异物同名。命名法规中最重要的是优先权法。谁定的学名先发表即为有效名称，后来发表的名称是次要同物异名，简称同物异名或异名，应予废弃不用。不相同的动物用了相同的学名，是异物同名，后定的同名应予纠正，并另立学名。

模式标本为第一次发表新种时所根据的标本。原始发表新种时所用的单一的标本称为正模，雄性或雌性均可，同时所用的另一个异性标本称为配模，其余在写原描记时查看过的所有同种标本，称为副模。如果以后发现，这一新种实际上包括了两个、甚至好几个复合种，那么正模保留原来的名称，配模或副模可以另立新种，重新命名。新的模式法能保持物种名称的稳定。

第十章　害虫调查和预测预报

第一节　害虫的调查统计

害虫的预测预报，首先必须通过田间的实际调查取得科学的数据，用以说明害虫的种类组成、发育进度、分布区域的大小、发生期的早晚、发生量的多少、作物受害程度的轻重及防治效果等。

一、昆虫分布型

昆虫在田间的分布型常因种类、虫态、发生阶段、虫口密度等不同而有变化，同时还受地形、土壤、被害植物种类、栽培方式等而变化。调查昆虫在田间的发生情况，先弄清这种昆虫在田间的分布型，选择相适应的取样方式，从而使取样具有代表性，调查结果尽可能符合田间实际情况。常见的昆虫分布型有：

1. 随机分布

这种分布通常是稀疏的分布，个体独立地、随机地分布到可利用的单位中去。每个个体占有空间的任何概率相同。在田间分布较均匀，调查取样时每个个体出现的机会相同(图 10-1a)。

2. 聚集分布

个体不随机分布，又可分为：

(1)核心分布　害虫或其为害状在田间分布呈不均匀状态，个体形成许多小集团或核心，并自核心向四周作放射状蔓延，核心间是随机的，核心内常是较密集的分布(图 10-1b)。

(2)嵌纹分布　也称负二项分布，昆虫在田间常呈不规则的疏密相间，密集程度极不均匀，故称嵌纹状(图 10-1c)。

二、调查取样方法

取样调查是田间实际调查最基本的方法，取样就是从调查对象的总体中抽取一定大小和数量，以最小的代价达到获取最大程度的接近总体的目的。常用的调查取样方法有：

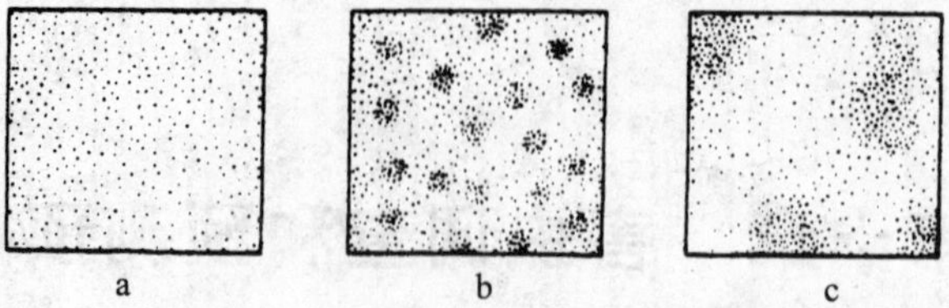

图 10-1 昆虫的田间分布型示意图

a. 随机分布 b. 核心分布 c. 嵌纹分布

1. 分级取样

又称巢式取样。是一种一级级重复多次的随机取样。首先从总体中取得样本，然后再从样本里取得亚样本，依次类推，持续取样。

2. 分段取样

又称分层取样或阶层取样。当总体的某一部分与另一部分有明显差异时，可从不同段里分别随机取样，然后加权平均。

3. 典型取样

又称主观取样。即在总体中主观选定一些能够代表总体的作为样本。这种方法带有主观性，人为因素误差较大。

4. 随机取样

随机取样并不是随便取样，而是按照一定的取样方式和间隔一定的距离选取一定数量的样本单位，样点内全面计数，不得随意更换。随机取样方法包括：

(1)5 点取样　适合于密集或成行的植物。可按一定面积、一定长度或一定植株数量选取样点。

(2)对角线取样　分单角对角线和双角对角线两种。在田间对角线上，各采取等距离地点作为取样点。

(3)棋盘式取样　将田块划成等距离、等面积的方格，每隔一个方格在中央取一个样点，相邻行的样点交错分布。

(4)平行线取样　在田间每隔若干行取一行调查，适合于成行的作物田。

(5)Z 字形取样　适宜不均匀的田间分布。

三、调查结果表示方法

1. 以虫口密度表示

根据所调查对象的特点，统计在一定取样单位内出现的数量。凡属可数性状，调查后均可折算出一定单位内的虫数或受害数。

2.以作物受害情况表示

通常用被害率、被害指数或损失率来表示。

(1)被害率 表示作物的株、秆、叶、花、果实等受害的普遍程度,不考虑每株(秆、叶、花、果实等)的受害轻重,计数时同等对待。

$$被害率(\%)=\frac{被害株(秆、叶、花、果)数}{调查总株(秆、叶、花、果)数}\times 100\%$$

(2)被害指数 用被害率表示并不能说明被害的实际情况,因此往往用被害指数表示。在调查前先按受害轻重分成不同等级(重要害虫的等级由全国性的会议讨论确定),然后分级计算,代入下面公式:

$$被害指数=\frac{各级值\times 相应级的株(秆、叶、花、果)数的累积值}{调查总株(秆、叶、花、果)数\times 最高级值}\times 100\%$$

(3)损失率 被害指数只能表示受害轻重程度,但不能直接反映产量的损失。因此用损失率来表示产量的损失。

$$损失率=\frac{损失系数\times 被害率}{100}$$

3.田间药效试验结果计算

(1)虫口减退率 表示防治后虫数量平均减少的百分数。

$$虫口减退率=\frac{防治前平均虫量-防治后平均虫量}{防治前平均虫量}\times 100\%$$

(2)校正虫口减退率 由于害虫数量变化不仅与施药有关,还受自然死亡及其他因素的影响,因此调查计算虫口减退率时,必须与对照比较,求出校正虫口减退率。

$$校正虫口减退率=\frac{防治区虫口减退率-对照区虫口减退率}{1-对照区虫口减退率}\times 100\%$$

第二节 害虫的预测预报

害虫的预测预报工作,是以掌握害虫的发生规律为基础,根据当前害虫的发生数量和发育状态,并结合当地的气候条件和作物发育等情况,进行综合分析,判断害虫未来的发生动态,并及时发出情报,指导防治前的各项准备工作,掌握害虫防治的主动权。它的主要任务是:预测害虫的为害时期,以确定防治的有利时期;预报害虫的发生数量,以确定防治的规模和力量部署;预报害虫的发生地点和轻重范围,以便按不同地区采取不同的对策。

一、发生期预测

发生期预测是根据某种害虫防治对策的需要,预测某个关键虫期出现的时期,以确定防治的有利时期。害虫的发生时期按各虫态可划分为始见期、始盛期、高峰期、盛末期和终见期。预报中常用的是始盛期、高峰期和盛末期。其划分标准分别为出现某虫量总量的16%、50%和84%。

预报按时间长短可分为短期预报(一般为一到几个星期)、中期预报(一般预报害虫下一代的发生虫情)、长期预报(预报下一年虫情或年初预报全年的发生情况)。

害虫常见的发生期预测方法有以下几种：

1.发育进度法

又称历期推算法。根据害虫田间发育进度的调查,参考当时的气温预测和相应的虫态历期,来推算以后虫期的发生期。这种方法主要用于短期测报,准确性较高。

2.有效积温法

在适宜害虫生长发育的季节里,温度的高低与害虫的发育速度关系最为密切。因此,当了解了一种害虫某一虫期或全世代的发育起点温度和有效积温,便可根据当地历年同期的平均温度,综合气象预报,利用积温公式,推算出这种害虫某一虫态或下一世代的出现期。

3.物候法

物候是指自然界各种生物现象出现的季节规律性,是季节气候(例如温度、湿度、光照等)影响的综合表现。自然界生物,由于对生活环境或是对于气候条件有着类似的要求,形成了彼此间的物候联系。因此可通过多年的观察记载,找出害虫发生和为害时期与寄主或某些生物的发育阶段或活动作为生物指标,来推测害虫的发生和为害时间。

4.剖查卵巢发育进度法

通过系统解剖雌虫,按卵巢发育分级标准分级统计,以群体卵巢发育进度预测产卵期。

二、发生量的预测

发生量预测是预测害虫的发生程度或发生数量,用以确定是否有防治的必要,并据此做好防治前的准备。发生量预测常用以下几种方法：

1.有效基数预测法

这是目前应用比较普遍的一种方法。根据前一代的有效虫口基数、生殖力、存活量来预测下一代的发生量。依据上代虫口基数的预测,常用下面公式计算繁殖数量。

$$P = P_0[e \cdot \frac{f}{m+f} \cdot (1-M)]$$

式中：P——繁殖数量,即下一代的繁殖量；P_0——上一代虫口基数；e——每头雌虫平均产卵数；$f/m+f$——雌虫百分率,f为雌虫,m为雄虫；M——死亡率(包括卵、幼虫、蛹、生殖前成虫)；$1-M$——生存率，可为$(1-a)(1-b)(1-c)(1-d)$，a、b、c、d分别代表卵、幼虫、蛹和生殖前成虫的死亡率。

2.生物气候图预测法

对以气候为数量变动主导因素的害虫，可以通过绘制气候图，找出各年季节性气候变动对其发生量的影响，从而进行发生量的预测。

3.经验指数预测法

在害虫发生数量的预测中，常用经验指数来预测某种害虫将要发生的数量趋势。这些经验指数是在研究分析影响害虫猖獗发生的主导因素时得出来的。

4.形态指标预测法

具有多型现象的害虫，可根据其型的变化作为指标来预测发生量。

5.相关回归分析预测法

应用数学方法(回归方程式)研究变量与变量之间的关系，即应用生物统计中的相关法。应用到害虫测报上，就是以害虫的发生量为一变量，以环境条件生态因子为变量的另一方，以后者推算前者的数量。

6.种群系统模型预测法

依据生命表技术，研究害虫在不同气候、食料及天敌条件下繁殖率、发育速率和存活率之间的关系，将获得的有关参数组建数量动态预测模型。结合当地天气预报和寄主的一些情况，利用计算机输入模型库，以获得害虫发生量的资料。

三、预测预报工作的发展

进行害虫预测预报的基本条件，首先要具备害虫及其生态环境方面足够的技术资料，多年积累定点、定期系统观察的丰富资料，从中找出害虫种群变动的规律。并要掌握和运用各种数量统计方法，对丰富的资料进行科学的分析，得出正确的结论。

随着电子计算机技术的突飞猛进，遥感遥测已经用于病虫监测。地理信息系统(GIS)已成为目前监测病虫害研究热点技术之一，为病虫测报工作提供了极大方便。

第十一章　园林植物病虫害防治方法

病虫害防治方法，按其作用原理和应用技术可分为五类，即植物检疫、园林业防治、化学防治、生物防治和物理机械防治。不同的防治方法各有其特点，实践证明，单独使用任何一种防治方法，都不能全面有效地解决病虫害问题，我国在总结国内外病虫害防治工作经验的基础上，于20世纪70年代提出了“预防为主，综合防治”的植物保护工作方针，为病虫害防治指明了正确的方向。

第一节　植物检疫

植物检疫是由国家颁布的具有法律效力的植物检疫法规，并由专门机构进行工作，目的在于禁止或限制危险性病、虫、杂草人为地从国外传到国内，或由国内传到国外，或传入以后限制其在国内传播的一种措施。以保障农业生产的安全发展。

植物检疫可分为对外检疫和国内检疫二类。对外检疫可分为进口检疫和出口检疫二种。其目的是为了防止随植物及其产品输入国内尚未发现或虽有发现但分布未广的植物检疫对象，以保护国内农林业生产。同时也履行国际义务，按输入国的要求，禁止危险性病、虫、杂草自国内输出，以满足对外贸易的需要，维护国际信誉。国内检疫是防止国内已有的危险性病、虫和杂草从已发生的地区蔓延扩散。

植物检疫的主要任务有3个方面：

1. 禁止危险性病虫害随着植物及其产品由国外传入或从国内输出，这是对外检疫的任务。对外检疫一般是在口岸、港口、国际机场等场所设立机构，对进出口货物、旅客携带的植物及邮件进行检查。出口检疫工作也可以在产地设立机构进行检验。

2. 将在国内局部地区已发生的危险性病、虫、杂草封锁，使它不能传到无病区，并在疫区把它消灭，这就是对内检疫。对内检疫工作由地方设立机构进行检查。

3. 当危险性病、虫害侵入到新的地区时，应及时采取彻底消灭的措施。

植物检疫对象是由政府以法令规定的。检疫对象的确定原则如下：(1)为害严重，传入以后可能对农林生产造成重大损失的病、虫及杂草；(2)随种苗、原木、加工产品或包装物传播的病、虫及杂草；(3)国内尚未发生的或局部发生的病、虫及杂草。

目前我国已颁布了农林进口植物的检疫对象和名单(1986 年 1 月)，与园林植物有关的检疫对象有：椰心叶甲[*Brontispa longissima* (Gestro) Hispidae]、松突圆蚧[*Hemiberlesia pitysophila* Takagi]、美国白蛾[*Hyphantria canea* (Drury)]、松褐天牛[*Monochamus alternatus* Hope]、欧洲榆小蠹[*Scolytus multistriatus* (Marsham)]、松材线虫[*Bursaphelenchus xylophilus*]、水稻茎线虫[*Ditylenchus angustus* (Bulter) Filipjev]、香蕉穿孔线虫[*Radopholus similis* (Cobbb) Thcrne]、栎枯萎病[*Ceratocystis fagaceatum* (Btetz) Hunt]、榆枯萎病[*Ceratocystis ulmi* (Buisman) Moreau]、栗疫病[*Endothia parasitica* (Marr.) Add. et And.]、梨火疫病[*Erwinia amylovora* (Burrill) Winslow et al]、杨树细菌性溃疡病[*Pseudomonas syringae f. popule* S. et D.]、椰子致死黄化病(MLO)、可可肿枝病[Swollen shoot]、番茄环斑病毒[Tomato ringspot virus]。

植物检疫工作具有相对的独立性，但又是整个植物保护工作中不可分割的一个重要组成部分。它能从根本上杜绝危险性病、虫、杂草来源的传播。尤其在当今世界经济一体化、国际贸易往来频繁及旅游业兴起的时代，植物检疫工作显得尤为重要。

第二节　园林业防治

园林业防治是利用园林栽培技术措施有目的地创造改变某些环境因子，避免或减少病虫害的发生。在栽培园林植物之初就要注意防止病虫的危害，创造有利于园林植物生长发育的有利条件，使其生长健壮，增强抵抗力，创造不利于病虫侵袭的有利条件，从而减轻病虫害的发生。如在选择种苗、施肥、浇水等养护工作上采取相应的措施。

一、选择种苗

选择生长健壮、无病虫或病虫少的种苗栽种，减少病虫危害。如果种苗上有少量病虫，应在未种前先进行处理。如水仙种球上有大褐斑病，未种前剥去球上膜质鳞片，浸入 50%多菌灵 500 倍液内 4 小时，取出种入土内，可大大减少褐斑病的初次侵染。

二、土壤处理

选择土质疏松、排水透气性好、腐殖质多的土地栽种。在栽种前翻地，可消灭部分地下害虫，如蝼蛄、蛴螬、地老虎等害虫。翻土后经过暴晒，或用甲醛溶液进行土壤消毒，可杀死土中某些病原物。然后根据不同性质的土壤，种植不同的园林植物。

三、合理肥水

肥料是园林植物生长过程中的营养物质，过多或过少施肥对其生长均会产生不利的影响。肥料分有机肥和无机肥两类。有机肥如猪粪、鸡粪、人粪尿等，可改善土壤的物理性状，使土壤疏松通气良好。无机肥如过磷酸钙、尿素等，其优点是见效快，但长期使用对土壤的物理性状不好，故两者应兼施为宜。花卉浇水过少会干枯死亡，过多又会造成烂根，影响生长，故浇水也要适量。花卉中叶片小及被革质、蜡质的品种需水少，不用多浇水。叶片、植株柔软的花卉需水较多。此外，浇水也要适时，如冬天浇水则应在中午进行。夏季浇水以早晚为宜。

四、温室、圃地卫生及环境条件

环境卫生是减少病虫侵染来源的重要措施。其主要工作如下：场圃中病残体及枯枝落叶及杂草要及时收集，并加以处理，深埋或化学药剂处理。生长季节中及时摘除有病、有虫枝叶，拔出病株，并对病土进行处理以及对有虫枝叶进行人工捕杀。花卉在养护过程中，还要注意整枝修剪、摘芽、中耕除草等，剪去病虫枝叶。整枝修剪的工具要事先消毒，可减少病虫来源。温室中的有病土壤及有病盆钵在未处理前不可继续使用。在无土栽培时，被污染的培养液要及时清除，不得继续使用。

除草要及时，许多杂草是植物病虫害的野生寄主、贮主，如车前草是根结线虫的野生寄主。杂草寄主增加了某些病虫害的来源，同时杂草丛生又提高了植物小气候的湿度，有利于病原物及害虫的发生。

五、球茎等器官的收获及收后管理

许多花卉是以球茎、鳞茎等器官越冬的，为了保障这些器官的健康贮存，要在晴天收获；在挖掘过程中尽量减少伤口；挖出后剔除有病器官，并在阳光下暴晒几天方可入窖。贮窖必须预先清扫消毒，通风晾晒；入窖后要控制好温度和湿度，窖温一般控制在5℃左右，湿度控制在70％以下。球茎等器官最好单个装入尼龙袋内悬挂在窖顶贮藏。

六、合理的植物配置

在观赏植物的栽植中，为了保证美化的效果，往往是许多植物混植，这样做忽视了植物病害的互相传染，人为造成某些病害的发生的流行。如海棠和桧柏、龙柏、铅笔柏等树种的近距离配置栽培，造成海棠锈病的大发生；又如烟草花叶病毒能侵染多种花卉，在园林布景中，多种花卉的混栽加重了病毒病的发生。因此，在园林设计工作中，植物的配置不仅要考虑景观的美化效果，而且要考虑病害的问题。

第三节　生物防治

利用有益生物及其天然产物防治害虫和病原物的方法称为生物防治法。生物防治是综合防治的重要内容，其优点是不污染环境，对人畜和植物安全，能收到长期的防治效果，但也有明显的局限性。如发挥作用缓慢、天敌昆虫和生物菌剂受环境特别是气象因子及寄主条件的影响较大，效果不很稳定，多数天敌的杀虫范围较狭窄，微生物防治剂的开发周期很长等。

一、保护利用害虫自然天敌

自然界天敌昆虫的种类和数量很多，其中有捕食性天敌(如瓢虫、草蛉、食蚜蝇、食虫虻、蚂蚁、食虫蝽、胡蜂、步甲等)和寄生性天敌(如寄生蜂和寄生蝇类)两种。另外，一些鸟类、爬行类、两栖类及蜘蛛和捕食螨类等有益动物也起着重要的害虫自然控制作用，如鸟类是果树、花木害虫的重要天敌。保护利用自然天敌有多种途径，其中最重要的是合理使用化学农药，减少对天敌的杀伤作用。其次要创造有利于自然天敌昆虫发生的环境条件。如保证天敌安全越冬，必要时补充寄主等。

二、利用病原微生物

引起昆虫疾病并使之死亡的病原微生物有真菌、细菌、病毒、立克次体、线虫等。昆虫病原细菌种类较多，最多的是芽孢杆菌，它能产生毒素，经昆虫吞食后通过消化道侵入机体而发病。昆虫被细菌感染后，躯体软化，变色，内腔充满刺鼻性、黏状的液体。目前应用较为广泛的有苏云金杆菌，它是包括多种变种的一种产晶体的芽孢杆菌，能产生内毒素和外毒素两类对昆虫有害的物质。内毒素主要是破坏昆虫的消化系统，昆虫因饥饿和败血症而死；外毒素作用缓慢，主要作用是干扰昆虫正常的变态，昆虫因脱皮困难而产生畸形死亡。真菌通过昆虫体壁进入虫体内部，进行大量增殖，并以菌丝突出体壁，昆虫死后身体僵硬，呈白色、绿色或黄色。病毒主要是通过食物或昆虫接触病虫体或其排泄物而感染，感染后昆虫表现为食欲减退，行动缓慢，腹足抓住植株，身体下垂而死。病虫体色变浅可呈淡蓝色，表皮易破裂，但无臭味。

在园林植物病害防治中，生物防治的实例很多，效果也很好。用野杆菌放射菌株84防治细菌性根癌病，是世界上有名的生物防治成功的事例，能防治12属植物中上千种植物的根癌病，可用于种子、插条、裸根苗的处理。野杆菌放射菌株84是澳大利亚人Kerr(1972)发现的，4～6年内在全世界推广。用它防治月季细菌性根癌病，防治效果为78.5%～98.8%。用枯草杆菌防治香石竹茎腐病也是成功的实例。枯草杆菌还可以用来防治立枯丝核菌、齐整小菌核菌、腐霉属等病菌引起的病害。木霉属的真菌常用于病害的防治，如哈茨木霉用于茉莉白绢病的防治，取得了良好结果。绿色木霉制剂经常用来防治多种根部病害。植物线虫病害也可进行生物防治，其中用少孢节丛孢制剂防治线虫有效，药效长达18个月。该产品已商品化。此外，用细菌、线虫防治线虫的实例也不少。

三、利用农用抗生素

利用农用抗生素是以工业生产的细菌、放线菌和真菌的代谢产物，在较低的浓度条件下能消灭或抑制植物病原微生物以及一些害虫，有效地防治植物病虫害。杀虫剂主要有阿维菌素、绿宝素等。杀菌剂主要有井岗霉素、灭瘟素、多抗霉素、春雷霉素等。

四、利用昆虫激素和性信息素

昆虫激素是内分泌器官分泌的一类具有生理活性的物质。能够控制昆虫的正常的生长发育和变态，使昆虫能够顺利地完成生活史。而人工合成的一些激素类物质，能干扰昆虫生长发育，使幼虫或蛹异常变态死亡。目前应用较为广泛的是保幼激素及其类似物。

昆虫性信息激素是由雌虫或雄虫自身分泌并释放到体外的一类微量生理活性物质。它主要功能是引诱同种异性昆虫前来交配。利用性诱剂不但可以干扰昆虫的雌雄交配，致使昆虫种群繁殖量下降，而且还可以进行害虫的预测预报、直接诱杀等。

五、颉抗作用的机制

颉抗作用的机制是多方面的，主要包括竞争作用、抗生分泌物的作用、寄生作用、捕食作用及交互保护反应等。

1. 竞争作用

指益菌和病原物在养分和空间上的竞争。由于益菌的优先占领，使病原物得不到立足的空间和营养源。如野杆菌放射菌株 84 的防治机理。

2. 抗生物质的作用

一些真菌、细菌、放线菌等微生物，在它的新陈代谢过程中分泌抗生素，杀死或抑制病原物或害虫。这是目前生物防治研究的主要内容。如哈茨木霉能分泌抗生素，杀死、抑制茉莉白绢病病菌。又如菌根菌能分泌萜烯类等物质，对许多根部病害有颉抗作用。

3. 寄生作用

指益微生物寄生在病原物或害虫身体上，从而抑制了病原物和害虫的生长发育，达到防治病虫的目的。园林植物上的白粉菌常被白粉寄生菌属中的真菌所寄生，立枯丝核菌、尖孢镰刀菌等病原菌常被木霉属真菌所寄生。

4. 捕食作用

经研究发现，一些真菌、食肉线虫、原生动物能捕杀病原线虫；某些线虫也可以捕食植物病原真菌。

5. 交互保护反应

寄主植物被病毒的无毒品系或弱毒品系感染后，可增强寄主对强毒品系侵染的抗性，或不被侵染。如花木的一些病毒的防治，先将弱毒品系接种到寄主上后，就能抑制强毒株的侵染。益菌颉抗机制往往是综合的，如外生菌根真菌既能寄生在病原物上，又能分泌抗生物质或与病原物竞争营养等。

第四节 机械和物理防治

应用人工、器械和利用各种物理因子如光、电、色、温度、湿度等防治病虫的方法称为物理防治。它具有简便、经济等优点，但在田间实施时难以收到彻底的防效，多为辅助防治措施。

一、种苗、土壤的热处理

任何生物，包括植物病原物对热有一定的忍耐性，超过限度生物就要死亡。在园林植物病害防治中，热处理有干热和湿热两种。

1. 种苗的热处理

有病苗木可用热风处理，温度为35～40℃，处理时间为1～4周；也可用40～50℃温水处理，浸泡时间为10分钟至3小时。如唐菖蒲球茎在55℃水中浸泡30分钟，可以防治镰刀菌干腐病；有根结线虫病的植物在45～65℃的温水中处理（先在30～35℃的水中预热30分钟）可防病，处理时间为0.5～2.0小时，处理后的植株用凉水淋洗。

一些花木的病毒是种子传播的，带毒种子可进行热处理。在热处理过程中种子只能有低的含水量，否则会灼伤。种苗热处理的关键是温度和时间的控制。做某种病植物的热处理首先都要进行实验。热处理时要缓慢升温，切忌迅速升温，应使植物有个适应温热的锻炼，一般从25℃开始，每天升高2℃，6～7天后温度达到37±1℃的处理温度。湿热处理休眠器官较安全。

2. 土壤的热处理

现代温室土壤热处理是使用蒸汽（90～100℃），处理时间为30分钟。蒸汽处理可大幅度降低香石竹镰刀菌枯萎病、菊花枯萎病的发生。在发达国家中，蒸汽热处理已成为常规管理。利用太阳能热处理土壤也是有效的措施。在7～8月份将土壤摊平做垄，垄向为南北向。浇水后覆盖塑料薄膜（25μm厚为宜），在覆盖期间保证有10～15天的晴天。耕层湿度高达60～70℃，能基本上杀死土壤中的病原物。温室大棚中的土壤也可照此法处理。当夏季花木搬出温室后，将门窗全部关闭，土壤上覆膜能较彻底地杀灭温室中的病原物。

二、机械阻隔作用

覆盖薄膜增产是有目共睹的，覆膜也可达到防病的目的。许多叶部病害的病原物就是在病残体上越冬的，花木栽培地早春覆膜可大幅度地减少叶病的发生，如芍药地覆膜后，芍药叶斑病成倍的减少。覆膜防病的原因是：膜对病原物的传播起了机械阻隔作用；覆膜后土壤温度、湿度提高，加速病残体的腐烂，减少了侵染来源。

三、其他措施

人工拔除病株和利用简单的器械捕杀害虫是最简单且经常采用的措施。人工拔除病株主要是防治以初侵染为主的种子传播病害，如黑粉病、条形黑粉病、霜霉病等。对于土壤传播的根病，往往要在发病初期人工拔除病株，消灭发病中心，同时也要对病株周围土壤进行挖除或药剂处理。拔下的病株也要集中烧毁或深埋处理。

利用害虫的趋性或其他习性进行诱集，然后加以处理。如利用昆虫的趋光性用黑光灯进行诱杀；利用昆虫对颜色的趋性，用黄板或黄皿诱蚜已广泛应用于草坪害虫的防治；利用高频、微波和核辐射防治病虫害等。

第五节　化学防治

化学防治法具有高效、速效、使用方便、效果明显、经济效益高等优点，但也存在缺点，如使用不当可对植物产生药害，引起人畜中毒，杀伤天敌及其他有益生物，破坏生态平衡，导致害虫再猖獗。长期使用还会导致有害生物产生抗药性，降低防治效果。并且还可造成环境污染。

一、农药及其剂型

按防治对象，农药可分为杀虫剂、杀螨剂、杀菌剂、除草剂、杀线虫剂、杀鼠剂、植物生长调节剂等。防治园林植物病虫害常用的有杀虫剂、杀螨剂和杀菌剂，有时也应用杀线虫剂。

杀虫剂的杀虫作用方式很多，按照进入害虫体内的途径可分为触杀作用、胃毒作用、内吸作用和熏蒸作用。其他还有拒食、忌避、绝育、引诱等作用。

杀菌剂对真菌、细菌有抑菌或中和其有毒代谢产物等作用。保护性杀菌剂在病原菌侵入前施用，可保护植物，阻止病菌侵染。治疗性杀菌剂能渗入植物组织内部，抑制或杀死已经侵入的病原菌，使病情减轻或恢复健康。内吸性杀菌剂能被植物组织吸收，在植物体内运输传导，兼有保护和治疗作用。

杀线虫剂对线虫有触杀或熏蒸作用，有些品种除杀线虫外还兼有杀虫、杀菌作用。杀线虫剂的药效常常会受到土壤温度和湿度的影响。

工厂制造出来未经加工的工业产品称为原药。原药中含有的具有杀虫、杀菌作用的活性成分，称为有效成分。加工后的农药叫制剂，制剂的形态称为剂型。通常的制剂名称包括有效成分含量、农药名称和制剂名称等三部分。如“40％拌种双可湿性粉剂”。表明农药名称为拌种双，制剂为可湿性粉剂，有效成分含量40％。常用的农药剂型有乳油、粉剂、可湿性粉剂、颗粒剂、水剂、悬浮剂等。

二、施药方式

在使用农药时,需根据作物的形态与栽培方式,有害生物的习性和为害特点以及药剂的性质与剂型等选择施药方式,以充分发挥药效、减少环境污染。主要的施药方式有以下几种:

1.喷雾法

利用喷雾器将药液雾化后均匀喷在植物和有害生物表面。所用农药剂型一般为乳油、可湿性粉剂和悬浮剂等。

2.撒施法

将颗粒剂或毒土直接撒施于植株根际周围,用以防治地下害虫、根部或茎基部病害,毒土是将乳剂、可湿性粉剂、水剂或粉剂与细土按照一定的比例混匀制成。

3.种子处理

常用的方法主要有拌种法、浸种法和闷种法,主要是用来防治地下害虫和土传病害,保护种苗免受土壤中病原物的侵染。其中拌种法有干拌和湿拌两种,粉剂和可湿性粉剂主要用干拌法,乳剂和水剂等液体可用湿拌法,即加水稀释后,均匀地喷施在种子上。浸种法是用一定浓度的药液将种子浸泡一段时间后再进行播种。闷种法是用少量药剂喷拌种子后堆闷一段时间再播种。

4.土壤处理

在播种前,将药剂施于土壤中,主要防治地下害虫、苗期害虫和根病。分土表施药和深层施药两种方式。土表处理是用喷雾、喷粉、撒毒土等方法先将药剂施于土壤表面,再翻耙到土壤中。深层施药是直接将药剂施于较深土壤层或施药后进行深翻处理。

5.毒饵法

将药剂和一些饵料如花生饼、豆饼、麦麸、青草等饵料拌匀后,诱杀一些地下害虫。

6.熏蒸法

在封闭或半封闭的空间中,利用熏蒸剂释放出来的有毒气体杀灭害虫或病原物的方法。有的熏蒸剂还可以用于土壤熏蒸,即用土壤注射器或土壤消毒机将液态熏蒸剂注入土壤内,在土壤中进行气体扩散,消灭害虫、线虫和病原菌。

三、安全合理使用农药

1.根据防治对象正确选择用药

按照药剂的有效防治范围、作用机制、防治对象的种类生物学特性、为害方式和为害部位等合理选择药剂。当防治对象可用几种农药时,应首先选择毒性低、低残留的农药品种。

2.选择合适的施药时期和施药用量

要科学地确定施药时间、用药量以及间隔天数和施药次数。施药时期因施药方式和病虫对象而异。如土壤熏蒸剂以及土壤处理大多在播种前施用；种子处理是一般在播种前1～2天进行；田间喷洒药剂应在病虫害发生初期进行；从防治对象而言，害虫的防治适期应以低龄幼虫或成虫期为主；病原菌防治适期应在侵染即将发生或侵染初期用药。对于世代重叠次数多的害虫或再侵染频繁的病害，在一个生长季节里应多次用药，两次用药之间的间隔天数，应根据药剂的持效期而定。

3.保证施药质量

施药效果不仅与作业人员掌握相关使用技术有关，而且与施药当时的天气条件有密切关系。作业人员首先要进行培训，熟练地掌握配药、施药和器械使用技术，喷药前，应合理确定路线、行走速度和喷幅，力求做到施药均匀。喷药时宜选择无风或风力较小时进行，高温季节最好在早、晚施药。

4.避免发生药害

药剂使用不当，可使作物受到损害，产生药害。药害分两种，在施药后几小时至几天发生明显的作物受损现象称为急性药害；在较长时间后才出现的称为慢性药害。产生药害的原因很多，如药剂选用不当，作物对药剂敏感，药剂过期变质，添加剂或农药助剂用量不准或质量欠佳等因素。另外，农药的不合理使用，如混用不当、剂量过大、喷药不均匀、两次施药间隔时间太短、在植物敏感期施药以及环境温度过高、光照太强等都可能造成药害。

5.延缓抗药性产生

抗药性是害虫或病原菌在不断地接受某种药剂的胁迫作用后，自身产生的对该种药剂的免疫或抵抗功能。长期使用单一农药品种会导致害虫或病原菌产生抗药性，降低防治效果。为延缓抗药性的产生，要注意药剂的轮换使用或混合使用作用方式和机制不同的多种农药。要尽量减少用药次数，降低用药量，协调化学防治和生物防治措施。

6.安全用药

农药对人、畜等高等动物的毒害作用，可分为特剧毒、剧毒、高毒、中毒、低毒和微毒等级别。对施药人要进行安全用药教育，事先要了解所用农药的毒性、中毒症状、解毒方法和安全用药知识。严格遵守有关农药安全使用规定。

第六节　综合防治

一、综合防治的概念

1986年，我国提出了综合防治的含义是，“综合防治是对有害生物进行科学管理体系，它从农业生态系整体出发，根据有害生物与环境之间的关系，充分发挥自然控制因素的作用，因地制宜地协调应用必要的措施，将有害生物控制在经济损害允许水平以下，以获得最佳的经济、生态和社会效益”。

二、综合防治的策略原则

关于综合防治策略原则和当前国际上对有害生物综合治理（IPM）所提出的策略原则是一致的。简单地说，就是充分发挥自然因素的控制作用，并结合必要的化学防治方法。

三、组建综合防治技术体系的原则

综合防治最终要落实到具体方案的实施上，在综合防治方案的内容中，一般应注意以下几个方面：

1. 摸清当地生物群落的组成结构和病虫害种类及种群数量，以明确主要防治对象和兼治对象以及保护利用的重要天敌种群。

2. 研究不同防治对象的主要生物学特性、环境因素对其发生消长的影响，以明确病虫种群数量变动的规律和防治的有利时期。

3. 研究不同防治对象与寄主作物、天敌生物相互之间的关系以及病虫发生量与危害损失程度之间的关系，结合防治成本、经济效益、社会效益等因素，制定科学的经济阈值或防治指标。

4. 在对各种防治对象和防治技术研究的基础上，按照综合防治的策略原则，协调组建系统防治措施。

5. 方案的实施采取试验、示范、检验、推广的程序，并对其反馈信息加以分析总结，并不断进行改进。

下　编

园林植物病虫害（各论）

第十二章　园林植物叶、花、果病害

第一节　叶、花、果病害概说

叶、花、果病害对园林植物的观赏效果影响较大。尽管叶、花、果病害很少引起植物的死亡，但叶片上的斑点支离破碎，花器不能形成或花冠腐烂、干枯，会使园林植物丧失观赏价值，从而降低经济价值。叶部病害通常还引起提早落叶，削弱花木生长势。

非侵染性病原和侵染性病原均能引起园林植物的叶、花、果病害。侵染性病原物基本上都可以寄生在叶片上，只有寄生性种子植物除外。

真菌是叶、花、果病害最主要的病原物菌。其中半知菌亚门的真菌、锈菌和子囊菌所致病害种类最多。病毒所致的花叶斑驳、变色、畸形等叶部病害也相当可观，多数花木叶片都有病毒病害。寄生性线虫所致的叶部病害也有数种，危害性往往很大。细菌引起的叶、花、果病害也是常见的园林植物病害。

侵染叶部的许多病害物也常侵染花器、幼果及嫩枝，有的病害仅侵染花器。

叶片病害的症状类型很多，主要有白粉病、锈病、灰霉病、煤污病、各种叶斑病、毛毡病、叶畸形、变色等症状。

一、叶、花、果病害侵染循环的特点

1. 侵染来源

园林植物包罗万象，有草本、木本、蕨类、苔藓等，侵染来源比较复杂。

(1)初侵染来源　病落叶是初侵染的主要来源，病菌以菌丝体、子实体或休眠体在病落叶上越冬。有病植物、温室内栽植的很多园林植物，有些叶部病害是周年发生的，这些病害成为次年露地栽培的同类寄主植物的重要初侵染来源。有病种苗及无性繁殖器官是重要的初侵染来源。此外，昆虫介体、转主寄主、野生寄主等都有可能成为次年的初侵染来源。

(2)再侵染来源　许多园林植物叶部病害，在整个生长季节都有多次的再侵染。再侵染来源单纯，初侵染形成的有病植物均可为再侵染源。

潜育期的长短是决定再侵染次数的重要因素。一般来说，叶、花、果病害潜育期较短，如月季白粉病，在最适的条件下潜育期只有 3 天，较长的约有 1 个月左右，叶、花、果病害潜育期一般为 7～15 天左右。

2.病原物的传播方式

病原物的传播，主要依赖被动传播的方式到达新的侵染点。风、雨、昆虫等是叶病病原物传播的动力和媒介。人的行为在病害的传播中起着至关重要的作用。

多数叶部病害的病原物是由气流传播的。细菌，产生子实体的，或与胶状物混合的真菌则依靠雨水的淋洗、溅打等传播，只有雨水把病原菌分散后，才能靠风作远距离传播。如白粉病等由气流传播，牡丹炭疽病、菊花黑斑病等则由风雨传播。病毒病害、类菌质体病害等主要由昆虫介体传播，如唐菖蒲花叶病毒、美人蕉花叶病毒等由蚜虫等传播。人的行为，如运输、切花、打枝等均可传播病害。

3.叶部病程的特点

(1)侵入途径　叶部病害病原物侵入途径主要有直接侵入，气孔、水孔、伤口侵入几种。病原真菌、细菌、病原线虫、壁虱等主要是直接侵入及从自然孔口侵入，如白粉病、锈病、秋海棠细菌性叶斑病、菊花叶线虫病等。有的病原物既能从伤口侵入也能直接侵入，如芍药褐斑病，病毒从微伤口侵入。

(2)病原菌扩散的特点　病原真菌侵入后在细胞间隙或细胞内扩展。由于叶片组织很薄，扩展往往横穿组织，因此叶片上下表皮的叶斑都很明显。有些病原菌的定殖有选择性，如月季黑斑病主要在角质层下定殖，蔷薇白粉病等病菌吸器，主要分布在寄主植物的表皮细胞内。

叶斑病的扩展往往受限制，一般病斑都较小，多数叶斑单个病斑在 1cm 以下，但园林植物的叶斑病，超过 1cm 的也不少，如牡丹炭疽病、珠兰叶线虫病、灰霉病等。一些病原菌的扩展常受到叶脉的限制，病斑呈多角形，如君迁子角斑病。

二、叶、花、果病害的防治原则

减少侵染来源和喷药保护，是防治园林植物叶、花、果病害的主要措施。

减少侵染来源的基本方法，是园林栽培技术措施，并辅以化学防治。场圃卫生在减少侵染源上起重要作用，如收集病落叶并处理，剪除有病部分等；使用无病的种苗、接穗等；在园林种植规划设计工作中，避免某种病害多种寄主植物的混植；有病地段秋季深翻，或覆盖塑料薄膜等措施，均能减少侵染来源。在生长季节及时摘除病叶等也能减少再侵染的来源。

生长季节一旦叶病发生严重，化学防治就成为基本的措施。叶、花、果病害潜育期短、侵染次数多，病害发生时要求迅速扑灭，只有喷化学药剂才能控制，如芍药褐斑病、月季黑斑病等。

改善环境条件控制病害发生，水肥的科学管理、通风透光等是主要方法。

第二节　园林植物叶、花、果病害及防治

一、炭疽病类

炭疽病是园林植物中常见的另一大类病害，因该类病害有潜伏侵染的特点，经常给园林植物的引种造成损失，如从东南亚购进的南洋杉，潜伏有炭疽病未检出，给国家造成了损失。炭疽病的另一特点是子实体往往呈轮纹状排列，在潮湿条件下病斑上有粉红色的黏孢子团出现。炭疽病主要危害叶片，降低观赏性，也有的对嫩枝为害严重，如山茶炭疽病使切花减产。炭疽病的病原菌主要是炭疽菌属（*Colletotrichu*）中的真菌。

1. 广玉兰炭疽病（彩图 01）

危害广玉兰苗木、幼树和大树，发病后引起大量落叶，影响开花和观赏。

［症状］　初发生时，叶片上出现褪绿小点，后扩大成圆形或不规则形病斑，直径 6～10mm。病斑边缘为暗褐色，中部为黄褐到黄白色，散生有小黑点，即子实体。病斑可以相互融合。病害严重时，引起整叶枯焦，变黑并脱落。

［病原］　为围小丛壳菌（*Glomerella cingulata*（Stonem.）Spauld et Schrenk），子囊菌亚门、核菌纲、球壳目。

［发病规律］　病菌以菌丝体在病落叶和树上病叶组织中越冬。翌年春末夏初，病菌孢子借风雨传播开始侵染发病，6 月初开始发病，7～9 月为发病盛期，10 月以后病势下降。

［防治方法］　①冬季结合修剪，清除枯枝落叶，集中销毁。②发病前，喷施 1∶1∶100～200 波尔多液进行保护。发病后用 75%百菌清可湿性粉剂 800 倍液，或 70%甲基托布津可湿性粉剂 1000 倍液喷雾。每隔 10～15 天喷 1 次，连续喷洒 3～4 次。

2. 梅花炭疽病（彩图 02、03）

［症状］　主要危害叶片及嫩梢。在叶片上先产生近圆形或椭圆形灰色或灰褐色小斑，边缘紫红色，后逐渐扩展成较大的斑，直径 3～7mm，其上生有轮纹状排列的小黑点。严重时，病叶上病斑相互连接，导致提前落叶。

［病原］　为梅小丛壳菌（*Glomerella mume*（Hori）Hemmi），子囊菌亚门、核菌纲、球壳目、小丛壳属。

［发病规律］　以菌丝体和孢子在被害的组织上越冬。翌年，侵染新叶片及嫩梢。分生孢子借风雨传播。梅雨季节或台风多雨季节发病重。盆栽管理粗放、过干过湿、偏施氮肥的情况下容易发病。

［防治方法］　①及时清除落叶，结合修剪去除重病梢，并集中销毁。②梅花发芽

初期，或喷 0.5∶1∶100 的波尔多液进行保护，在 4 月下旬至 5 月上旬，喷 25%多菌灵可湿性粉剂 500 倍液，或 65%代森锌可湿性粉剂 600 倍液，或 70%甲基托布津可湿性粉剂 1000 倍液。每隔 7～10 天喷 1 次，连续喷 3～4 次。

3.牡丹炭疽病（彩图 04）

牡丹炭疽病分布于美国、日本等国家。我国上海、南京、无锡、郑州、北京和西安等地均有发生，是北京牡丹常见的三大病害之一。病害严重时常使病茎扭曲畸形，幼茎受侵后则迅速枯萎死亡。该病也侵染芍药等植物。

［症状］ 炭疽病可危害牡丹的茎、叶、叶柄、芽鳞和花瓣等。对幼嫩的组织为害最大。茎部被侵染后，初期出现浅红褐色、长圆形、略下陷的小斑，后扩大呈不规则形大斑，中央略呈浅灰色，病茎歪扭弯曲，严重时会引起折伏。幼茎被侵染后能快速枯萎死亡。叶片受侵染时，沿叶脉和脉间产生小而圆的病斑，颜色与茎上病斑相同，后期病斑可形成穿孔。幼叶受害后皱缩卷曲。芽鳞和花瓣受害常发生芽枯和畸形花。遇潮湿天气，病部表面便出现粉红色略带黏性的分生孢子堆。

［病原］ 为牡丹炭疽病菌（*Cloeosporium* sp.），半知菌亚门、腔孢纲、黑盘孢目、盘长孢属。

［发病规律］ 病菌以菌丝体在病叶、病茎上越冬。翌年生长期，越冬菌丝便产生分生孢子盘和分生孢子，分生孢子借风雨传播，从伤口侵入为害。一般高温多雨的年份病害发生较多，通常于 8～9 月雨水多时发病严重。

［防治方法］ ①秋季和早春彻底清除病茎、病叶残体，集中销毁，减少侵染来源。②于5～6 月病害发生初期，及时喷洒 65%代森锌 500 倍液，或 70%炭疽福美 500 倍液，或 50%苯菌灵可湿性粉剂 1500 倍液。连续喷 2～3 次，每隔 10～15 天喷 1 次。其他杀菌剂可选择应用。

4.扶桑炭疽病（彩图 05）

园林植物的常见寄主有扶桑、紫罗兰、夹竹桃、女贞、米兰、桃叶珊瑚、一品红、变叶木、茉莉花、桂花、夜合花、金盏花、七叶树、佛手柑、番木瓜。主要危害叶片，造成叶片黄化脱落，发生严重时，可引起枝梢枯死。

［症状］ 初期在叶的表面产生暗红或黄白色的水渍状小点，逐渐扩大成圆形或不规则的病斑，直径 1～15mm。后期在病斑边缘形成较宽而稍隆起的黑褐色环带，病斑边缘紫红色，中间灰褐色，上面散生黑褐色小点。

［病原］ 为盘长孢状刺盘孢（*Colletotrichum gloeosporioides* Penz.），半知菌亚门、腔孢纲、黑盘孢目。

［发病规律］ 以菌丝体、分生孢子盘和分生孢子在被害寄主残体上越冬。翌年产生分生孢子，通过风雨和昆虫传播，从伤口或气孔侵入。高温多雨、土壤排水不良都利

于病害发生。在温室中，分生孢子可以不断地发生和侵染。

［防治方法］　①清除枯枝病叶，集中销毁或深埋土中。②加强栽培管理，适当增施磷、钾肥，促使植株生长健壮，提高抗病力。③初发病时，喷 1∶1∶200 的波尔多液，或 50%多菌灵可湿性粉剂 1000 倍液，或 75%百菌清可湿性粉剂 600～800 倍液。每隔 10 天喷 1 次。

5. 大花萱草炭疽病（彩图 06）

［症状］　该病主要危害叶片。感病的叶片初期在叶尖或叶缘处产生水渍状褐色的圆形斑点，逐渐扩展成为长圆形或不规则形病斑，淡褐色，与健康组织交界处形成一深褐色晕圈。病部产生许多黑色刺状小点。发病严重时，病斑可互相连接成大病斑。组织坏死干裂，导致全叶枯死。

［病原］　为丛刺孢属的真菌（*Vermicularia capsici* Syd.）。

［发病规律］　病菌以菌丝体和孢子盘在病残体上越冬，借风雨传播。气温为 22～28℃、湿度较大的条件下，发病较重。5～6 月开始发病，7～8 月发病最重，秋末病情开始减弱。植株过密、种植地排水不良、通风透光差均可导致此病发生。

［防治方法］　①尽快清除病叶、病残体，集中销毁，减少侵染源。严重发病的地区，避免连作。②喷施 1%波尔多液进行预防。发病期喷施 75%百菌清可湿性粉剂 600～800 倍液，或 70%甲基托布津可湿性粉剂 800 倍液，或 65%代森锌可湿性粉剂 500 倍液。每隔 10 天喷 1 次，连续喷 2～3 次。药剂交替使用，效果更好。

6. 蝴蝶兰炭疽病（彩图 07）

［症状］　主要危害蝴蝶兰、卡特兰、大花蕙兰、万带兰、宽叶兰、毛兰、兜兰等的叶片和果实。蝴蝶兰染病，初期在叶上生浅黄绿色圆形小斑点，后逐渐扩大变成灰褐色病斑，相邻病斑融合形成不规则形大斑，圆形或近圆形，病斑外围黑褐色，中间灰褐色，最后多在干枯的病斑上产生隆起的黑色小粒点。

［病原］　为围小丛壳菌（*Glomerella cingulata*（Stonem.）Spauld. et Schrenk），属子囊菌门真菌。无性态为 *Colletotrichum gloeosporioides*（Penz.）Sacc. 称胶孢炭疽菌。

［发病规律］　病菌以菌丝体在病株或病残组织内越冬，南方分生孢子也可越冬，该菌借风雨传播，从伤口侵入，也可从气孔侵入，侵入后经 14～21 天潜育后发病，也可处于潜伏侵染状态，发病条件出现后才发病。兰花摆置过密，兰叶交错易发病。秋雨连绵或台风暴雨易发病，排水不良或湿气滞留发病重。贮运途中低温高湿不通风或受冻，也易诱发该病。

［防治方法］　①精心养护，从兰室通风入手，改进浇水方法，采用陶盆或土盆，适当追肥，防止偏施、过施氮肥，防止冻害和霜害，尽量减少伤口。②进入冬季及时清除

病叶，集中烧毁，可减少初侵染源。剪刀要用70%酒精消毒。③发病初期喷洒50%苯菌灵可湿性粉剂1000倍液，或50%甲基硫菌灵·硫磺悬浮剂800倍液、25%炭特灵可湿性粉剂500倍液、80%炭疽福美可湿性粉剂600倍液、20%三环唑1000倍液、25%培福朗可湿性粉剂1000倍液、25%使百克乳油800倍液、50%施保功，或50%使百克可湿性粉剂1000倍液、65%多克菌可湿性粉剂700倍液。从5月上旬开始喷药，隔10天左右喷1次，防治4～5次。

7. 八角金盘炭疽病（彩图08）

［症状］ 该病影响生长。病斑多发生在叶缘或叶尖部位。发病初期出现褐色小斑块，逐渐扩展形成不规则形或半圆形病斑，褐色，大小不一；发病后期病斑中央变为灰褐色，斑缘暗褐色。湿度大时病斑上出现黑色小点粒，或赭红色黏孢子团。

［病原］ 为围小丛壳菌（*Glomerella cingulata*（Stonem.）Spauld. et Schrenk），属子囊菌门真菌。无性态为 *Colletotrichum gloeosporioides*（Penz.）Sacc. 称胶孢炭疽菌。

［发病规律］ 病菌以分生孢子盘在病残体上越冬，翌年气候条件适合时，病菌在病组织上产生大量分生孢子，借风雨传播，从伤口侵入。

［防治方法］ 参看蝴蝶兰炭疽病。

8. 火鹤炭疽病（彩图09、10）

［症状］ 该病症状有两类：一类症状多发生在叶缘，叶脉之间也有。叶上先出现褐色小斑点，扩展后为圆形或半圆形，褐色；后期病斑中央为灰白色。另一类症状是沿叶脉发生的圆形或近圆形大病斑，直径20～25mm左右，褐色，外围有或无黄色晕圈；后期中央为灰绿或灰白色，病斑易撕裂脱落。该类型还侵染花，病斑与叶上相似，引起花腐烂。发病严重时病斑汇合成大斑，导致叶片枯死。在枯死的病组织上生有黑色小点粒。

［病原］ 由胶孢炭疽菌真菌（*Colletotrichum gloeosporioides*（Penz.）Sacc.）引起。分生孢子盘黑褐色；分生孢子长圆形、无色、单孢。

［发病规律］ 病菌在病株、病残体上越冬，由风雨、水滴滴溅传播。高温高湿，植株生长衰弱或刚上盆缓苗期的植株，经长途贩运的苗木等易诱发该病。

［防治方法］ 参看蝴蝶兰炭疽病。

9. 玉簪炭疽病（彩图11）

［症状］ 病斑多发生在叶缘。发病初期叶缘出现褪绿小斑点，扩展后病斑半圆形或不规则病斑，黄褐色，边缘红褐色；发病后期病部干枯呈半透明状，其上着生黑色小点粒，病斑常汇合为大斑，向叶中央蔓延；花瓣上有褐色病斑。茎杆上具有褐色长椭圆形病斑。

[病原]　为真菌病害，由黑线炭疽菌（*Colletotrichum dematium*（Pers.）Grove）引起。分生孢子盘上有许多黑色刚毛，分生孢子镰刀形或梭形，单胞无色。

[发病规律]　病菌在病残体上越冬；由风雨或水滴滴溅传播，从伤口和气孔侵入。温暖潮湿、多雨，病残体多，株丛偏大，栽种密度大，偏施氮肥，土壤板结通透性差，植株长势不良等均有利于病害发生。

[防治方法]　参看牡丹炭疽病。

二、叶斑病类

叶斑病是叶组织受到局部侵染，导致各种形状斑点病的总称。叶斑病种类很多，可因病斑的色泽、形状、大小、质地、有无轮纹的形成等因素，分为黑斑病、褐斑病、圆斑病、角斑病、斑枯病、轮斑病等种类。叶斑上往往着生有各种点状或无霉层。叶斑病普遍降低园林植物的观赏性，有些叶斑病也给园林植物造成巨大损失，如月季黑斑病、山茶斑枯病等。

叶斑病主要由真菌门中半知菌亚门、子囊菌亚门的一些真菌，以及细菌、线虫等病原物所致。一般来说，叶斑病比较容易防治。

1. 杜鹃花褐斑病（彩图 12）

杜鹃花褐斑病又名角斑病，是杜鹃花上常见的重要病害之一。该病在我国分布很广，安徽、江西、上海、北京、南京、沈阳等省（市）均有发生。

[症状]　主要侵染叶片。发病初期，叶片上出现红褐色小斑点，逐渐扩展成为圆形病斑，或不规则的多角形病斑，黑褐色，直径 2～5mm。后期，病斑中央组织变为黄白色至灰白色，病斑表面生出灰褐色霉丝。发病严重时，病斑相互连接，导致叶片枯黄、早落。

[病原]　为杜鹃尾孢菌（*Cercospora rhododendri* Fer.），半知菌亚门、丝孢菌纲、丛梗孢目、尾孢属。

[发病规律]　病原菌在植物残体上越冬，翌年形成分生孢子为初侵染源。分生孢子借风传播，自伤口侵入。在江西，该病于 5 月中旬开始发生，8 月为发病高峰期。广州地区，发病高峰期在 4～7 月。高温多湿条件利于发病。

[防治方法]　①秋季彻底清除落叶并加以处理，生长季节及时摘除病叶。②栽植或盆花摆放密度要适宜，以便通风透光，降低叶面湿度。夏季盆花放在室外的荫棚内，以减少日灼和机械损伤等造成的伤口。③开花后立即喷洒 65％代森锌可湿性粉剂 500～600 倍液，或 50％多菌灵可湿性粉剂 500～800 倍液，或 70％甲基托布津可湿性粉剂 1000 倍液。每 10～14 天喷 1 次，连续喷洒 2～3 次。

2. 月季黑斑病（彩图 13）

月季黑斑病是世界性病害，1815 年瑞典首次报道；1910 年我国首次报道了蔷薇属植物上的这一病害。除月季外，还危害玫瑰、黄刺玫、金樱子等蔷薇属中的多种植物。

［症状］　该病主要侵害月季的叶片，也侵害叶柄、嫩梢、花梗和花等部位。发病初期，叶片正面出现褐色小斑点，逐渐扩展为圆形、近圆形或不规则形黑褐色病斑，直径为2～12mm，边缘呈放射状。后期，病斑上着生许多黑色疱状小点，即为病原菌的分生孢子。病斑之间相互连接使叶片变黄、脱落。嫩枝、叶柄上的病斑为紫褐色的长椭圆形斑，稍下陷。花蕾上多为紫褐色的椭圆形斑。

［病原］　为蔷薇放线孢菌（*Actinoema rosae*（Lib.）Fr.，*Marssonina rosae*（Lib.）Lind.），半知菌亚门、腔孢菌纲、黑盘孢目、放线孢属。

［发病规律］　露地栽培，病原菌以菌丝体在芽鳞、叶痕及枯枝落叶上越冬，翌年春天产生分生孢子进行初侵染；温室栽培则以分生孢子和菌丝体在病部越冬。分生孢子由雨水、灌溉水的喷溅传播。分生孢子由表皮直接侵入，在22～30℃时潜伏期为3～4天，一般为10～11天。北京地区5～6月开始发病，8～9月为发病盛期。长江流域5～6月及8～9月为两次发病高峰。温室内可常年发生。多雨、多雾、多露，雨后闷热，通风透气不良均有利于发病。植物生长不良，尤其是刚移栽的植株发病重。

［防治方法］　①秋季彻底清除枯枝落叶，并结合冬季修剪剪除有病枝条并销毁。休眠期喷洒2000倍五氯酚钠水溶液或1%硫酸铜溶液杀死病残体上的越冬苗源。②灌水最好采用滴灌、沟溜或沿盆边浇水，切忌喷灌。灌水时间最好是晴天的上午，以便使叶片保持干燥。栽植密度、花盆摆放密度要适宜，以利通风透气。增施有机肥，磷、钾肥，使植株提高抗病性。③发病期间喷洒80%代森锌可湿性粉剂500倍液，或70%甲基托布津可湿性粉剂1000倍液，或50%多菌灵可湿性粉剂500～1000倍液，或1%等量式波尔多液。7～10天喷1次。④栽培抗病品种及选用抗病砧木。

3. 菊花褐斑病（彩图14）

该病是菊花的重要病害之一，发生普遍，引起叶片干枯早脱落。降低商品及观赏价值。

［症状］　叶片上先出现浅黄色或褐色小斑点，扩大为圆形或不规则形病斑，褐色或黑色，直径3～9mm；后期中央为灰白色，其上着生黑色小点粒。病斑常融合成大斑，叶变黄枯焦、脱落或倒挂在茎秆上。

［病原］　为真菌病害，由菊壳针孢菌（*Septoria chrysathemelle* Sacc.）等引起。分生孢子器球形、亚球形，褐色至黑色；分生孢子针状，直或稍弯、无色，4～9个隔膜。

［发病规律］　病菌在病残体或病株内越冬；分生孢子由风雨传播；潜育期为20～30天。连作或老根留种繁育、病残体多均加重病害发生；高温（24～28℃）、高湿、秋雨连绵或种植密度大，通风透光不良都利于发病；春水绿波、银托桂、紫云飞等发病轻。温室栽培周年发病，露地栽植4～11月发病，8～9月发病重。

［防治方法］ ①栽培技术防治：从健株上采条扦插，插前用50％多菌灵1000倍液浸泡30分钟，水洗晾干扦插；增施磷钾肥，氮肥适量；彻底清除病枯落叶，做深埋处理；轮作；雨后及时排水，盆中不积水。②药剂防护：加强雨季防治。发病初期喷1％波尔多液，或50％甲基硫菌灵·硫磺悬浮剂800倍液，或60％百菌通可湿性粉剂500倍液，或12.5％腈菌唑乳油3000～4000倍液，或65％爱克菌可湿性粉剂800倍液等。7～10天喷1次。

4.鸡冠花镰孢菌褐斑病（彩图15、16）

该病是鸡冠花的一种主要病害，发生普遍。主要危害叶片、茎等部，降低商品价值。

［症状］ 该病侵害叶片和茎。叶片上病斑为圆形、不规则形，黑褐色，病斑后期呈灰白色有轮纹，病斑有撕裂现象。幼苗茎基部病斑褐色凹陷、形状不规则，扩展后常使茎杆腐烂、倒伏或立枯。植株顶端受害，新叶为褐色腐烂，不能开花。

［病原］ 为真菌为害，由砖红镰孢（*Fusarium Lateritium* Nees）等菌引起。病菌大型分生孢子镰型至窄纺锤形，有3～7个隔膜，小型分生孢子无；厚垣孢子球形、卵形。

［发病规律］ 病菌在病残体上越冬，厚垣孢子在土中存活多年；病菌由水流、水滴滴溅，或种子传播。雨季开始发病，一般7～9月发病重。降雨多、病重、蔓延快，病残体多、连作、土壤湿度大、雨后排水不及时等均能加重发病。

［防治方法］ ①栽培技术防治：及时清除病残体；雨后及时排水，或种在透水性强的土壤上；从健株上采种留用；重病地块采用轮作，间隔期3年；增施磷、钾肥，不偏施氮肥。②病土处理：常用药有50％多菌灵可湿性粉剂（$4g/m^2$），90％敌克松（$2～3g/m^2$）等。③药剂防护：发病初期喷药。常用药剂有50％多菌灵800倍液、36％甲基硫菌灵悬浮剂600倍液、50％扑海因可湿性粉剂1000倍、27％铜高尚悬浮剂600倍液等。10天喷1次。

5.樱花穿孔褐斑病（彩图17）

［症状］ 该病侵害叶片和嫩梢，该病发生严重时引起早落叶，影响生长和来年开花。发病初期，叶片出现浅黄褐色小斑点，扩展后呈圆形、近圆形病斑，赤褐色，直径1～5mm；发病后期病斑中央为浅赤褐色，斑缘为紫褐色，病斑多呈穿孔状。潮湿条件下病部着生灰褐色小霉点。病重时病斑汇合成不规则大斑块，引起早落叶。嫩梢发病引起顶端枯死。

［病原］ 由核果假尾孢菌（*Pseudocercospora circumseissa* (Sacc.) Guo & Liu）引起。分生孢子橄榄色倒棍棒形，有隔膜1～7个。

［发病特点］ 病菌在病落叶中越冬；分生孢子由气流、风雨传播。温暖多雨、空气

湿度大、生长势差时有利于发病。6月开始发病，雨多发病严重。

[防治方法] ①栽培技术防治：结合修剪剪除病枝条，清除病落叶；雨后及时排水，增施有机肥，提高抗病性。②药剂防护：一般不防，发病重时喷药。常用药剂有75%达克宁可湿性粉剂600～700倍液，或36%甲基硫菌灵可湿性粉剂600倍液，或40%百菌清悬浮剂500倍液，或70%代森锰锌可湿性粉剂500倍液等。7～10天喷1次。

6. 八仙花褐斑病（彩图18）

[症状] 叶片上先出现暗绿色、水渍状斑点，逐渐扩展为紫褐色、近圆形病斑，直径为3～10mm，或更大；发病后期病斑变为灰白色，病斑边缘为紫褐色、稍隆起，病斑上产生黑色小点粒。

[病原] 由真菌绣球叶点霉（*Phyllosticta hydrangeae* Ell. Et Ev.）所致。分生孢子器先埋生后外露；分生孢子长圆形，单胞、无色。

[发病规律] 病原菌在病残体上越冬；由风雨传播。栽种密度大、通风透气不良、病残体多等利于发病。

[防治方法] ①栽培技术防治：彻底清除病残体，作沤肥处理；栽种密度适宜以利通风透光；避免偏施氮肥，适量增施磷钾肥等。②药剂防护：发病初期喷药。常用药有30%碱式硫酸铜400倍液，或75%达克宁600～700倍液，或65%爱克菌可湿性粉剂800倍液，或20%龙克菌500倍液等。10天左右喷1次。

7. 芍药褐斑病（红斑病）（彩图19a、19b、20）

该病分布广泛，是芍药上很重要的病害。可削弱植株生长势，失去观赏价值。

[症状] 病斑多发生在叶缘及叶尖处。发病初期在叶背产生紫红色针尖状斑点，扩展后为圆形、半圆形或不规则状斑，黄褐色或紫红色（南方）；叶斑上轮纹不明显。多个病斑相联使叶枯焦。枝干上病斑为长椭圆形，枝干分杈处发病时形成黑色溃疡大斑，易折断。在潮湿时病斑上产生墨绿色霉层。

[病原] 为真菌病害，由牡丹枝孢霉（*Cladosporium paeoniae* Pass.）引起。病原菌的分生孢子梗3～7根簇生；分生孢子卵形至纺锤形，黄褐色，一至多个细胞。

[发病规律] 病菌以菌丝和分生孢子在枯枝落叶、果壳等病残体上越冬；由风雨传播；伤口侵入为主，潜育期6天左右，但病斑上的病征则在45～60天后才出现。生长季节中侵染次数少。北京地区5月上、中旬开始发病，7～8月发病重。春雨早，发病早；春季干旱则发病晚。夏季多雨，雨后排水不良，病残体多，土壤贫瘠，株丛过大等条件都有利于发病。抗病品种有“东海朝阳”、“紫袍金带”等。

[防治方法] ①栽培技术防治：栽培抗病品种；秋季割除地上部分，残茬应低于3cm；重病区春天展叶前喷50%多菌灵600倍液；及时分株，栽植密度适宜；早春覆膜，以阻隔越冬菌源的传播；雨后及时排水。②药剂防护：发病初期喷药。花前喷50%多

菌灵 1000 倍液；花后喷 1%波尔多液，或 75%百菌清 800 倍液，或 50%甲基硫菌灵·硫磺悬浮剂 800 倍液，或 20%龙克菌 600 倍液等。

8. 百日草黑斑病（褐斑病）（彩图 21）

百日草黑斑病是百日草重要病害之一。该病在全国各地均有发生，严重影响观赏。

［症状］　苗期发病引起幼苗立枯；成株发病，被侵染植株的叶子变褐干枯，茎部溃疡，花瓣皱缩。叶片发病初期出现暗褐色小病斑，扩展后呈近圆形、不规则形大病斑，黑褐色，直径为 2～10mm。随着斑点的扩大和增多，整个叶片变褐干枯。发病后期病斑中央为灰白色，斑缘为褐色，病斑常呈穿孔状。花瓣上出现暗褐色小斑，扩展后引起花枯。茎上发病从叶柄基部开始，纵向发展，成为黑褐色长条状斑。在潮湿条件下病部着生黑色霉状物。幼苗期茎基部受害时，形成中心下陷的溃疡斑，病斑深褐色至黑褐色，逐渐包围茎部，使小苗呈立枯病症状。

［病原］　为真菌病害，由百日草链格孢菌（*Alternaria zinniae* Ellis）所致。病原菌分生孢子多单生，偶有 2 个连生，倒棍棒形，有长喙，淡褐色至暗褐色。

［发病规律］　病原菌以菌丝体在病叶、病茎等残体上越冬。第二年春季产生分生孢子，成为初侵染源。带病的种子也可能成为初次侵染源。分生孢子借风雨传播，在百日草整个生长过程中有多次侵染。高温、多雨、高湿、种植密度大有利发病。

［防治方法］　①减少侵染来源：秋后，清除病叶、病茎等病残体，集中销毁。②栽培技术防治：禁止从病株上采种，或播种前用 50%多菌灵可湿性粉剂 1000 倍液泡 10 分钟左右，晾干后播种。雨后及时排水，种植密度适宜以利通风透光。选择排水良好的地段种植。避免连作。③药剂防护：发病初期，喷施 65%代森锌可湿性粉剂 500 倍液，50%扑海因可湿性粉剂 1000 倍液，50%多·霉威（多菌灵加万霉灵）1000 倍液，40%百菌清悬浮剂 500 倍液，或 50%多菌灵可湿性粉剂 1000 倍液。每隔 7～10 天喷 1 次，喷 2～3 次。喷药时，要特别注意叶背表面喷匀。

9. 黑心菊黑斑病（彩图 22）

［症状］　发病初期叶片上出现黑色小斑点，逐渐扩展为近圆形斑，直径 3～8mm，黑色；发病后期病斑灰白色，叶背着生暗褐色霉点。病重时枝条上也有黑色病斑，形状不规则。

［病原］　由一种链格孢真菌（*Alternaria* sp.）所致。

［发病规律］　病原菌在病残体上越冬；由风雨传播。高温、多雨或空气相对湿度高，病残体多等利于发病。

［防治方法］　①选择地势高、派水良好的地块种植。②合理密植，使株间通风、透光良好，加强肥水管理，植株生长健壮可减少受害。③药剂防治：发病初期喷施 50%

扑海因可湿性粉剂 1000 倍液，或 75%达克宁湿性粉剂 600 倍液，或 50%大富丹湿性粉剂 500 倍液，或 80%喷克可湿性粉剂 600 倍液，7～10 天喷 1 次，连喷 2～3 次。

10. 丁香细菌性疫病(彩图 23)

［症状］ 该病主要危害叶片及嫩枝。该病症状类型多。叶片有星斗斑型症状：病斑圆形，外围有褐色线纹与其他病斑相连；花斑型症状：病斑中央灰褐色至灰白色，有同心轮纹，后期病斑四周产生波状线，使病斑呈“花朵”状；枯焦型症状：全叶枯焦，干枯卷缩不脱落；斑点型症状：下部叶片先出现水渍状褪绿条斑，转为褐色，后期呈灰白色，病斑汇合成大斑，引起叶变黑干枯；枝条发病出现黑色浅纹或一侧变黑。

［病原］ 为细菌病害，由丁香假单孢菌丁香致病变种(*Psedomonas syringae* pv syringae van Hall.)引起。细菌菌体短杆状，极生 1～4 根鞭毛。

［发病规律］ 病菌在病枝或病落叶上越冬；细菌由风雨、昆虫等传播；伤口有利于侵入。连阴雨天气、氮肥偏施、湿度高气温低(12～15℃)等有利于发病。

［防治方法］ ①栽培技术防治：栽种地应疏松、肥沃，雨后及时排水；多施有机肥，不偏施氮肥；及时剪除病枝和徒长枝，秋末彻底清除病落叶；栽种密度适宜。②药剂防护：发病初期喷 47%加瑞农可湿性粉剂 700 倍液，或 27%铜高尚悬浮剂或 12%绿乳铜乳油 600 倍液，或 64%杀毒矾可湿性粉剂 400～500 倍液等。7～10 天喷 1 次。

11. 女贞叶斑病(彩图 24)

［症状］ 主要危害叶片，叶上病斑圆形至近圆形，大小 2～6mm，中央浅褐色，四周边缘色深，病斑上有时生少量褐色小点，即病原菌的分生孢子器。

［病原］ *Phyllsticta ligustri* Sacc. 称女贞叶点霉，属半知菌亚门真菌。分生孢子器生在叶面，初埋生、散生或聚生，后突破表皮露出，呈凸镜状，大小 72～88μm。分生孢子近矩圆形，单胞无色，内含油球 2 个，大小 5～7μm×2.5～3.0μm。

［发病规律］ 病菌以分生孢子器在病叶上越夏或越冬，翌春条件适宜时产生分生孢子进行初侵染和再侵染。多雨或湿度大利其发病。7～8 月高温多雨，是金叶女贞叶斑病的暴发季节。其症状表现为：叶片先期出现发红现象，着生褐色斑点后，整叶脱落，特别是幼苗叶片脱落后，当年生枝条干枯，整株死亡。

［防治方法］ ①清墒理沟，渠墒高床，理通外沟，雨后及时排水、降渍。②适当修剪，结合树形修除过长徒长枝、嫩枝，增强内膛通风透光。③增施钾肥，近期普施一次硫酸钾，充实枝叶组织，同时控制施用氮肥。④发病前喷洒 75%百菌清可湿性粉剂 700 倍液或 1∶1∶160 倍式波尔多液，或 30%绿得保悬浮剂 400 倍液。

12. 福禄考白斑病(彩图 25)

该病发生普遍，是福禄考上的重要病害，引起早落叶，削弱植株生长势。

［症状］ 叶片上先出现褐色水渍状小斑(有的品种红褐色)，扩展后病斑为近圆形

或多角形，暗褐色，直径 2～7mm；后期病斑中央为白色，斑缘为褐色，病斑易破损，其上着生黑色小点粒。在高湿条件下，叶背出现白色丝状物。病重时叶片干枯早落或倒挂在茎杆上。

［病原］　为真菌性病害，由天蓝绣球壳针孢（*Septoria phlogis* Sacc. et Sepeg.）及布开壳针孢（*S. divaricota* Ell. et Ev.）引起。分生孢子器亚球状；分生孢子线状。前者分生孢子器、分生孢子均大于后者。

［发病规律］　病菌在病枯落叶上越冬；分生孢子由风雨传播。植株下层叶片先发病，逐渐向上扩展。降雨多，喷淋式浇水，多年连作，种植密度大均利于发病。

［防治方法］　①栽培技术防治：秋季彻底清除病残体；采用滴灌，种植密度适宜；土壤用 80％绿亨 2 号 800 倍液浇灌消毒。②药剂防护：发病初期喷 50％百・硫悬浮剂 600 倍液，或 40％百可得可湿性粉剂 800～1000 倍液，或 40％百菌清悬浮剂 400 倍液，或 36％甲基硫菌灵 600 倍液等。10 天喷 1 次。

三、锈病类

锈病是园林植物病害中又一类常见的病害。椐全国园林植物病害普查资料统计，花木上有 80 余种锈病，有些锈病为害相当重，如玫瑰锈病等。

花木锈病中常见的病原菌是柄锈菌属（*Puccinia*）、单胞锈菌属（*Uromyces*）、多胞锈菌属（*Phragmidium*）、胶锈菌属（*Gymnosporagium*）、柱锈菌属（*Cronartium*）等。有些锈菌是转主寄生的，给防治带来困难。

叶部锈病虽然不能使寄主植物致死，但常常造成早落叶、果实畸形，削弱生长势，降低产量及观赏性。

1. 海棠锈病（彩图 26、27）

［症状］　此病转主寄生。转主寄主有桧柏、龙柏、花叶柏、鹿角柏、蜀柏、铺地柏等。寄主是贴梗海棠、垂丝海棠、梨、木瓜、山楂等。病菌侵入桧柏后，当年只在叶腋或小枝上产生淡黄色斑点，稍肿大。第二年 2～3 月间产生咖啡色米粒状物，即冬孢子角。贴梗海棠等寄主的叶片、叶柄、嫩枝上均可受害。4 月上、中旬到 5 月上旬，叶片正面产生黄绿色小斑点，以后扩大成圆形黄色病斑。在小斑点上，早期出现几个黄色小点，后期小点变成黑色，即性孢子器。叶背相应处则逐渐增厚并产生一些灰白色毛状粉，即病菌的锈子腔。8～9 月产生黄褐色粉末状物，即病菌的锈孢子。严重时，满株病叶，叶片畸形，凹凸不平，早枯早落。新梢、叶柄、果实和果梗上产生相似的症状。

［病原］　为梨胶锈菌（*Gymnosporangium haraeanum* Syd.），担子菌纲、锈菌目。冬孢子发生于桧柏上，性孢子、锈孢子着生在贴梗海棠上。

［发病规律］　菌丝在桧柏等小枝上越冬。菌丝可多年生。冬孢子角在 2 月下旬至 3 月下旬陆续出现和成熟。3 月下旬，冬孢子角遇雨水即膨大成胶质黄花状。冬孢

子萌发产生大量小孢子，即黄粉状物。冬孢子从萌发、产生小孢子，到小孢子萌芽侵入贴梗海棠只要1天。小孢子从发芽到侵入只需几小时。侵入后经过7～12天出现症状，产生性孢子器和性孢子。受精后再经过20～30天形成锈子腔。锈子腔形成后10天左右，开始释放锈孢子。8～9月锈孢子传播到桧柏上侵入新梢。小孢子萌发的适宜温度为15～23℃，锈孢子萌发的适宜温度为27℃。全年只发生1次，没有再次侵染，但小孢子和锈孢子侵染期相当长，对贴梗海棠和桧柏等危害常较重。

［防治方法］ ①贴梗海棠附近尽量避免种植桧柏等转主寄主。②结合修剪，在2～3月适当剪除桧柏等寄主上的重病枝，减少侵染源。③在贴梗海棠的发病期，喷施20%萎锈灵乳油400倍液，或50%退菌特可湿性粉剂800倍液，或1∶2∶200的波尔多液，15天左右喷1次。④在冬孢子角将要膨大前，喷0.3%五氯酚钠稀释液，加石硫合剂配成波美1度的混合液，或波美2度石硫合剂，或1∶1∶160波尔多液，每隔2周喷1次，共喷2～3次。

2.菊花锈病(彩图28)

菊花常见的一种病害。在我国的东北、上海、南京、成都等地均有发生。此病常导致植株不能正常开花。

［症状］ 此病通常发生在菊花的叶片上，叶片上、下两面均可看到浅黄色斑点，之后主要在叶背形成典型的深褐色疱状突起。不久，疱状物开裂，散发出大量褐色粉状孢子。重病株生长衰弱，不能正常开花。病斑布满整个叶片，导致叶片卷曲。

［病原］ 为柄锈菌属的菊柄锈菌(*Puccinia chrysanthemi* Roze)，层锈菌属的蒿层锈菌(*Phakopsora artemisiae* Hirats)所致。

［发病规律］ 锈菌主要靠散布在空气中的夏孢子通过叶片上的气孔侵入，10天以后出现症状。病菌以菌丝体在受侵叶或新芽中越冬，随菊花苗的传播而传染。在露地栽培中，7～9月多雨时发病严重。不同品种对此病的抗性有一定差异。如京白、新兴京白、朝红白品种易感病，而桃金山、舞姬等品种抗病性较强。

［防治方法］ ①种植不要过密，保持植株间的良好通风透光条件。浇水时，不要淋湿植株。扦插繁殖时，要选健康无病的插条。尽早摘除病叶，以减少侵染源。②用80%代森锌500倍液，或25%粉锈宁可湿性粉剂1500倍液，或石硫合剂或百菌清喷洒，每周1次。

3.菊花白锈病(彩图29)

该病原发地在日本，现在发生普遍，是温室菊花上的重要病害。

［症状］ 病斑先发生在叶片背面，出现褪绿小斑点，扩展后病斑直径为2～5mm，隆起呈白色至黄色的圆斑，似蜡状；随着病情的发展，病斑逐渐变为浅褐色至褐色。叶正面与病斑相对应处形成轻微的凹陷斑，浅黄色。病害严重时叶片提早干枯。

［病原］　为真菌病害，由堀氏菊柄锈菌(*Puccinia horiana* Henn)引起。冬孢子堆多生于叶背，黄褐色；冬孢子长椭圆形、棍棒形至纺锤形，黄褐色，分隔处稍缢缩；柄无色或淡黄色，不脱落。

［发病规律］　病菌在病残体或病株芽内越冬；由风雨传播。该病菌在12～20℃最易萌发，高于24℃时难萌发，所以夏季病害极少发生。但温室栽培的切花菊当气温高达30℃以上时该病仍有新病斑发生，即6月底7月初仍有新病斑。

［防治方法］　①加强检疫：对新开辟的菊花种植地来讲，检疫是很重要的预防措施。新引进的菊苗应在隔离室栽种半年无病时才能放行；对引进的切花花枝也应检疫。②栽培技术防治：栽植密度适宜(1亩* 1.5万株左右)，以利通风透光；滴灌最宜；发现病叶及时摘除并处理。③药剂防护：发病初期喷药。常用药有40％杜邦新星乳油7000倍液，25％敌力脱乳油3000倍液，20％三唑铜乳油1000～1500倍液等。10天左右喷1次。也可挂硫磺熏蒸罐进行熏蒸，80～100m^2挂一罐。

四、白粉病类

白粉病是园林植物上发生既普遍又严重的重要病害，除了针叶树外，许多观赏植物都有白粉病。但球茎、鳞茎、兰花等类花卉，以及角质层、蜡质层厚的花卉，如山茶、杜鹃、玉兰等，尚未见白粉病的报道。

白粉病由子囊菌亚门中的白粉菌引起，引起花木白粉病的常见病原菌是白粉菌属(*Erysiphe*)、单囊壳属(*Sphaerotheca*)、内丝白粉菌属(*Leveillula*)、叉丝壳属(*Microsphaera*)、叉丝单囊壳属(*Podosphaera*)。这种病害，病症常先于病状。症状最初常不明显。病症初为白粉状，近圆形斑，扩展后病斑可联结成片。一般来说，秋季时白粉层上出现许多由白而黄、最后变为黑色的小点粒——闭囊壳。少数白粉病晚夏即可形成闭囊壳。

1. 紫薇白粉病（彩图30）

紫薇白粉病是紫薇上一种常见的病害。发生于春天或秋天，引起早落叶。

［症状］　该病主要危害嫩叶、幼茎及花蕾。发病初期，叶片上出现白色小粉斑，扩大后病斑相互汇合覆盖叶的大部分，叶片可出现皱缩，导致叶黄早落。幼茎和花蕾发病也被以白粉层，导致花不开，嫩梢可能畸形。

［病原］　关于白粉病的病原，因发生地不同，报道也有区别。常见的有南方钩丝壳(*Uncinulla slna* Mcalp)。云南报道为南方小钩丝壳(*Uncinuliella australina* (Mcalp.) Zheng and Chen)。个别地方还报道为紫薇白粉菌(*Erysiphe lagerstroemiac*)。

［发病规律］　病原菌以菌丝体在病芽内或闭囊壳在病残体上越冬；分生孢子由气

* 1亩≌666.67平方米，下同。

流传播。生长季节有多次再侵染。该病在北京地区 5 月开始发病，秋季为发病盛期；云南地区 3～4 月开始发病，秋季发病重。植株栽植过密，通风透光不良，遮荫，湿度大，偏施氮肥等均有利于发病。紫薇抽条多发病也重。根上萌条发病重。

[防治方法] ①秋季清除枯枝落叶，结合修剪除去病枝，休眠期喷波美 1～3 度石硫合剂，杀灭越冬菌源，减少侵染来源。②栽植密度适宜，修剪要合理，避免偏施氮肥，增施磷、钾肥。③紫薇展叶抽梢期开始喷药。常用药剂有 25％粉锈宁可湿性粉剂 1500 倍液，或 20％粉锈宁乳油 4000 倍液，喷 2～3 次。敌力脱 25％乳油 100ppm 药液防治，1 个月喷 1 次。④土壤挖沟施药，在树冠投影下挖环沟，深约 4cm。每株用 15％粉锈宁或 70％甲基托布津 10g，拌土后撒入沟内，覆土后浇水。

2. 月季白粉病（彩图 31）

月季白粉病是世界性病害。我国各地均有发生。白粉病对月季为害较大。病重引起早落叶、枯梢、花蕾畸形或不能开放，连年发生则严重地削弱月季的长势。该病也侵染玫瑰、蔷薇等植物。

[症状] 叶片、花器、嫩梢等均受害。早春，病芽展开的叶片上下两面布满白粉。叶片皱缩反卷，变厚，有时为紫红色。生长季节叶片受侵染，叶上首先出现褪绿黄斑，逐渐扩大，以后着生一层白粉状物，严重时全叶披上白粉层。嫩梢和叶柄发病时病斑略肿大，向反面弯曲。花蕾被满白粉层，萎缩干枯。病轻的花蕾开出畸形花朵。

[病原] 有性世代为蔷薇单丝壳（*Sphaerottheca pannosa*（Wallr.）Lev.），子囊菌亚门、核菌纲、白粉菌目、单丝白粉菌属。无性世代是粉孢霉属真菌 *Oidium* sp.。

[发病规律] 病原菌以菌丝体在芽中越冬，有些地区可以闭囊壳越冬。翌年以子囊孢子或分生孢子作为侵染源，随风传播，直接从表层或气孔侵入。温暖潮湿的季节发病迅速。广州、海南等冬季温暖地区，露地栽培月季可周年发生。一般夜间温度较低(15～16℃)、湿度较高(90％～99％)时有利于孢子萌发及侵入。白天气温高(23～27℃)、湿度较低(40％～70％)时则有利于孢子的形成及释放。

[防治方法] ①减少侵染源：结合修剪剪除病枝、病芽和病叶并销毁。休眠期喷洒波美 2～3 度的石硫合剂，消灭病芽中的越冬菌丝。②加强栽培管理，改善环境条件：栽培密度、盆花摆放密度不要过密，温室栽培注意通风透光。增施磷、钾肥，氮肥要适量。灌水最好在晴天的上午进行。③药剂防护：常用的有 25％粉锈宁可湿性粉剂 1500～2000 倍液，或 50％苯来特可湿性粉剂 1500～2000 倍液，或碳酸氢钠 250 倍液。硫磺粉常用于温室的冬季防治。④近年来，生物农药发展较快，Bt、抗霉菌素 120 对白粉病也有良好的防效。

3. 芍药白粉病（彩图 32）

该病在我国普遍发生，北京地区发病日趋严重，病害连年发生削弱芍药的生长势。

［症状］ 病害先出现在植株株丛下部的叶片及茎干上。发病初期茎部或叶上产生白色小粉斑，逐渐扩展为近圆形的大粉斑，粉斑相互联合成白粉层覆盖在叶片及茎上，致叶片干枯。8～9月白粉层上产生很多黑色小粒点，即病菌的闭囊壳。

［病原］ 为真菌病害，由芍药白粉菌（*Erysiphe paeoniae* Zheng and Chen）引起。病原菌的子囊果扁球形，暗褐色，附属丝9～28根；子囊果中有子囊4～6个，卵形至不规则卵形；子囊内有子囊孢子3～5个，椭圆形至长卵形，黄色。

［发病规律］ 北京地区病原菌以闭囊壳、菌丝体在病枯枝落叶上，或在病植株的残茬内越冬；病原菌借风雨传播。病部产生大量粉孢子进行多次重复侵染。9～10月为发病盛期。雨量少的干旱年份易发病；时晴时雨，高温、高湿交替有利该病侵染和病情扩展，栽植密度高、株丛过大，树荫下种植芍药雨后排水不及时，偏施氮肥等都会加重白粉病的发生。品种间抗病性有差异，有待进一步调查。

［防治方法］ ①栽培技术防治：选用抗病品种；施肥时适当增加磷肥和钾肥的比例；秋季彻底清除病残体，所留残茬应低于3cm，以减少侵染来源。②药剂防护：春季芍药萌发前可喷25％粉锈宁可湿性粉剂800倍液，杀灭越冬菌源。发病初期喷洒40％多硫悬浮剂600倍液，或30％特富灵可湿性粉剂2500倍液，或25％粉锈宁可湿性粉剂1500倍液等。对上述杀菌剂产生抗药性的地区，选用12.5％腈菌唑乳油4000～5000倍液等。

五、灰霉病类

灰霉病是草本观赏植物上最常见的真菌病害，对温室植物为害最大。灰霉病的症状比较复杂，有疫病、叶斑病、溃疡病，球茎、鳞茎及种子等器官的腐烂病，幼苗猝倒病等。病症很明显，在潮湿条件下灰色霉层显著。灰霉病常造成巨大的经济损失，有时造成毁灭性的危害。灰葡萄孢霉（*Botrytis cinerea*）是最重要的病原菌，该菌寄主范围很广泛，几乎能侵染每一种草本观赏植物。

灰霉病可以防治，但防治往往又很困难，主要是病原菌的来源太多，有些防不胜防。

1.热带兰灰霉病（彩图33）

［症状］ 主要侵害花器，萼片、花瓣、花梗均常受害，有时也危害叶片和茎。蝴蝶兰、大花蕙兰花瓣或花萼受侵染后，24小时即产生小型半透明水浸状斑，随后病斑变成褐色，有时在斑四周有一圈白色或淡粉红色，每朵花上病斑的数量不一，但当花朵开始凋谢时，病斑增加很快，花瓣呈黑褐色腐烂。湿度大时，从腐烂的花朵上长出毛茸茸的生长物，即病原菌的分生孢子梗和分生孢子。花和茎染病，早期出现的水渍状小点，渐扩展呈圆形至长椭圆形病斑，黑褐色，略下陷，扩大至绕梗和绕茎一周时，花朵即死亡。危害叶片时，叶尖焦枯。

［病原］ 为富克尔核盘菌（*Sclerotinia fuckeliana*（de Bary）Fuck.），属子囊菌门

真菌。无性态为 *Botrytis cinerea* Per. ex Fr. 称灰葡萄孢，属半知菌类真菌。

［发病规律］ 病菌以菌核在土壤中越冬，气温 7～18℃、相对湿度高于 88%以上时，在菌核上产生大量分生孢子和菌丝，分生孢子借气流、水滴或园艺操作传播。在塑料棚、日光温室相对湿度常可满足发病的要求，室内气温是该病流行的限制因素，当低于 18℃ 的温度出现的日数多，灰霉病即开始发生，气温 20℃ 以上，湿度下降至 60%左右，灰霉病又慢慢停滞下来。

［防治方法］ ①栽培技术防治：从加强管理入手，做到精心养护。合理调控栽培环境的温、湿度，尤其是早春、初冬低温高湿季节，温室或居室要注意加温和通风，防止湿气滞留，浇水时不要溅到花上。②灰霉病属气传病害，一旦发病要及时清除病残体，为防止病菌分生孢子飞散，把病花或其他带有灰霉的部位先套在小塑料袋中再慢慢剪下来，集中起来烧毁或深埋，可减少菌源。③药剂防护：发病初期喷洒 50% 速克灵可湿性粉剂 1500 倍液，或 50% 扑海因可湿性粉剂 1200 倍液、50%农利灵（乙烯菌核剂）可湿性粉剂 1000 倍液、50%苯菌灵可湿性粉剂 1000 倍液，隔 10 天左右喷 1 次，连续防治 2～3 次。在老芽阶段使用 75%百菌清可湿性粉剂 600 倍液和 50%苯菌灵可湿性粉剂 1000 倍液药效较稳定。如果该病发生较重时，必须在开花前用药于花，7 天后再喷 1 次，但对有颜色的花，苯菌灵有时会留下淡淡的能看见的污迹。对上述杀菌剂产生抗药性的地区可改用 65% 硫菌・霉威（甲基硫菌灵加万霉灵）可湿性粉剂 1200 倍液或 50%多・霉威可湿性粉剂 900 倍液，隔 10 天左右喷 1 次，连续防治 2～3 次。为防止产生抗药性，提高防效，提倡轮换交替或复配使用。

2. 八仙花灰霉病（彩图 34a、34b）

［症状］ 叶缘或近叶缘处产生水渍状、黑褐色病斑，高湿度下腐烂，干时稍有皱缩，灰褐色。嫩茎及芽受害呈暗褐色水渍状腐烂。花瓣受害产生褐色、水渍状病斑。空气湿度高时病部产生灰白色霉状物。

［病原］ 为真菌病害，由灰葡萄孢真菌（*Botrytis cinerea* Pers. ex Fr.）所致。

［发病规律］ 病原菌在病株或病残体等上越冬；由气流或风雨传播。高湿（80%以上）、梅雨季节或夏季连阴雨，温度较低（18～20℃），衰老组织多等利于病害发生或流行。

［防治方法］ ①栽培技术防治：温室通风透光良好，以便除湿降温；及时摘除落花、衰老组织；夏季降温应向地面喷水等。②药剂防护：发病初期喷药。常用药剂有 65%硫菌・霉威可湿性粉剂 1000 倍液，或 65%甲霉灵 1000～1500 倍液，或 50%速克灵 1500 倍液等。发病严重时闭棚喷施 10%灭克粉尘剂，或 5%百菌清粉尘剂，或 10%杀霉灵粉尘剂等，用量为 1kg/亩。

3. 新几内亚凤仙灰霉病（彩图 35）

近年来该病的发生率有上升的趋势。病害使叶片、嫩茎腐烂，甚至使植株死亡。

［症状］　易侵染老叶及衰败的花器。叶片上先出现水渍状暗绿色斑点，扩大后呈灰褐色的近圆形、不规则形的大斑，病健分界处不太明显。在高湿度下，生出灰色霉状物。花器发病，花瓣上有水渍状褪色斑，扩展后导致花朵腐烂。茎杆发病呈褐色湿腐，易折倒。

［病原］　为真菌病害，由灰葡萄孢霉（*Botrytis cinerea* Pers. et Fr.）引起。

［发病规律］　病原菌在病叶、病残体等处越冬；由风雨、水滴滴溅传播。该菌易在衰败的叶及花器上繁殖。在适宜条件下，衰败花器落到叶片上很快引起发病。白色花品种感病。

［防治方法］　①栽培技术防治：喷淋水洗时必须晴天上午进行；秋冬、早春控制室内温、湿度，相对湿度控制在80%左右，连阴天后晴天必须除湿；及时清除发病部位，剪除后放入塑料袋内，如病部已有霉状物，病部套袋后再剪除；及时清除败谢的花和衰老的叶片，减少病菌滋生的机会；养护工作中减少伤口。②药物防护：组培菌移栽后立即喷60%的防霉宝2号水溶性粉剂700～800倍液，在栽培中观察温室温、湿度。结合天气预报在花前喷药，花期最好不喷药。常用药为50%速克灵1500倍液，或50%甲基硫菌灵·硫磺800倍液，或65%甲霉灵1000～1500倍液，或50%灭霉灵900倍液，或抗霉威1500倍液，或65%硫菌·霉威1000倍液。7～10天1次，灭霉病易产生抗药性，防治中常几种药交替使用。

六、变色类

叶部变色一般是由病毒引起的，有些是生理缺素引起的。病毒侵染可引起花叶、斑驳、条纹、条斑等症状，如月季花叶病、水仙黄条斑病等。除此之外，类菌质体可引起花器变绿，称为花变绿或花变叶，如紫菀黄化病。

1. 月季绿瓣病（彩图36）

月季绿瓣病是近年来新发生的病害，在我国南北方均有零星分布。该病引起月季的退化，株形较矮小，花瓣变绿色，花小或不开花。

［症状］　花冠变成绿颜色，或称花叶病，是月季绿瓣病的典型症状。发病植株比同一品种的植株矮小、叶片窄小；花小、花瓣窄小簇生。夏季高温时，花冠较易脱落。

［病原］　月季绿瓣病由植原体（Mycoplasma like organism）所致。菌体为椭圆形或结节状，新形成的个体多为圆球状，直径100～800nm。月季花冠基部和幼嫩叶柄的韧皮部细胞中有大量的植原体细胞存在。

［发病规律］　月季绿瓣病一直被一些园艺业人士称为月季珍品或新品种，从而保存下来，使得该病扩散传播开来。植原体在有病种苗及有病植株内越冬，植原体通过扦插育苗及嫁接传播，至今尚未发现传毒介体。从病株上采条扦插育苗，是造成月季绿瓣病逐年增加的主要原因。

［防治方法］ ①加强检疫，防止有病苗传入无病地区。②从没有任何症状的健株上采条或接穗进行育苗，可以原则上清除绿瓣病。③生长季节勤调查，尤其是春季调查很重要，发现病株立即拔除并销毁。

2. 大丽花花叶病（彩图 37）

［症状］ 感病叶片初期出现图案状花纹，在叶脉和叶脉邻近处变浅白和浅绿色。叶片发育受阻、畸形，植株矮化，花蕾少，花小或不开花。有时病害可隐退，看不到外表症状，但经一段时间又重新显症。

［病原］ 为大丽花花叶病毒(DMV)。蚜虫是本病的传染媒介。

［发病规律］ 此病无主动侵染能力，传播、侵染途径有二种：①昆虫(蚜虫、叶蝉、线虫等)传播；②无性繁殖材料传播。

［防治方法］ 大丽花放叶期如遇干旱，应喷药防蚜。可用 40％乐果 1500～2000 倍液喷洒。

3. 一串红病毒病（彩图 38）

这是目前最严重的病害，全国各地均有分布。发病严重的植株，叶片变小皱缩，花枝变短，花朵变小、褪色，严重影响观赏和节日用花。

［症状］ 主要表现为叶面浅绿或黄绿与深绿相间，形成斑驳状花叶，叶片表面高低不平、皱缩，甚至呈蕨叶状，花朵小，花数少，植株矮小，呈退化状态。

［病原］ 为黄瓜花叶病毒、烟草花叶病毒、一串红黄脉花叶病毒、甜菜曲顶病毒和蚕豆萎蔫病毒。

［发病规律］ 黄瓜花叶病毒可以由蚜虫传播，而且其病毒的寄主范围很广。一串红生长季节正好是蚜虫繁殖旺期，蚜虫与病害的发生有直接的关系。

［防治方法］ 要控制该病的发生和蔓延，灭蚜有一定的作用。同时应清除附近的其他寄主，以减少侵染源。

4. 菊花病毒病（彩图 39）

［症状］ 病株表现症状很不稳定，由于品种、生长期及栽培环境的不同，症状有所差异，往往是几种病毒复合感染，症状有花叶、斑驳、枯斑、坏死、畸形、矮化、黄化等。北京地区秋季发病较重。

［病原］ 有番茄斑萎病毒(TOSWV)、烟草环斑病毒(TRSV)、菊花轻花叶病毒(CVB)、黄瓜花叶病毒(CMV)、烟草花叶病毒(TMV)、马铃薯 Y 型病毒(PVY)以及菊花 B 病毒等几种。

［发病规律］ 病毒没有主动侵入寄主的能力，只能从机械的或传播介体所造成的伤口侵入，多数病毒靠介体蚜虫、叶蝉以及线虫、真菌等传播。另一途径为无性繁殖材料。

［防治方法］　①及时防治蚜虫、叶蝉等刺吸性口器的害虫，喷洒50% 抗蚜威可湿性粉剂2000倍液，注意隔离病株，防止传播。②严重病株要随时淘汰烧毁，清除附近杂草。从无病株上采条作繁殖材料。③防治传毒昆虫，采用黄板或蓝板诱杀传毒昆虫，或喷40%菊马乳油4000倍液，或40%乐果乳油1000倍液，或40%七星宝乳油600～800倍液。④发病多时可试用5%菌毒清可湿性粉剂400倍液，或3.85%病毒必克700倍液，或10%病毒王500倍液，或土施肥士特988菌剂等。

5.矮牵牛病毒病（彩图40）

［症状］　感病植株出现叶斑驳症，形成花叶，颜色有深有浅，常伴有叶卷曲、生长势减弱、花畸形、变小等。

［病原］　矮牵牛花叶病由烟草花叶病毒（TMV）和黄瓜花叶病毒（CMV）引起。

［发病规律］　黄瓜花叶病毒一般由蚜虫传播。若蚜虫越冬基数低，黄瓜花叶病发病较轻。阴雨低温天气，常导致该病大发生。烟草花叶病毒主要通过种子、土壤及栽培作业时的接触传染。气温28～30℃时发病最盛，6～7月若少雨干旱，则利于发病。

［防治方法］　①间接的防治方法是喷杀虫剂防治蚜虫。喷施40%氧化乐果1000倍液。②在栽培作业中，接触过病株的工具和手要进行消毒。

6.百日草病毒病（彩图41）

百日草病毒病在全国各地均有发生。该病常常引起植株矮小、退化，降低观赏性。

［症状］　幼叶上症状明显，常呈黄绿相间的斑块，叶片皱缩不平，植株变矮化，重病株只及健康株的1/3～1/2，花少、花小，单色花上有杂色条斑。

［病原］　引起百日草花叶病的病毒有多种，主要是黄瓜花叶病毒（CMV）、苜蓿花叶病毒（AMV）、烟草花叶病毒（TMV）、番茄斑萎病毒（TOSWV）等。

［发病规律］　引起该病的病毒可以由蚜虫、汁液、种子或蓟马传播，也可由菟丝子等传播。病毒在病株、种子、病残体等处越冬。传毒昆虫密度大，种植密度大，操作工人工作中吸烟等均可加重病害发生。

［防治方法］　①注意田间的卫生管理，根除病株，清除病毒的其他寄主，不从病株采种，以减少侵染源。②防治传毒昆虫，用黄板诱杀蚜虫，用蓝板诱杀蓟马。蓟马可用50%杀螟松乳油1000倍液，或用50%乐果800倍液灌根防治。③药剂防护，参看一串红病毒病。

7.长春花病毒病（彩图42）

该病发生较普遍，病株长势弱，病株较低矮，花色不正，降低观赏价值。

［症状］　病害侵染整株叶片。幼叶上症状明显，出现黄绿色和绿色相间的花叶，叶变窄或发育不对称，叶有些凹凸不平，常卷曲，叶色发暗。花小，花瓣呈碎锦状，病株较矮、弱。

［病原］ 为一种病毒性病害，由黄瓜花叶病毒（CMV）和番茄斑萎病毒（TOSWV）引起。

［发病规律］ 病毒在病株上越冬，由蚜虫、手、工具传播，病苗是扩散传播的主要途径。传毒昆虫虫口密度大、栽种密度大、与其他寄主混栽或相邻种植时病害发生严重。

［防治方法］ ①栽培技术防治：生产中用实生苗繁殖，育苗在温室中进行，避免陆地育苗。种植密度适宜，最好不与其他寄主相邻种植。②防治传毒昆虫：因蚜虫传毒时间短，可用玉米油、矿物油防治，或用黄板诱杀。常用防虫化学药剂有40%乐果乳油1500倍液、50%马拉松乳油1000倍液等。③药剂防护：20%病毒A可湿性粉剂500～600倍液，每7天喷1次，连喷2～3次。

8. 牡丹病毒病（彩图43）

病毒病在牡丹（芍药）上时有发生，植株生长弱、矮化。降低商品价值。

［症状］ 深绿与浅绿相间的花叶是叶片上最常见的症状，后期产生坏死斑；有的叶片扭曲；有的叶片上出现褪绿环斑；有的植株矮化，只及正常植株的1/3～1/2，下部枝条细弱，叶片黄化。

［病原］ 为病毒病，由多种病毒引起。常见的有牡丹环斑病毒（PRSV）、烟草脆裂病毒（TRV）、牡丹曲叶病毒（PLCV）等。

［发病规律］ 牡丹环斑病毒粒体球形，烟草脆裂病毒粒体棒状，体外存活3小时。PRSV由蚜虫传播，TRV由汁液、线虫、菟丝子等传播，PLCV由嫁接传播。

［防治方法］ ①栽培技术防治：新基地最好采用脱毒组培苗，或建立无毒良种繁育基地；及时清除病株并深埋处理；不从可疑病株上采条扦插；及时铲除田间菟丝子等杂草。②土壤消毒：用3%甲基异硫磷颗粒剂（10kg/亩），或3%米乐尔颗粒剂（1.5～2.0kg/亩），或20%益收宝（20g/m^2）等，种前15天消毒，以减少土壤中的传毒线虫。③药剂防护：喷洒7.5%克毒灵水剂，或20%病毒A可湿性粉剂500倍液，或10%的83增抗剂100倍液，或5%菌毒清水剂200倍液。

9. 月季花叶病（彩图44）

世界性病害。减弱月季的生长势。

［症状］ 该病症状表现较多。有的在叶片上出现褪绿曲线状纹带，或呈环形、不定形的斑纹；有的叶片上叶脉褪绿呈明脉状；有的叶片上呈“栎叶图案”；有的叶片上出现黄色斑块等。

［病原］ 可由一种病毒单独引起，也可由多种病毒复合侵染引起。国内常见的有月季花叶病毒（RMV）、苹果花叶病毒（AMV）和南芥菜花叶病毒（AMV）。月季花叶病毒粒体球形，体外存活期6小时；苹果花叶病毒粒体等轴球形，南芥菜花叶病毒粒体

为多面体，体外存活期1～2周。

［发病规律］　不同的病毒传播途径有所不同，南芥菜花叶病毒可通过线虫传播，几种病毒均可通过汁液、种子、接穗和砧木嫁接传播。气温10～20℃、光照强、土壤干旱或植株生长衰弱时，有利于病害的扩展和显症。高温时常常出现隐症或只出现轻型花叶症。

［防治方法］　①栽培技术防治：发现病株应拔除销毁，更不能从其上采条进行扩繁；珍贵品种应进行脱毒组培：在38℃下处理1周，用新长出的部分作外殖体进行组培，脱毒效果较好。②及时防治传毒昆虫：常用药有40％菊马乳油4000倍液，2.5％敌杀死乳油2000倍液等防治蚜虫，或黄板诱杀等；土施3％米乐尔颗粒剂（用量为1.5～2kg/亩）等防治线虫。③药剂防护：可试用下列药剂：10％病毒王可湿性粉剂500倍液，或5％菌毒清水剂400倍液，或20％病毒宁水溶性粉剂500倍液等。7～10天喷1次。

10.美人蕉花叶病（彩图45）

该病发生普遍，连年发生植株矮小，开花少或不开花。

［症状］　苗期、成株均可发病。带毒根茎发芽晚，幼苗生长弱。成株发病叶脉间出现黄色条纹、条斑，或断续的条纹；褪色后期呈褐色坏死，叶片常撕裂。叶片变小而窄；发病重时叶片皱缩不伸展、扭曲；植株矮化、细弱；花少或不抽花苔。

［病原］　为病毒病，由黄瓜花叶病毒（CMV）引起。病毒粒体球形，体外存活3～4天。

［发病规律］　病毒在根茎内越冬；由蚜虫、汁液传播。栽种带毒根茎利于发病；传毒蚜虫虫口密度大、种植密度大、枝叶相互摩擦加重病害发生。

［防治方法］　①栽培技术防治：收获根茎时应剔除地上部表现症状的根茎；种植密度不宜过大，以免相互接触传染；挖掘根茎时手和工具应及时用热肥皂水或3％磷酸三钠溶液，或2％甲醛溶液消毒；感病的黄花品种应与其他品种间作。②防治传毒蚜虫：喷20％康复多浓可溶剂10 000倍液，或40％菊马乳油4000倍液等。③药剂防护：发病初期试喷10％病毒王可湿性粉剂500倍液，3.85％病毒必克700倍液，5％菌毒清400倍液等。7～10天喷1次。

11.马蹄莲病毒病（彩图46）

该病引起球茎退化，叶畸形、花褪色，失去商品价值。

［症状］　该病症状表现较多。一是叶片出现大面积褪绿，呈黄绿色，其上有绿色条斑和斑纹，叶缘呈波浪状皱缩，叶扭曲；二是叶片严重畸形，呈细带状；三是彩色花褪色变白，花畸形。

［病原］　由芋花叶病毒（DMV）和番茄斑萎病毒（TSWV）等引起。

［发病规律］　病毒在病株内越冬及越夏；由汁液、蚜虫、蓟马等传播。潮湿、闷热、

栽植过密、传毒昆虫虫口密度高等发病重；以病株球茎进行繁育发病更重。

［防治方法］ ①栽培技术防治：栽种密度适宜，以免病健株之间相互接触传病；有症状植株球茎一律销毁，珍贵品种发病轻时应隔离种植；温室常通风换气除湿降温；使用过的工具等进行消毒。②防传毒昆虫：用黄板、蓝板对蚜虫及蓟马进行诱杀；喷药防治昆虫：蚜虫用 50％抗蚜威可湿性粉剂 2000～3000 倍液，50％马拉硫磷或 40％乐果乳油 1000 倍液等。蓟马用 40％七星宝乳油 600～800 倍液，50％乙酪甲胺磷乳油 1500 倍液等。7～10 天喷 1 次。

12. 仙客来病毒病（彩图 47）

该病是世界性病害，在我国也普遍发生。病害引起植株矮化，花少或不开花，或形成畸形花等。

［症状］ 病害症状复杂。一是叶片受害：叶片上有黄色与绿色相间的斑块——花叶；叶变得凹凸不平，增厚，质地变脆，叶片反卷，叶缘有锯齿状裂刻；叶脉上生有耳状突起。二是花器受害：花瓣上有杂色条纹，花瓣长短不齐；花少、花小。全株矮化，球茎变小。

［病原］ 为病毒病害，由黄瓜花叶病毒（CMV）、烟草花叶病毒（TMV），或与其他病毒复合侵染引起。

［发病规律］ 带毒种球是病害传播的主要途径；汁液、媒介蚜虫和种子也可传播，种子传播率达 80％以上。虫口密度大，氮、磷、钾配比失调，从病株上采种等均有利于病害发生。引进种子第二代苗木发病重。

［防治方法］ ①栽培技术防治：栽种脱毒组培苗，用球茎、叶尖、叶柄等组织作组培苗比实生苗发病轻得多；种子进行热处理，以脱除病毒。一般以 70℃的高温干热处理，处理时间和种子处理时的适宜含水量都应预先试验。氮、钾肥比率相近，磷肥少施；不从病株上采种。②传毒昆虫防治：参看牡丹病毒病。③种球消毒：病球茎或可疑球茎浸泡在 10％磷酸三钠溶液中 15 分钟，或 72％丛毒灵 30 倍液中浸泡 30 分钟，晾干后播种。

七、煤污病类

主要由子囊菌亚门中的煤污菌和某些半知菌引起。有病叶片被黑色的煤粉状物所覆盖，有的煤污层在叶片上覆盖牢固，有的则易脱落。煤污病与蚜虫等小虫的为害关系密切，与寄主自身的分泌物也有关系，影响了寄主的光合作用，削弱植物生长，降低植物的观赏性。

1. 福建茶煤污病（彩图 48）

该病减弱光合作用，影响生长与观赏。病重时全株枯死。

［症状］ 发病初期在蚜虫排泄物上产生小的煤污斑，扩大后连成一片覆盖在叶片

上，煤粉层厚，黑色。病重时枝条上也布满煤粉层。

［病原］　为真菌病害，由山茶烟煤(*Fumago camelliae* Catt)引起。分生孢子梗及其孢子均为暗色；分生孢子为8联状的小团，形态及大小不一的菌常伴生。

［发病规律］　病菌在病部或其他寄主上越冬；分生孢子由风雨、蚜虫、介壳虫等传播。高温高湿，通风不良，蚜虫等虫口密度大均有利于发病。蚜虫、介壳虫、白粉虱是诱发该病的关键因素。

［防治方法］　①防治蚜虫、介壳虫、白粉虱达到防病目的：常用药有花保100倍液，或40％速扑杀乳油1500倍液，或20％康复多浓可溶剂10 000倍液，或40％扑虱灵可湿性粉剂，或2.5％天王星乳油2000倍液等。10～15天喷1次。②栽培技术防治：生长期进行整形疏剪，同时剪去滋生虫害的徒长枝、虫为害枝；温室经常通风透光，以便降温除湿。

2. 桂花煤污病(彩图49)

该病影响观赏和桂花生长。

［症状］　发病初期叶片上出现放射状小煤粉斑，扩展后煤粉层覆盖叶的大部分或整叶易剥离；病重时嫩枝也变为黑色。

［病原］　为山茶小煤炱(*Meliola camelliae* (Catt.) Sacc.)和富特煤炱(*Capnodium footii* Berk. et Desm)，属子囊菌门真菌。

［发病规律］　病菌以菌丝体和分生孢子器在病残体上越冬，翌春在霉层上产生孢子，随风雨传播，孢子落在粉虱、蚜虫或介壳虫分泌物上后生长繁殖，并通过害虫传播。

［防治方法］　①栽培技术防治：及时、适量修剪，保持通风透光良好，雨后及时排水，增强树势，预防发病。②防治蚜虫、介壳虫、白粉虱达到防病目的。③生长季节喷洒0.7％石灰半量式波尔多液或30％绿得保悬浮剂500倍液。

八、叶畸形类

叶变形病主要发生在木本观赏植物上。该类病害数量不多，但病原物侵染寄主的绿色部位，引起早落叶、早落果。发病严重时引起枝条的枯死，削弱树势，容易遭受低温的危害。叶变形主要是由子囊菌亚门中的外子囊菌及担子菌亚门中的外担子菌引起。症状明显，一般情况下，病原菌侵入寄主后刺激寄主组织增生，使叶片肿大、加厚、皱缩，果实肿大，中空呈囊果状物。

1. 杜鹃花叶肿病

杜鹃花叶肿病危害杜鹃花和杜鹃花属的多种植物，对杜鹃花苗的危害较重，春鹃发病率可达44％。

［症状］　对杜鹃花嫩枝、梢、叶片、幼芽和花均可危害。叶片受害后边缘或全叶肿大肥厚，随后形成瘤状或半球状肉质菌瘿，呈黄褐色至红褐色，表面生有一层白色粉状

物。嫩枝受害后亦肿大增粗成肉质菌瘿，影响抽梢。花受害后，花瓣增厚变硬呈肉质或蜡质瘤，不能开花。后期，菌瘿变褐，枯萎脱落，病芽、病花均枯死。

［病原］ 为半球状外担菌（*Exobasidium hemisphaericum* Shirai），担子菌亚门、层菌纲、外担菌目。

［发病规律］ 以菌丝体在病残体上越冬，翌年日平均气温升到 10℃左右、相对湿度达 80%以上时，即开始产生担孢子。担孢子随风雨传播，侵染幼叶、嫩梢或花瓣。半个月后，病部开始变色枯萎，25 天左右病叶完全枯萎脱落。3 月下旬至 4 月上、中旬是第一次发病高峰期，9 月下旬为第二次发病高峰期。

［防治方法］ ①选用抗病品种。②春、秋二季摘除并销毁有病组织，冬季将杜鹃园的残体及时清除并集中销毁。春季盆栽杜鹃移出温室后，应放置在通风、透光处，不宜摆放过密，应降低温度。③在 3 月上旬和 9 月中旬，喷 15%粉锈宁可湿性粉剂 1500 倍液，或 80%代森锌可湿性粉剂 800 倍液，或 50%退菌特可湿性粉剂 500 倍液。

2. 桃缩叶病

缩叶病引起早期落叶，减少新梢当年的生长量，影响当年及次年的开花。发病严重时，树势衰弱，容易受冻害。

［症状］ 缩叶病主要危害叶片，嫩梢、花、果也可以受侵害。病叶呈波纹状皱缩卷曲，叶片由绿色变为黄色至紫红色，叶片加厚，质地变脆。春末夏初，叶片正面出现一层灰白色粉层，即病原菌的子实层，有时叶背病部也出现白粉层。病叶逐渐干枯、脱落。嫩梢发病变为灰绿色或黄色，节间短，有些肿胀，病枝上的叶片多呈丛生状、卷曲，严重时病枝梢枯萎死亡。

［病原］ 为畸形外囊菌（*Taphrina deformans* (Berk.) Tul.），子囊菌亚门、半子囊菌纲、外子囊菌目、外囊菌属。

［发病规律］ 病原菌以厚壁芽殖孢子在树皮、芽鳞上越冬或越夏，于次年的春季侵入嫩叶。孢子由气流传播；孢子自气孔或上下表皮侵入。病原菌菌丝体在寄主表皮下或在栅栏组织的细胞间隙中蔓延，刺激寄主组织细胞大量分裂，胞壁加厚，使叶片呈现皱缩卷曲症状。

［防治方法］ ①早春喷洒农药是防治桃缩叶病的关键时期。桃芽膨大抽叶前，喷洒波美 3～5 度的石硫合剂，或 160 倍的等量式波尔多液。②桃树落叶后喷洒 3%的硫酸铜液，以便杀死芽上越夏、越冬的孢子。发病初期，在子实层未产生前及时摘除病叶，剪除被害枝条，并集中销毁。

九、花腐类

1. 菊花花腐病（彩图 50）

［症状］ 有病花芽从部分变黑褐色至整芽变黑、腐烂，可蔓延至花梗，引起芽脱

落。花冠多从一侧发病，部分花瓣在未发育完全时即变暗褐色，使花冠畸形。花梗变黑腐烂，引起花冠倒挂。茎上病斑呈条状、黑色。切花在外运过程中烂花。

［病原］　由菊花壳二孢真菌（*Ascochyta chrysanthemi* F. L. Stev）所致。病原菌分生孢子双细胞，无色。有性态为 *Didymerella chrysanthemi* (Tassi) Gar. & Gul. 即菊花黑斑亚隔孢壳。

［发病规律］　病原菌在病部或病残体上越冬；由风雨或水滴滴溅传播，病切花等作远距离的传播；该病有潜伏侵染现象。连阴雨持续时间长，栽种密度过大，外运管理粗放，湿度大，切花生活力变低等利于发病。

［防治方法］　①加强检疫：对进口的切花、插条等严格检查，发现有病材料立即销毁；名贵品种材料应在检疫圃内栽种一年后无病放行。②应采取滴灌，禁止喷淋式浇水；温室通风良好以利除湿；发现病株立即做深埋处理。③药剂防护：发现病情立即喷药。常用药有 50%杀菌王可湿性粉剂 1000 倍液，或 50%苯来特可湿性粉剂 1000 倍液，或 75%达克宁可湿性粉剂 700 倍液，或 80%喷克可湿性粉剂 600 倍液等。10 天左右喷 1 次。

2. 香石竹花腐病（彩图 51）

该病是鲜切花运输途中及货架上常见的病害，可造成重大损失。

［症状］　花扎中的少量花瓣上先出现浅褐色斑块，扩展后为水渍状腐烂，再扩展到其他花瓣上，引起整朵花腐烂；花托萼片上有褐色病斑，引起花冠上花瓣散落。

［病原］　经初步鉴定该病为真菌病害，由以下几种真菌引起，常见的有灰葡萄孢霉（*Botrytis cinerea* Pers. ex. Fr.）、一种根霉（*Rhizopus* sp.）及一种镰孢菌（*Fusarium* sp.）。

［发病规律］　病原菌潜伏在切花上成为初侵染源；切花经运输和长时间水抽后生活力弱，病害发生出来；病菌由病、健花接触传播。

［防治方法］　该病主要由药剂控制。鲜花剪切前应喷 1 次 50%多菌灵 800 倍液，或 36%甲基硫菌灵 600 倍液，或 50%扑海因 1500 倍液，或 65%甲霉灵 1000～1500 倍液。干后剪花分装运输。

第十三章　园林植物茎秆病害

第一节　园林植物茎秆病害概况

一、病原及症状类型

茎秆病害对园林植物危害性很大，花木的枝条、主干受害后往往直接引起枝枯或全株枯死，对于一些名贵花卉和古树名木有时造成不可挽回的损失。菊花和香石竹的枯萎病、鳞茎和球根花卉的茎线虫害，都是园林植物著名的病害。引起茎秆病害的病原，几乎包括了生物性病原和非生物性病原等各种因素。如真菌、细菌、类菌质体、寄生性种子植物和茎线虫等生物病原，都能危害花木的茎秆，当然其中仍然以真菌病害为主。非生物病原中如高温引起的日灼伤、低温引起的冻裂伤和枯梢等较为常见。

茎秆病害的症状类型主要有：腐烂及溃疡、枝枯、肿瘤、丛枝、带化、萎蔫、立木腐朽、流胶流脂等。不同症状类型的茎秆病害，发展严重时，最终都能导致茎秆的枯萎死亡。

二、侵染循环的特点

引起园林植物茎秆病害的病原物可以在感病植物的病斑内、病株残体上、转主寄主以及土壤内越冬，这些越冬场所都是病害重要的侵染来源。病原物的侵入途径因其种类而异，真菌和细菌大多通过茎秆表面的各种伤口、坏死的皮孔侵入寄主；有的病原菌还需要在寄主的死组织上过一段腐生生活，然后才渡到活组织中侵染为害。有的锈菌是通过松树针叶侵入树干皮层为害的；寄生性种子植物是直接穿透茎秆皮层组织侵入寄主的；类菌质体只能通过极轻微的伤口侵入寄主植物。

茎秆病害的病原物多借风雨和气流传播，如皮层腐烂病和溃疡病及枝干锈病菌；类菌质体和松材线虫及某些真菌可借昆虫介体传播；寄生性种子植物，可由土壤或鸟传播；带病植株和鳞茎、球茎等繁殖材料，是病害远距离传播的主要媒介。

茎秆病害的潜育期通常较叶、花、果病害长，一般多在半个月以上，少数病害可长达 1～2 年或更长时间。腐烂病和溃疡病还有潜伏侵染的特点。

三、茎秆病害的防治原则

园林植物茎秆病害的防治常因病原物的习性与病害的特点而异，通常可采用以下措施：

1.清除侵染来源

剪除病枝、拔除病株、铲除枝干锈病的转主寄主，是减少和控制侵染来源的重要手段。防治介体昆虫也是极为重要的。

2.改善养护管理措施，增强花木生长势，提高抗病力

对于一些死养生物引起的茎秆病害，如杨树腐烂病、溃疡病和因气温不适宜引起的日灼和冻伤等，都是行之有效的。

3.药物防治

可用化学药剂和生物制剂涂刷病斑。为提高防治效果和节省用药量，通常先刮除病部组织再行涂药。少数珍贵的木本花卉和树种还可采用注射药液的方法，如美国用注射苯来防治榆树枯萎病。这种局部涂药和注射药剂的方法，在其他类型的病害中是很少使用的。

4.选育抗病品种

在茎秆病害的防治上，选育抗病品种是很有前途的。我国泡桐丛枝病和木麻黄青枯病，在自然界均有抗病性较强的品种和类型。防治榆枯萎病，目前主要着重研究抗病育种的方法，如中国榆是抗枯萎病的。园林植物种类及品种繁多，选育抗病品种来防治某些严重的茎秆病害是一个良好的途径。

第二节　园林植物茎秆病害及防治

1.泡桐丛枝病（彩图52）

[症状]　病害发生时多发生在个别枝上，腋芽和不定芽大量萌发，丛生许多细弱小节，节间变短，叶序紊乱，叶小、黄而薄，有不明显的花叶状，有时有的叶片皱缩。病枝上的小枝可抽出小枝，如此可重复数次，至秋天常簇生成团，小枝愈来愈细弱，叶也愈来愈小，外观似鸟巢。小枝多直立，冬季落叶后呈扫帚状。小枝冬季常枯死，次年又发生更多的小枝。

[病原]　泡桐丛枝病由植原体所致。植原体圆形或椭圆形，直径约200～820nm。

[发病规律]　用实生苗繁殖的泡桐幼树发病率较低，成片的及行道树的发病率较高。病害可以通过带病的种根、病苗的调运而传播。已证明烟草盲蝽（*Cyrtopeltis fenuis*）和茶翅蝽（*Halyomorpha picus*）是传病的媒介。有时，泡桐受侵染后，可以不表现症状（隐症）。

[防治方法]　发病初期，对表现出症状的丛生枝条及时锯掉或对老病枝进行环剥可减轻病害程度。用50℃的水浸种根10～15分钟可减少幼苗发病。泡桐发病后，除

及时修除或环剥病枝外，也可用四环素等抗生素治疗。其方法如下：1～2年生幼苗可用针管插入髓部，徐徐注入1～2万单位1ml的四环素液；大树可先在干基部或丛枝基部打洞，插入针管，徐徐注入药剂。幼苗注射15～30ml即有明显效果。5～6月对传病媒介昆虫进行药剂防治。

2. 菊花枯萎病（彩图53、54）

该病发生比较普遍，有毁灭性的危害。

[症状] 为全株性病害。常常是植株的一侧枝条或整株萎蔫，继而枯萎；茎基表皮有黑色条纹，茎基部有时裂开，维管束变褐；挖出根部呈褐色腐烂。在湿度大的条件下，病部产生白色菌丝。

[病原] 为一种真菌病害，由尖镰孢菊花专化型（*Fusarium oxysporum* Schl. f. sp. *chrysanthemi* Snyder et Hansen）引起。

[发病规律] 大型分生孢子纺锤形或镰刀形，多数为3个分隔；小型分生孢子多、肾形，0～1个分隔；厚垣孢子球形、椭圆形，单生、双生。病菌在病残体上、土壤中越冬，厚垣孢子可存活多年；分生孢子由水流、土壤及苗木传播；伤口有利侵入。夏季高温（24～32℃）、雨后排水不良或盆中积水，氮肥偏施，土壤偏酸，伤口多等都利于病害发生。

[防治方法] ①栽培技术防治：选择透水性好的地块栽种菊花，黏性土可掺沙子调配；酸性土应用生石灰调至中性；雨后及时排水；从健康植株上采条扦插繁育；轮作，间隔期2～3年；施用生物肥或腐熟有机肥作基肥等。②土壤消毒：常用药剂有90%敌克松（3～4g/m^2）、40%拌种灵粉剂（8g/m^2）、30%土菌消水剂（3～6ml/m^2）等，旧盆钵可用开水烫或暴晒几天。③药剂防护：发现病害立即喷灌20%抗枯灵500～600倍液、23%络氨铜水剂250～300倍液、50%琥胶肥酸铜可湿性粉剂350倍液、50%杀菌王水溶性粉剂1000倍液等。药液渗入到根区土层效果好。拔除病株后，病穴土壤也可用上述药剂浇灌消毒。

3. 郁金香青霉病（彩图55）

该病是我国近年来引进郁金香球茎常携带入境的病害。发病率高。种到田间后，根颈部发病腐烂，导致全株发病，威胁着郁金香的栽培。

[症状] 栽培初期，幼芽或幼叶上出现水渍状病斑，病部常被以蓝绿色霉层，组织腐烂。贮藏期鳞茎发病，剥掉鳞片，鳞茎上出现褐色斑点，略凹陷，在潮湿条件下，鳞茎上出现有蓝绿色霉层。病鳞茎长出的植株生长不良，严重时全株枯死。

[病原] 由圆弧青霉（*Penicillium cyclopium* Wistl.）和丛状青霉（*P. crymbigerum*）所致。

[发病规律] 病原菌在病残体、土壤等处越冬；孢子由空气、水流传播；伤口侵入。伤口多时发病重；贮藏场所、装运工具消毒不好，鳞茎挖掘过早、过迟可促进病害发生；

贮藏场所阴湿加剧发病。

[防治方法] ①鳞茎挖掘要适时，半月前停水，晴天挖。②挖掘后对鳞茎进行暴晒处理，在栽植前均可用50%多菌灵可湿性粉剂，或50%苯来特可湿性粉剂浸泡30分钟，晾干。③贮藏场所及贮运工具要彻底消毒；贮藏环境要求通风良好，温度、湿度要适宜，避免阴冷、潮湿。④栽种前应剔除病球茎，最好除去鳞片检查；栽植密度要合适，以利通风透光，使叶面等器官保持干燥，使温室顶棚无冷凝水聚集。

4. 百合茎腐病（彩图56）

百合上常见的病害。以危害根茎处为主，病轻者生长发育不良，病重者倒伏、枯死，严重影响切花产量和质量。

[症状] 主要侵害近地面的根茎处，也侵害叶片、花及鳞片。发病初期，根茎处出现浅褐色水渍状病斑，沿茎秆纵向扩展，湿状腐烂，发病部位缢缩、暗褐色，植株倒伏、枯萎。在倒伏前，病斑上部的茎变萎蔫、弯曲下垂。叶受侵染时，病斑水渍状浅褐色，向叶尖扩展。潮湿条件下，病斑表面有薄的白色霉层。

[病原] 由恶病霉（*Phytophthora cactorum* (Leb. et Cohn) Schrot.）所致。

[发病规律] 病原菌在病残体的土壤中越冬；孢子由水流传播，有病鳞茎作扩散传播。该病原菌孢子萌发适温为20～23℃，排水不良、地下水位偏高、春季多雨病害重。低洼积水，鳞茎伤口多易发病。

[防治方法] ①选择排水好、地势高的土壤种植百合；高畦栽种；轮作；挖掘鳞茎时避免伤口，晴天暴晒，促进伤口愈合；田间发现病株立即拔除并销毁；病穴用敌克松药液浇灌。②用70%五氯硝基苯粉剂或75%敌克松可湿性粉剂处理，用量分别为5～10g/m^{2}和4～6g/m^2。

5. 鸢尾软腐病（彩图57）

主要危害块茎，严重时植株枯死。德国和澳大利亚鸢尾发病较多。此外，还危害大丽花、菊花等。

[症状] 初期出现水渍状病斑，逐渐变色腐烂。严重时，叶片基部腐烂、干枯，块茎和植株基部呈褐色黏液状物，并有臭味。

[病原] 该病为细菌病害，由欧文氏菌胡萝卜软腐病变种[*Erwinia carotovora* Subsp. carotorora(Jones) Bergey et al.]引起，菌体短杆状，革兰氏染色阴性。

[发病规律] 在病株残体上越冬。生长季节均可侵染发病，主要借雨水、灌溉水及地下害虫传播，多从伤口侵入。春季植株感病后，能繁殖大量细菌，成为多次侵染的病源。

[防治方法] ①减少连作，注意换土和土壤消毒；注意排水，合理灌溉；注意通风，保持植株基部干燥。②不用带菌的根状茎作繁殖材料。③发现病株及时拔除烧毁，并用

20%的石灰乳或每平方米用508～1008漂白粉消毒土壤。④初发病期向植株基部喷洒1∶1∶100的波尔多液或100～150单位农用链霉素。每隔半月1次,连喷2～3次。

6. 仙人掌类茎腐病（彩图58）

茎腐病是仙人掌类观赏植物普遍而严重的病害,我国厦门、福州、汕头、济南、天津、乌鲁木齐等城市危害较为严重。茎腐病是仙人掌、仙人球、霸王鞭、麒麟掌、量天尺等多种植物的常见病害,常引起茎部腐烂,最后导致全株死亡。

[症状] 病害多发生在茎基部,可向上逐渐蔓延,也能发生在上部茎节处。初期茎肉组织腐烂失水,剩下一层干缩的外皮,或病部组织腐烂后仅残留一个髓部。最后全株死亡。病组织上出现灰白色或深红色霉状物,或黑色粒状物,即为病菌的子实体。

[病原] 目前我国已知的有3种：尖镰孢（*Fusarium oxysporum* Schlecht.）,茎点霉菌（*Phoma* sp.）及大茎点菌（*Macrophoma* sp.）,三者均为半知菌亚门。尖镰孢属于丝孢纲、瘤座孢目、镰孢霉属（镰刀菌属）。

[发病规律] 不同病原菌越冬形态不同。尖镰孢菌以菌丝体和厚垣孢子在病茎残体上或土壤内越冬;茎点霉菌及大茎点霉菌则以菌丝体和分生孢子器在病茎残体上越冬。由风雨、灌溉水传播,带病茎节是远程传播源。病菌主要通过昆虫、嫁接及其他因素造成的伤口侵入茎节,偏施氮肥或施用未充分腐熟的肥料（厩肥）均有利于病害的发生。尖镰孢菌生长的最适温度为25～30℃,因此,在高温高湿的温室内植株发病最严重。由茎点霉菌引起的仙人掌茎腐病,在天津以5～6月发生较严重。

[防治方法] ①用无菌土壤作栽培土是防治该病的关健。合理施肥,并用充分腐熟的厩肥料作基肥。温室通风要良好。②被病菌污染的土壤应经过消毒处理后方可作栽培用。可用苯来特、多菌灵或福尔马林等处理土壤。若用福尔马林,应先覆盖熏蒸,揭去覆盖物,待药味完全挥发后才能种植。③定期对植株喷洒50%多菌灵500倍液,或20%抗枯灵500倍液,或20%甲基立枯磷乳油1200倍液,或70%敌克松800～1000倍液,也可用70%托布津800倍液涂病斑。

7. 四季海棠茎腐病（彩图59）

[症状] 受害植株在靠近土面的茎基部初生暗色斑点,扩大后呈棕褐色,收缩腐烂。病菌侵染叶片引起暗绿色水渍状圆斑;侵染叶柄则呈褐色腐烂。潮湿时在病斑处可见白色丝状物,严重时病株倒伏。

[病原] 为立枯丝核菌（*Rhizoctonia solani* Kuhn）,病菌不产生孢子,以菌丝侵入传播。菌丝初期无色,后期淡褐色。腐生性较强。

[发病规律] 病菌习居土壤或病残组织内越冬。气温适宜（20～24℃）,湿度较大,有利于病菌生长繁殖。海棠分株或扦插繁殖时造成伤口,或在阴雨天气浇水过多,泥土积水时易被病菌侵害,引起病害严重发生,植株腐烂死亡。

［防治方法］ ①选用有机质丰富的新土或经晒干后颜色较深、质地坚实、碎泥时泥粉较少的塘泥及河泥作栽培土，最好不用旧盆土。施用的基肥要充分腐熟。②加强田间管理。空气湿度大时少浇或不浇水，以保持盆中泥土湿润为度。少施氮肥，多施磷、钾肥，及时摘除下部接触土壤的病叶、老叶并销毁。③发病后喷施65%敌克松600～800倍液，或高锰酸钾1200～1500倍液。

8. 大丽花青枯病（彩图60、61）

［症状］ 根和块根被病菌侵染后变褐腐烂，地上部叶片萎蔫，下垂枯死。横切病根、茎，木质部呈黄褐色，并有细菌脓液溢出。

［病原］ 为青枯病原菌（*Pseudomonas solanacearum* E. F. smith）。

［发病规律］ 病菌可在病株残体或土壤中腐生，在高温、高湿的环境条件下则大量繁殖，遇寄主便从伤口侵入。高温多雨季节移栽时，若土壤或肥料带有青枯病菌，最易发病和严重受害。

［防治方法］ ①加强检疫，培育无病苗，避免在病区选择繁殖材料。②不要用发生过此病的土壤种植。③加强苗木管理，避免产生伤口。淋水要适当，并要防止病区灌溉水流向健株。发现病株应拔除烧毁。④发病期间喷洒0.2%高锰酸钾液或100～200单位农用链霉素、土霉素，并适当增施钾肥。

9. 一串红疫病（彩图62）

该病主要侵害一串红的茎和枝条，是一种常见的毁灭性病害，一般损失可达20%～30%，严重时死亡率达50%左右。

［症状］ 该病多发生在距地面1～2cm的茎节或分杈处。病部为不规则暗绿色水渍状斑块，病斑向上扩展快达茎中上部，病部变黑，其上部枝叶变黄、枯萎。叶片受害时叶缘、叶基部形成不规则形或近圆形的水渍斑。潮湿条件下，发病部位有稀疏的白色霉层。

［病原］ 为一种真菌病害，由寄生疫霉（*Phytophthora parasitica* Dast.）引起。

［发病规律］ 孢子囊球形或宽卵形，乳突明显；厚垣孢子球形，卵孢子球形，无色至浅黄色。病菌以卵孢子在土中病残体上越冬，可存活多年；孢子由水流和风雨传播，潜育期短。发病时有明显的发病中心株。高温（28℃）、高湿（90%以上）最易发病。当发病中心株出现后，旬降雨量为100mm以上，且有大暴雨时病害会大发生。地势低洼、排水不良、种植密度大、太阳直射及喷淋式浇水，均会加重病害发生。北京、上海、昆明地区7～8月发病重。

［防治方法］ ①栽培技术防治：避免喷淋浇灌，雨后及时排水降湿；不偏施氮肥；种植密度适宜。②土壤和旧盆钵的消毒：病土及旧盆钵可用70%五氯硝基苯（5～10g/m²），或90%敌克松（2～3g/m²），或上述药剂的500倍液消毒。中心病株拔除后，

用70～80倍的66.5%普力克水剂浇灌消毒。③药剂防护：根据雨季天气情况可预先喷27%铜高尚悬浮剂600倍液；发病后可喷72%克露可湿性粉剂，或霜脲锰锌可湿性粉剂800倍液，或69%安克锰锌可湿性粉剂800倍液，或64%杀毒矾400～500倍液等。10天喷1次。

10. 翠菊黄化病(彩图63)

该病使翠菊丧失商品价值。

[症状] 为全株性病害。病株顶芽生长受抑制，腋芽发出许多枝条，呈丛枝状；叶片变细、变小，叶柄细长与枝条夹角小，叶呈"直立"状，叶色发黄；花小、有色，花常变为绿色；病重时株矮，不开花。

[病原] 为植原体病害，由翠菊植原体(*Aster yellows phytoplasma*)引起。植原体在筛管细胞中为非螺旋体。

[发病规律] 该病在多年生其他寄主内或杂草中越冬；由二点叶蝉传播；潜育期10天左右(25℃)，10℃以下无症状出现。天气温暖且传毒叶蝉多、野生寄主(苦苣菜、大车前等)多，发病重。

[防治方法] ①栽培技术防治：及时铲除田间杂草(大车前、蓬、苦苣菜等)及病植株；加强水肥管理培育，培育壮苗，提高抗病性。②防治传毒叶蝉：发现叶蝉喷40%速扑杀乳油1500倍液、50%马拉硫磷乳油1000倍液、10%安绿宝乳油1500倍液等。

11. 竹斑枯病(彩图64)

该病影响竹子的生长或引起竹子的枯死。

[症状] 竹竿上先出现褪绿小斑块，上下扩展快，呈长条状斑、黄褐色，长度达5～20cm或更长，但扩展受竹节的限制；发病后期病斑中央灰白色或浅褐色，斑缘较宽约0.5mm；其上密生黑色小点粒，小点粒扁平、开口较大。

[病原] 为真菌病害，初步鉴定由一种明二孢(*Diplodina* sp.)引起。

[发病规律] 分生孢子器埋生在表皮下，后外露器，壁厚，黑色；分生孢子双细胞，无色。病原菌在病部或病残体上越冬；由风雨传播。北方的竹林易受害。郁闭度小的或林缘的竹子易发病；高温、高湿或多雨有利于发病，太阳直射等加重发病。

[防治方法] ①栽培技术防治：北方地区新栽的竹林或郁闭度小的竹林在高温季节应适当地遮荫；增施有机肥，提高竹林的抗病力；及时剪除病枝条，减少病菌来源；北方地区应把竹林栽植在西墙一侧，避免强光直射。②药剂防护：一般不防，必要时喷药或涂药。常用药有5%菌毒清水剂400倍液、70%甲基托布津800倍液、75%百菌清600倍液、50%多菌灵600倍液等。

12. 橡皮树枯梢病(彩图65)

[症状] 橡皮树枝杆上表皮先出现浅褐色病变，逐渐扩展为不规则形病斑，黑褐

色，斑缘浅褐色，稍凹陷，当病斑环割枝杆后其上部逐渐萎蔫、枯死；发病后期病部变为灰褐色，其上着生黑色小点粒。

［病原］　由一种盘多毛孢真菌（*Pestalotia* sp.）所致。

［发病规律］　病原菌在病部或病残体上越冬；由风雨或水滴滴溅传播；从皮孔、伤口侵入。高温、多雨或高湿度持续时间长，喷淋式浇水，植株生长不良，伤口多等利于发病。

［防治方法］　该病由栽培措施控制。加强肥水管理，拒绝喷淋式浇水，施长效复合肥，盆中无积水；在租摆运输、搬动中动作要轻，减少伤口。

13. 马拉巴栗（发财树）茎腐病（彩图 66）

该病发生广泛，是发财树上的一种毁灭性病害。

［症状］　茎秆的任何部位均可受侵害，伤口处发病最多。发病之初茎秆上出现水渍状，暗绿色病斑，病部表皮略肿胀，茎秆枯死后干缩多呈浅褐色至灰白色，老病斑表皮易撕裂，呈纤维状。剥去病皮，木质部有褐色病斑。茎秆顶端伤口处发病则往往引起嫩梢枯死。发病后期病部密生许多小黑点粒。

［病原］　由一种色二孢（*Diplodia* sp.）和奇异根串珠霉（*Thielaviopsis paradaxa* (Deseyn) Hohn）引起。

［发病规律］　色二孢孢子器球形，黑褐色；分生孢子椭圆形，初无色后为深褐色，有一隔膜。奇异根串珠霉分生孢子壁厚，有时有一纵缝；瓶梗型孢子链生，圆柱形，初无色，后为浅黄色或金黄色。病原菌在病组织内或土壤内越冬，厚垣孢子存活时间长；由风雨或水滴滴溅传播；伤口利于侵入。高湿、多雨，干燥，植株生长不良，伤口多或搬运中的伤口等利于发病。

［防治方法］　①加强检疫：这是预防该病的重要措施。经销商购苗木时应向省级检疫部门报检。有病苗木必须立即销毁。②栽培技术防治：装、卸车要小心，减少伤口；发病茎秆应及时发现并剪除，用油漆或杀菌剂保护伤口；卸车后先放在通风温暖处养殖几天，以利伤口愈合，或喷施药剂和叶肥，以利植株生长。③药剂防护：发病初期喷 50%杀菌王水溶性粉剂 1000 倍液，或 50%多菌灵、75%百菌清可湿性粉剂 600 倍液，或 50%硫悬浮剂 600 倍液，或农抗 120 水剂 100 倍液等。10 天喷 1 次。

14. 石斛镰孢菌茎腐病（彩图 67）

该病影响石斛的生长和商品价值。

［症状］　病害主要发生在叶柄及假鳞茎茎节处，或花梗基部，病部变褐坏死。剖开病茎，维管束产生褐变，病害严重时全株枯死。

［病原］　由真菌尖孢镰刀菌（*Fusarium oxysporum* Schl.）所致。

［发病规律］　病原菌在病残体或病株上越冬；由水滴滴溅或风雨传播；伤口有利

于侵入。石斛长途运输后生长较弱，或管理粗放；高温、高湿或连阴雨天气等有利于病害发生。春季至秋季易发病；老茎易发病；品种之间抗病性分化明显。

［防治方法］ ①栽培技术防治：石斛在贩运之前应喷1次30％碱式硫酸铜400倍液，或80％绿宝2号(多腐锌)800倍液等；卸车后石斛应放在通风良好处养护几天，之后喷1次液面肥。②药剂防护：发病之初喷药。常用药有50％根腐灵可湿性粉剂800倍液，或20％甲基立枯磷1200倍液，或50％苯菌灵1000倍液等。发病初期也可浇灌20％抗枯灵水剂400～600倍液，或10％双效灵200倍液，或12.5增效多菌灵200～300倍液等。

15.向日葵疫病(彩图68)

该病影响植株生长或引起整株枯死。

［症状］ 茎秆各部位或枝干分叉处先出现水渍状、褐色斑块，上下扩展快，呈长条斑，长达5～20cm；当病斑绕茎一周时其上部分干枯而死。在高湿度条件下病部出现少量白色菌丝体。

［病原］ 为真菌病害，由一种疫霉(*Phytophthora* sp.)引起。

［发病规律］ 病菌在病残体上及土壤中越冬；由水流传播。连阴雨天过后天气闷热，种植密度大，通风不良等有利于发病。

［防治方法］ ①栽培技术防治：彻底清除病残体；雨后及时排水；轮作，间隔期3～4年。②土壤消毒：90％敌克松，用量为3～4g/m^2，30％土菌消水剂，用量为3～6ml/m^2(加3L水喷洒土壤)，或50％杀菌王水溶性粉剂800～1000倍液。③药剂防护：发病初期喷药。常用药剂有50％杀菌王水溶性粉剂1000倍液，或40％疫霉灵可湿性粉剂120～200倍液，或72％克露或霜脲锰锌可湿性粉剂600倍液等。

16.菟丝子害(彩图69)

全国大部分地区均有发生。在北京主要危害早小菊、一串红、丰花月季、黄刺玫、蔷薇、玫瑰、木槿等多种花卉和花灌木。分布广、寄主多、为害严重，造成大片花卉、花灌木不能开花直至枯死。

［症状］ 菟丝子以其茎蔓缠绕在寄主植物的茎、叶上，不断生出吸器固定并伸入茎、叶的细胞内吸取营养，造成寄主植物生长矮小、衰弱，叶片黄化以至枯萎。

［病原］ 病原为寄生性种子植物。属于旋花科、菟丝子属。是一种攀援的草本植物，没有根，其叶退化为鳞片，没有叶绿素，全靠寄生生活。常见的有中国菟丝子和日本菟丝子两种。

［发病规律］ 菟丝子以种子在土里或随寄主种子过冬。次年5～6月种子从土里萌发，胚芽伸向地面，遇到寄主即行缠绕，并形成吸器伸入寄主的茎、叶内汲取寄主的营养。当与寄主建立寄生关系后，下部的茎蔓与土壤脱离而枯死，上部的茎蔓继续生

长、扩展，不断产生吸器和分枝，迅速扩展成片。夏季条件适宜时一段茎蔓落在植物上或土上也能成活蔓延为害。8月中旬开始开花，秋季种子成熟后落入土中过冬。

［防治方法］　①于5～6月间发现受害花卉、花灌木上有菟丝子为害时，随时清除，防止扩散和结籽。②为害期可喷生物制剂鲁保1号50倍液。③整地时深翻土地，将种子翻入深层土中，不能萌发。在种子萌发期，也可在地面上喷1.5％五氯酚钠，毒杀幼芽。

第十四章 园林植物根部病害

第一节 园林植物根部病害概况

根部的症状类型可分为根部及根茎部皮层腐烂，并产生特征的白色菌丝、菌核和菌素；根部和根茎部出现瘤状突起；病原菌从根部入侵，在维管束定殖引起植株枯萎；根部和干基部腐朽并可见大型子实体等。根病的发生，在植物的地上部分也可反映出来，如叶色发黄、放叶迟缓、叶形变小、提早脱落、植株矮化等。

引起根病的病原，一类是属于非侵染性的，如积水、施肥不当、土壤酸碱度不适等；另一类是属于侵染性的，主要由真菌、细菌、线虫引起。根病病原物大多属于土壤习居性或半习居性微生物，寄主范围广，腐生能力强，一旦在土壤定殖下来就难以根除。如引起苗木猝倒病的丝核菌和苗木白绢病的齐整小核菌等。

一、根部病害侵染循环特点

引起根病的病原物主要在土壤、病残体和球根上越冬。病原物传播的途径是靠雨水、灌溉水、病根与健根之间的相互接触，根线虫及菌素的主动传播等方式。根病的远距离传播主要是靠种苗的调拨，所以在进行苗木交换时，苗根应该是不带土的。根病病原物的侵入途径主要是通过根部的伤口或直接穿透表皮层而侵入根内。根病潜育期的长短不一，一般说来，一、二年生的草本植物潜育期要短些，而多年生的木本植物潜育期则要长些。

二、根部病害的防治原则

根病的防治较其他病害困难，因为早期不易发现，容易失去了早期防治的机会。另外，侵染性根病与生理性根病常易混淆。例如雪松根腐病，常因地面积水引起根腐。然而，在同样的条件下，由于樟疫霉菌的寄生也可造成雪松根腐。在这种情况下，要采取针对性的防治措施是有困难的。

根病的发生与土壤的理化性质是密切相关的，这些因素包括：土壤积水、黏重板结、贫瘠、微量元素、pH 值等。由于某一方面的原因就可导致植物生长不良，有时还可加重侵染性病害的发生。因此，在根病的防治上，选择适宜于植物生长的立地条件以及改良土壤的理化性状，要作为一项根本性的预防措施。

严格地实施检疫、病土消毒、球根挖掘及栽植前的处理，是减少初侵染源的重要措施；加强养护管理，提高植物的抗病能力，这对由死养生物引起的根病，在防治效果上是明显的。开展生物防治成功的例子有，利用菌根和木霉菌防治猝倒病、白绢病；利用放射土壤杆菌 84 菌系防治根癌病等。

第二节　园林植物根部病害及防治

1. 樱花根癌病（彩图 70）

该病是樱花发生普遍而严重的病害，根癌病寄主范围很广，可危害约 60 科 140 个属的木本和草本植物，除樱花外，还危害月季、桃花、梅花、李、榆叶梅、紫藤、夹竹桃、罗汉松、印度橡皮树、金钟花、大丽花、菊花等多种园林植物。

［症状］　病害主要发生于主干基部，有时也发生于根茎或侧根上。病部产生肿瘤，初期乳白色或肉色，表面光滑质软，逐渐变成褐色或深褐色，圆球形，表面粗糙，凹凸不平，有龟裂。感病后根系发育不良，在瘤的周围或表面长出许多毛状细根，地上部生长缓慢，树势衰弱，严重时叶片黄化、早落，甚至全株枯死。

［病原］　为癌肿野杆菌（*Agrobacterium ttumefaciens*（Smith et Towns.）Conn），病菌发育最适温度为 22℃。

［发病规律］　病菌存活在寄主肿瘤表面或随破裂的肿瘤残体落入土壤中，可存活几个月到一年左右，如单独在土壤中，便很快失去生活力。病菌通过各种伤口侵入，侵入后刺激细胞加速分裂，产生大量分生组织，从而形成肿瘤。从病菌侵入到症状出现，少则几周，多则一年以上。

［防治方法］　①有肿瘤的苗木必须集中销毁。苗木栽种前用 1％硫酸铜液浸 5 分钟，再用水洗净，然后栽植。挖除病根后，周围的土壤用硫磺粉混入土中进行消毒，每平方米用 50～100g。②苗圃应设在无根癌病的地区，如在病区可作 2 年以上的轮作。

2. 仙客来根结线虫病（彩图 71）

我国发生普遍，除危害仙客来外，还危害桂花、海棠、仙人掌、大理菊、石竹、倒挂金钟、栀子、非洲菊、唐菖蒲、木槿、绣球花、鸢尾、香豌豆、天竺葵、矮牵牛、蔷薇、凤尾兰、旱金莲、百日草、紫薇、凤仙花、马蹄莲、金盏花等。

［症状］　侵害仙客来球茎及根系。在球茎上形成大的瘤状物，直径可达 1～2cm，根上的瘤较小，初为淡黄色，表皮光滑，以后变为褐色，表皮粗糙。切开根瘤，在剖面上可见有发亮的白色点粒，为雌虫体。地上部分植株矮小，叶色发黄，严重时，叶片枯死。

［病原］　为南方根结线虫（*Meloidogyne incognita* Chitwood.），线虫纲、垫刃目、

根结线虫属。

［发病规律］ 在土内越冬的2龄幼虫，可直接侵入寄主的幼根，刺激寄主形成巨形细胞，并形成根结。也可以虫瘿随同病残体在土中越冬，翌年越冬卵孵化为幼虫入侵寄主。幼虫几经脱皮发育为成虫，雌雄交配产卵或孤雌生殖产卵。完成1代约需30～50天，一年可发生多代。通过水流、肥料、种苗传播。土壤内的幼虫如3周找不到寄主，死亡率可达90%。土温25～30℃、湿度40%以上时，线虫活跃。

［防治方法］ ①加强检疫，避免疫区扩大。②选用二溴氯丙烷或克线磷进行土壤处理。③将染病球茎在46.6℃水中浸泡60分钟或在48.9℃水中浸泡30分钟。④与禾本科植物轮作，间隔2～3年。

3.翠菊枯萎病（彩图72、73）

这是最常见的严重病害。植株发病后迅速枯萎死亡。

［症状］ 幼苗受侵染后，可能在1周内发病，也可能直到植株成年也不发病。幼小植株发病时，叶片全部萎蔫，根系常发生程度不同的腐烂。成株发病时，起初叶片变为淡黄绿色，下部叶片首先萎蔫，根系常全部腐烂，导致整株萎蔫死亡。此时，茎基部有一层浅粉红色的孢子，在近地表处或表土下的茎上更为明显。

［病原］ 为镰刀菌的一种 *Fusariium oxysporum* var. Callistephi。

［发病规律］ 病菌通过土壤和灌溉传播。在高温多雨的季节发病严重。病菌可在病株残体上存活数年之久。此病的发生常与大水漫灌、施肥不当、连作、地下害虫有关。

［防治方法］ ①选择排水良好的地段种植。如有条件，进行土壤消毒；避免农具等将苗床上的病菌带到净土中；合理施肥，氮肥不要过多；及时拔除病株；秋后将病株收集销毁；避免连作；选用抗病品种。②发病时，用50%多菌灵500倍液灌根。

4.牡丹根结线虫病（彩图74、75）

线虫是花卉等园林植物的一类重要病原，分布很广。温室中以仙客来、秋海棠等盆栽草花受害最重，露地栽植的以牡丹、芍药、小叶黄杨等易受感染。

［症状］ 线虫以卵和幼虫在根瘤和土壤内存活，初春根系生出新须根时，侵入须根为害，产生许多小的根瘤，长大后似绿豆大小，近圆形，上生有细根毛。地上部分表现为叶片尖端和叶缘皱缩，变黄色，并逐渐向中央扩展，最后全叶枯焦、早落。连年发病植株生长衰弱，影响开花，一般花少、朵小，病重时，植株枯萎死亡。

［病原］ 主要是北方根结线虫（*Meloidogyne hhapla* Chitwood），线虫纲、垫刃目、根结线虫属。

［发病规律］ 北方根结线虫一年发生几代，以卵和幼虫在土壤和植物根结组织内存活。幼虫多在10m以下的土层内活动，最适宜生长的土壤温度为15～25℃。春天

土壤中的幼虫开始侵染新的须根，借土壤、地下水等不断传播，扩大侵染为害。

［防治方法］　①勿栽植带线虫的苗木，发现病根及时处理，并用氯化苦等消毒土壤。②实行轮作，一般根结线虫在没有活寄主情况下，只存活一年左右。③及时清除紫花地丁等野生寄主，减少病原。④盆土利用干燥高温消毒。于夏、秋季日平均气温19℃以上时，将病土摊铺在室外水泥地上，厚8～10cm，进行暴晒，并经常翻动，可杀死线虫。⑤病株周围穴施15％涕灭威颗粒剂毒土，每平方米用药2～6g，掺入30倍细土拌匀后施用，并浇水。

5.牡丹白纹羽病（彩图76）

该病常发生在生长不良或衰老的植株上，常引起全株枯死。北京地区发生较普遍。

［症状］　先危害须根，使须根呈黑色腐烂，向侧根及主根蔓延，引起腐烂。发病部位有白色的丝网状物或菌膜。地上部生长不良，和牡丹根结线虫病相似，引起早落叶，病株易拔起，病重时全株枯死。

［病原］　为真菌病害，由褐座坚壳菌(*Rosellinia necatrix* (Hart) Berl.)引起。

［发病规律］　无性态为 *Dematophora necatrix* Hart，产生孢子梗束，在分枝上顶生或侧生1～3个分生孢子，卵圆形、单胞无色。病菌在病残体及土壤内越冬；由水流或根部接触传播；伤口侵入。肥力不足，生长势差；低洼土壤黏重，排水不良；伤口多、高温等均利于发病。

［防治方法］　①栽培技术防治：应选择疏松、易排水的地块栽种；增施有机肥，氮、磷、钾配比应合理；栽种健康苗木，如苗木不够健康时用20％石灰水或1％硫酸铜液浸3小时，晾干后栽种；及时拔除病株，病穴用1％硫酸铜浇灌消毒，或用石灰消毒。②药剂防护：田间发病应及时灌50％灭菌威胶悬剂800倍液，或20％三唑酮乳油1000倍液，或70％甲基硫菌灵1000倍液，或50％苯菌灵1000倍液等。扒开根区土壤晾晒之后灌药效果更好。

第十五章 园林植物主要食叶害虫

第一节 刺 蛾 类

1. 褐刺蛾(*Setora postornata* Hampson)(图 15-1)

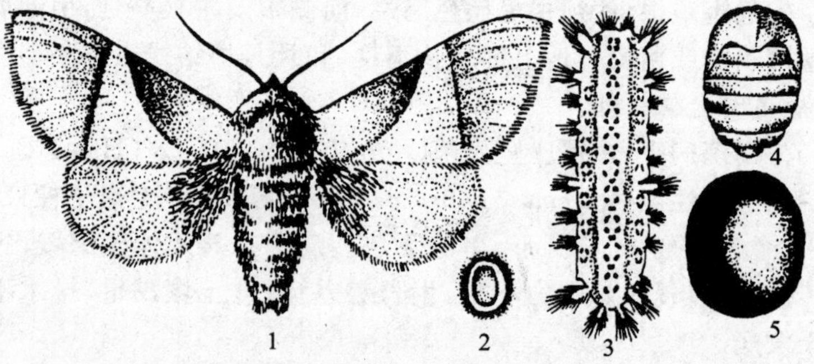

图 15-1 褐刺蛾

1. 成虫 2. 卵 3. 幼虫 4. 蛹 5. 茧

[分类地位] 鳞翅目、刺蛾科。

[分布与为害] 分布于我国长江以南,江苏、浙江、上海、河北、河南、湖北、湖南、江西、福建、广东、四川等地。主要危害梅花、桃花、石榴以及各种悬铃木等。幼虫咬食叶片,造成缺刻或孔洞,严重时把叶片食光。幼虫有毒。

[形态特征] 成虫:褐色,体长 15~18mm,翅展 35~45mm。前翅自前缘部有二条"八"字形斜纹伸向后缘,把翅分成三段,中段色浅。卵:椭圆形,黄色,长 2mm。幼虫:体长 33mm。体背面中部为一天蓝色宽带,蓝色带两侧各为一黄色带。胸、腹各节有 4 个瘤状突起,瘤上生许多刺毛。后胸和腹部第 1、5、8 节背面两侧的刺毛瘤最大。茧:椭圆形,灰褐色,长 15mm,表面有褐色花纹。

[生活习性] 一年 2 代。以老熟幼虫结茧越冬,次年 5~6 月间化蛹,蛹期 16~25 天。6 月下旬第 1 代成虫羽化,交尾。成虫白天栖息在隐蔽处,黄昏后活动。卵成堆产在叶背。卵期约 7 天。7 月上旬幼虫孵化。初龄幼虫群集叶背取食叶肉,仅留上表皮

和叶脉。1个月左右幼虫老熟。8上旬老熟幼虫入土作茧化蛹，蛹期7～11天。8月中旬第2代成虫羽化，产卵。8月下旬第2代幼虫孵化取食。10月下旬老熟幼虫结茧越冬。

［防治方法］ ①冬季或早春在被害花木周围刨土搜寻虫茧并击毁。②发现群集于叶背的初孵幼虫，可连叶摘除踩死。③幼虫为害期，喷80％敌敌畏乳油1000倍液，或25％亚胺硫磷乳油1000倍液，或2.5％溴氰菊酯乳油3000倍液，也可用每克含活孢子数在100亿以上的青虫菌粉的500～1000倍液喷雾防治。④林木遭受危害时，一般采用树干打孔方法进行药剂防治，应选择内吸作用强，且有较强的触杀和胃毒作用的药剂，如40％氧化乐果、50％久效磷和50％甲胺磷等。

2.黄刺蛾(*Cnidocampa flavescens* Walker)(彩图77)

［分类地位］ 鳞翅目、刺蛾科。别名刺毛虫、洋拉子、毛辣虫等。

［分布与为害］ 我国各地均有分布。寄主有矮牵牛、梅花、腊梅、西府海棠、桃花、月季、石榴、樱花、红叶李、郁李等。幼虫食叶，5龄以后，可把整片叶吃光，仅留主脉。幼虫体上有毒毛，能刺痛皮肤。

［形态特征］ 成虫：体长15mm，翅展35mm。头和胸背黄色，腹背黄褐色。前翅黄褐色，内半部黄色，外半部褐色。有2条暗褐色斜线，在翅尖上汇合于一点，呈倒“V”字形，内面1条伸至中室下角，为黄色与褐色的分界线，横脉纹为一暗褐色点。后翅灰黄色。卵：扁平、椭圆形，黄色。老熟幼虫：长约24mm，黄绿色，背面有两头宽中间狭的鞋底状、紫红色斑块。蛹：为离蛹，椭圆形，长约13mm，黄褐色。茧：灰白色，椭圆形，表面有黑褐色纵纹。

［生活习性］ 在江苏、浙江一年2代。以老熟幼虫在枝干上结茧越冬。翌年4月化蛹。成虫分别在5月下旬和8月上、中旬出现。羽化后交尾，次日即产卵。数粒卵一起产于叶背。卵期5～6天。初孵幼虫先取食叶的下表皮和叶肉，仅剩上表皮，呈圆形透明小斑。5龄以后分散取食，可把整片叶吃光，仅剩叶脉。7月幼虫老熟时，先吐丝缠绕枝干，后吐丝和分泌黏液结茧。8月下旬第2代幼虫大量出现，秋后在枝干上结茧越冬。

［防治方法］ ①消灭越冬虫茧：成虫羽化前人工用小刀挑刺越冬虫茧。②捕杀幼虫：幼虫群集为害时，被害叶呈透明状，易于识别，可摘叶处死。③灯光诱杀虫：成虫对光有较强的趋性，在羽化期，用黑光灯诱杀成虫，效果显著。④药剂防治：喷Bt乳剂100亿孢子/ml 200～500倍液、90％敌百虫1000倍液、25％亚胺硫磷300～500倍液，或0.5％亚胺硫磷粉剂、50％敌敌畏1000～2000倍液。

第二节 蓑 蛾 类

1. 白囊蓑蛾(*Chalioides kondonis* Matsumura)(图 15-2)

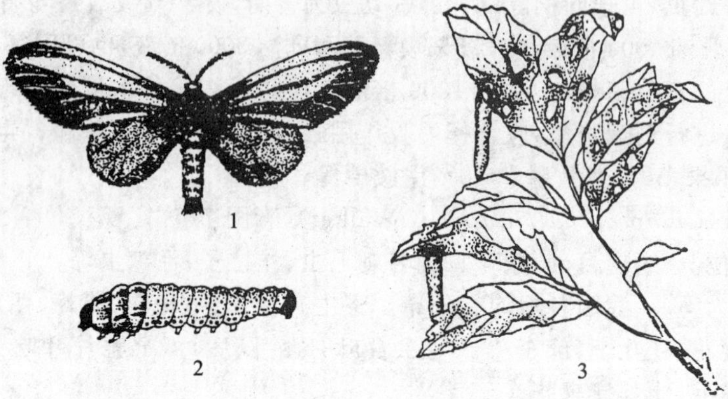

图 15-2 白囊蓑蛾

1. 成虫 2. 幼虫 3. 为害状

[分类地位] 鳞翅目、蓑蛾科。

[分布与为害] 分布在江苏、安徽、河南、上海、浙江、江西、福建、广东、广西、湖南、湖北、云南、贵州、四川、台湾等地。危害石榴、紫荆、桃花等。以幼虫取食叶片,使叶片形成许多小孔和缺刻,影响花木生长。

[形态特征] 成虫:雌成虫体长 9～14mm,黄白色,无翅,体软。雄成虫体长 8～11mm,翅展18～20mm。体淡褐色,密被长毛。前后翅均透明,后翅基部被有白毛。卵:椭圆形,黄白色,长约 0.4mm。幼虫:老熟幼虫体长 30mm,头部褐色,有黑色斑点,体淡褐色。各体节两侧亦有排列规则的深褐色点纹。蛹:雌蛹蛆状,雄蛹具有翅芽,两者均为赤褐色。护囊:虫体外的丝质囊称护囊。护囊长圆锥形,灰白色,长 30mm 余,质地紧密,全部为丝做成。

[生活习性] 6 月间化蛹。7 月上、中旬成虫陆续羽化、交尾、产卵。7 月下旬,幼虫开始孵化。11 月开始越冬,低龄幼虫常随落叶而落至地面,于越冬前或来年春暖时,再沿树干爬上为害。

[防治方法] ①及时摘除虫囊,烧死。②在幼虫大量孵化后,用 90%敌百虫 1000 倍液喷雾。

2. 大蓑蛾（*Cryptothelea variegata* Snellen）（图 15-3）

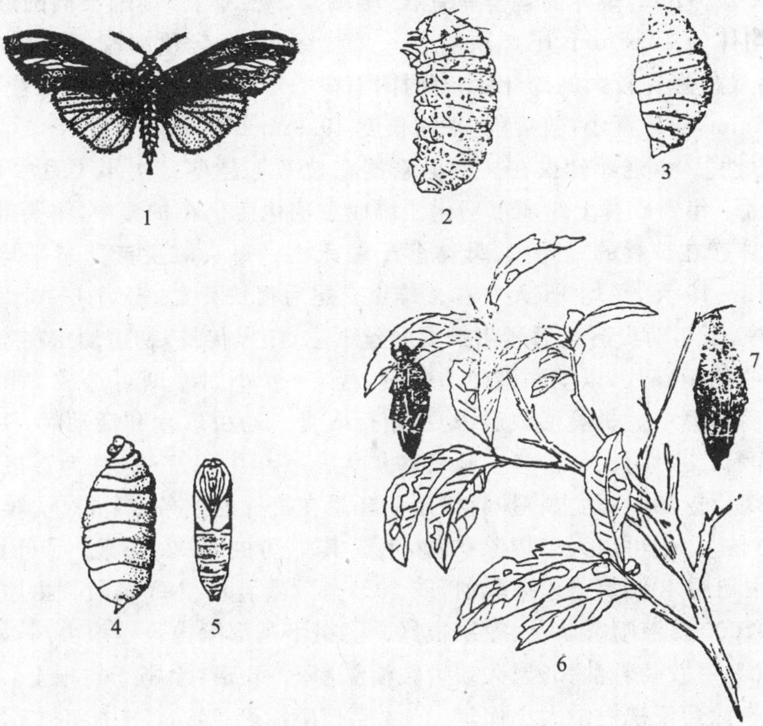

图 15-3　大蓑蛾

1. 成虫　2. 雌幼虫　3. 雌蛹　4. 雌成虫　5. 雄蛹　6. 幼虫的巢　7. 为害状

[分类地位]　鳞翅目、蓑蛾科。又名大袋蛾、避债蛾，俗称布袋虫。

[分布与为害]　我国主要分布在长江流域及其以南各省市。国外有印度、菲律宾、印度尼西亚等地。是一种食性很杂的害虫。危害梅花、腊梅、蔷薇、月季、山茶、桂花、石榴、樱花、紫薇、桃花、茸尾等植物。幼虫食害叶片呈孔洞或缺刻，严重时将植株上的叶子全部吃光，只残存叶脉。

[形态特征]　成虫：雌雄差别很大。雌成虫纺锤形，无翅，体长 26mm。头部黄褐色，胸部和腹部黄白色，多茸毛。腹部末节有一带状褐色毛环。雄成虫有翅，体黑褐色，平均体长 16.5mm，翅展 34.5mm。触角羽毛状。前、后翅都是褐色，前翅近外缘一侧有 4～5 个半透明斑。卵：近圆球形，平均卵径 0.7mm。初产时乳白色，后渐变为淡黄棕色。卵堆呈圆锥形，上端呈凹的球面形。幼虫：体形扁圆，体表光滑油润。胸足 3 对，腹足及尾足退化。幼虫老熟后，雌雄区别明显。雌幼虫黑色，体肥大，平均体长

21.3mm;雄幼虫黄色,体躯甚小,平均体长13.9mm。蛹:雌蛹纺锤形,淡褐色至黑褐色,平均体长29.7mm,蛹体前端呈屋脊状,尾端具3根小刺;雄蛹长椭圆形,淡褐色至黑褐色,平均体长17.5mm,尾部顶端有一叉状突起,突起顶端有一下曲的钩刺。护囊:纺锤形,囊外附有较大的碎叶片,有时附有少数零散的枝梗。老熟雌囊大,饱满,平均长度62.5mm,而雄囊小,较瘦削,平均长度49.9mm。

[生活习性] 以老熟幼虫在护囊里悬挂在枝条上越冬。次年4月中旬至5月中旬化蛹。5月下旬到6月上旬成虫羽化。雌成虫羽化后仍在护囊中,将头部露出囊外,待交尾后将卵产在护囊的蛹壳内,母体渐干缩死亡。每头雌虫产卵量平均为3000粒左右,寿命12～19天,平均15天左右。雄虫交尾后很快死亡,寿命1～4天,平均2天左右。6月中、下旬幼虫孵化后爬出护囊吐丝下垂,随风传播;初孵幼虫在寄主植物上,首先啮取植物组织碎片,以丝联结建造护囊,经3～4小时囊即可造成。除雄成虫外,雌雄各虫态都在囊中。护囊形成后,幼虫始行取食。幼虫取食和活动时,头、胸部伸出囊外,负囊而行。虫体长大,护囊也延长和扩大。一年中以7～9月为害最重。11月,幼虫封囊越冬。越冬时,幼虫将护囊口用丝环系在植株的枝条或叶脉上。

[防治方法] ①可以人工摘除护囊,消灭其中幼虫,减少虫源。②叶面喷洒胃毒剂,7月上、中旬用40%氧化乐果乳油,或50%久效磷乳油或90%敌百虫原药,或80%敌敌畏乳油1000倍液喷雾防治,效果很好。③树干基部涂内吸性杀虫剂,如40%氧化乐果乳油、50%甲胺磷乳油、50%久效磷乳油兑水5～6倍,涂刷于树根上,等药渗入后再埋土处理。涂药量视树龄大小而定,3～4年树龄涂药500g,5～6年树龄涂药700g。

3. 小蓑蛾(*Acanthopsyche* sp.)(彩图78)

[分类地位] 鳞翅目、蓑蛾科。

[分布与为害] 我国浙江、安徽、湖南等地有分布。主要危害山茶、茶梅、石榴、樟树等。以幼虫食害叶片,使叶片形成孔洞和缺刻,为害严重时,能将叶片食光。

[形态特征] 成虫:雌雄形态不同。雌虫体纺锤形,赤褐色,体长6～8mm。头小,胸、腹部黄白色;雄虫体长约4mm,翅展11～13mm,体茶褐色,体表被有白色鳞毛。卵:椭圆形,乳黄色,长约0.6mm,宽0.4mm。幼虫:老熟幼虫体长5.5～9.0mm,乳白色。3龄以后,头部出现深褐色花纹。中、后胸背面各有咖啡色斑纹4个,以中央的2个斑纹较大,腹部第8节背面有2个褐色斑点,第9节有4个褐色斑点,腹部末节背面深褐色。蛹:雌蛹纺锤形,黄色,体长5～7mm,腹末有短刺2根;雄蛹褐色,长4.5～6.0mm,腹末也有短刺2根。护囊:纺锤形,雌囊长12mm,雄囊长7～10mm。

[生活习性] 以3～4龄幼虫在护囊内越冬,翌年3月开始取食;5月中旬至6月上旬化蛹;5月下旬至6月下旬,第1代成虫羽化;6月中旬,幼虫孵化;7月下旬至8月中旬,幼虫在囊内化蛹;8月上旬至8月下旬,第2代成虫羽化;8月中旬至9月上旬产

卵，8 月下旬，初孵化的幼虫继续为害。幼虫孵化后，可随风传播。幼虫寻得寄主后，先吐丝造护囊，护囊随虫体长而增大。幼虫白天多在叶背等隐蔽处，黄昏到清晨活动取食。雌虫一生均在囊中。成虫羽化后，雄成虫飞到雌虫上进行交尾。

［防治方法］　①冬、春结合修剪，去除虫体。②在幼虫为害期人工摘除虫囊。③幼虫为害期，用 90％敌百虫原药 1000 倍液，或 80％敌敌畏 1000～1200 倍液，或 50％杀螟松、50％辛硫磷、90％巴丹 1000 倍液喷雾防治。③成虫可用黑光灯诱杀。

第三节　天　蛾　类

1. 霜天蛾（*Psilogramma menephron* Cramer）（图 15-4）

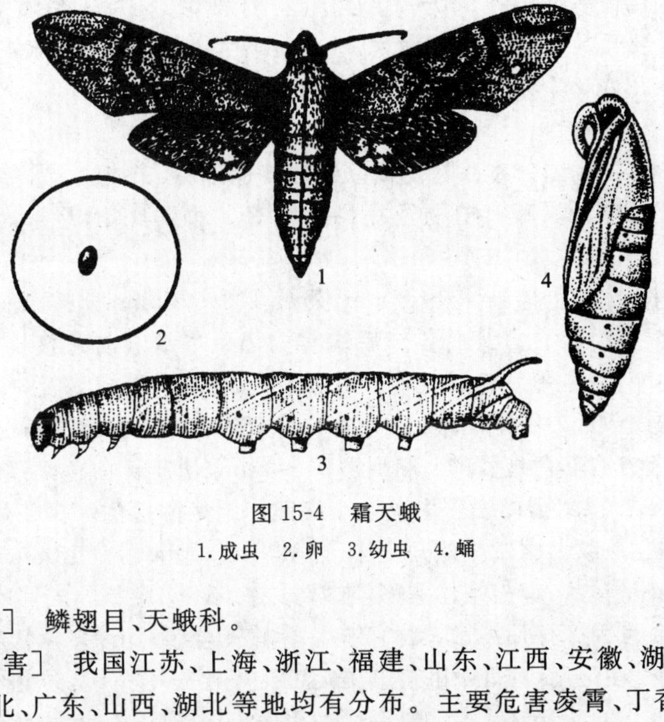

图 15-4　霜天蛾

1. 成虫　2. 卵　3. 幼虫　4. 蛹

［分类地位］　鳞翅目、天蛾科。

［分布与为害］　我国江苏、上海、浙江、福建、山东、江西、安徽、湖南、云南、四川、陕西、天津、河北、广东、山西、湖北等地均有分布。主要危害凌霄、丁香、女贞、小叶女贞、栀子、桂花、海桐、柳树、茉莉、樟树、悬铃木、梧桐。幼虫取食叶片。

［形态特征］　成虫：体、翅暗灰色，混杂霜状白粉。体长 45～50mm，翅展 90～130mm。胸部背面两侧及后缘有棕黑色条纹，形成圆圈状。腹部背面中央及两侧各有 1 条灰黑色纵纹。前翅中部有 2 条棕黑色波状横线。后翅棕黑色，被白粉。前后翅外缘均由黑白相间的小方块连成。卵：球形，初产时绿色，渐变为淡黄色。幼虫：体长 92～

110mm。幼虫一种为绿色,体上有黄白色的小颗粒,腹部第1~8节两侧各有1条白色斜纹;另一种亦是绿色,但在腹部第1~7节背面两侧各有2个三角形的褐色斑块。两种色型幼虫的斜纹均在3龄后出现。胸足均为黄褐色,腹足绿色。蛹:体长纺锤形,长50~60mm。喙在头部弯曲成环,末端与蛹体接触。

[生活习性] 以蛹在土室内越冬。越冬代成虫于次年4月下旬羽化。成虫夜间活动,趋光性强。卵产于叶背。卵期约20天。幼虫孵出后,先啮食表皮,随后蚕食叶片,咬成大的缺刻和孔洞。为害以6~7月间最烈。幼虫老熟后入土化蛹。第1代成虫于9~10月间出现。

[防治方法] ①人工捕杀幼虫。②在幼虫发生期,用90%敌百虫1000倍液,或2.5%溴氰菊酯乳油3000倍液,或50%辛硫磷乳油1500~2000倍液防治。亦可用青虫菌每克含100亿个活孢子的500~1000倍液,内加0.1%洗衣粉喷雾防治。③二点螳螂是此虫的重要天敌,应注意保护。

2. 豆天蛾(*Clanis bilineata tsingtauiica* Mell)(彩图79)

[分类地位] 鳞翅目、天蛾科。别名大豆天蛾。

[分布与为害] 我国分布在除西藏以外的其他各省、市、区。为害寄主有洋槐、女贞、刺槐、泡桐、榆、柳、槐、藤萝植物及豆科植物等。幼虫食叶,严重时将全株叶片吃光,不能结荚。

[形态特征] 成虫:体长40~45mm,翅展100~120mm。体、翅黄褐色,头及胸部有较细的暗褐色背线,腹部背面各节后缘有棕黑色横纹。前翅狭长,前缘近中央有较大的半圆形褐绿色斑,中室横脉处有1个淡白色小点。内横线及中横线不明显,外横线呈褐绿色波纹。近外缘坚扇形,顶角有1条暗褐色斜纹,将顶角分为二等分。后翅暗褐色,基部上方有赭色斑。卵:椭圆形,2~3mm,初产黄白色,后转褐色。老熟幼虫:体长约90mm,黄绿色,体表密生黄色小突起。胸足橙褐色。腹部两侧各有7条向背后倾斜的黄白色条纹。臀背具尾角1个。蛹:长约50mm,宽18mm,红褐色。头部口器明显突出,略呈钩状,喙与蛹体紧贴,末端露出。5~7腹节的气孔前方各有一气孔沟,当腹节活动时可因摩擦而微微发出声响。臀棘三角形,具许多粒状突起。

[生活习性] 在河南、河北、山东、安徽、江苏等省一年1代,湖北年发生2代,均以老熟幼虫在9~12cm土层越冬。翌春移动至表土层化蛹。1代发生区,一般在6月中旬化蛹,7月上旬为羽化盛期,7月中下旬至8月上旬为成虫产卵盛期,7月下旬至8月下旬为幼虫发生盛期,9月上旬幼虫老熟入土越冬。2代发生区,5月上中旬化蛹和羽化,第1代幼虫发生于5月下旬至7月上旬,第2代幼虫发生于7月下旬至9月上旬。全年以8月中下旬为害最重。9月中旬后老熟幼虫入土越冬。成虫飞翔力很强,但趋光性不强,喜在空旷而生长茂密的豆田产卵,一般散产于第3~4片豆叶背面,每

叶 1 粒或多粒，每雌平均产卵 350 粒。卵期 6～8 天。幼虫共 5 龄。越冬后的老熟幼虫当表土温度达 24℃左右时化蛹，蛹期 10～15 天。幼虫 4 龄前白天多藏于叶背，夜间取食。4～5 龄幼虫白天多在豆杆枝茎上为害，并常转株为害。

［防治方法］ 于 3 龄前幼虫期喷药处理，如喷 50%辛硫磷乳油 1000 倍液或 20%杀灭菊酯 2000 倍液均有较好的防治效果。

第四节　尺　蛾　类

1. 国槐尺蠖（*Semiothisa cinerearia* Bremer et Grey）（图 15-5）

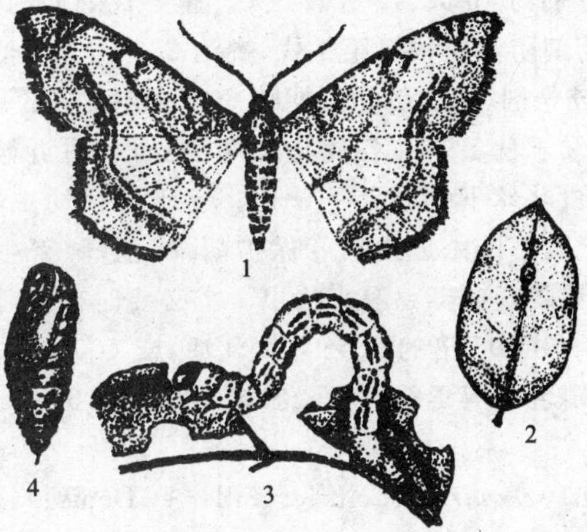

图 15-5　国槐尺蠖

1. 成虫　2. 卵　3. 幼虫　4. 蛹

［分类地位］ 鳞翅目、尺蛾科。又名槐尺蠖。

［分布与为害］ 是我国华北、华中、西北等地区国槐、龙爪槐树的一大害虫。常把树叶蚕食一光，并吐丝排粪、各处乱爬，影响环境卫生。

［形态特征］ 成虫：体长 12～17mm，翅展 30～45mm，全体灰黄色。前翅及后翅均有 3 条暗褐色横纹，展翅时均能前后连接，靠翅顶的 1 条较宽而明显。停落时前后翅展开，平铺在体躯上。卵：扁椭圆形，长 0.58～0.67mm，宽 0.42～0.48mm，初产时鲜绿色，渐变红褐色，孵化时灰黑色。幼虫：体长 19.5～39.7mm，初孵时黄绿色，老熟幼虫绿色，体背灰白色或紫红色。蛹：长 16.3mm，圆锥形，红褐色。

［生活习性］ 北京地区一年 3 代，主要为害 3 次，有时有部分 4 代的。以蛹在树木附近 4cm 左右深的松土里过冬。次年 4 月中旬，当日最高气温达 20℃以上，连续 7～10

天时，成虫进入羽化盛期，喜欢灯光，白天多在墙壁上或灌木丛里停落，夜晚活动，喜在树冠顶端和外缘产卵，一般在每片叶正面主脉上产卵 1 粒，每一雌虫平均产卵 400 多粒。5 月上、中旬（中龄刺槐盛花期）第 1 代幼虫孵化为害。初孵化的幼虫将叶啃出一些零星白点，3 龄以后，蚕食整个叶片，1 个幼虫一生共吃树叶 10 片左右，其中 90%在 5 龄（化蛹前）时吃掉。幼虫受惊吐丝下垂，过后再爬上去，化蛹前在树下乱爬。6 月下旬（大枣树和栾树盛花期）第 2 代幼虫孵化为害。8 月上旬（中龄国槐花蕾开放 30%～50%）第 3 代幼虫孵化为害。每一代幼虫老熟后都吐丝下垂，入土化蛹，最后一代 8～9 月入土化蛹过冬。暴风雨能造成大量幼虫坠地或溺水而死，特别是临化蛹前下几次暴雨，则下一代虫量明显下降。国槐尺蠖 1～3 代，各代卵期分别为 16 天、13 天、14 天；幼虫期分别为 19 天、18 天、16 天；蛹期分别为 16 天、12 天、21 天。越冬代蛹期约 6 个月。

[防治方法] ①药剂防治要狠抓第 1 代，挑治 2、3 代。于低龄幼虫期喷射 10 000 倍的 25%灭幼脲 3 号胶悬剂，于 3 龄幼虫期喷 600～1000 倍的每毫升含孢子 100 亿以上的 Bt 乳剂杀幼虫。②于秋冬季和各代化蛹期，在树木附近松土里挖蛹消灭。③突然震荡小树或树枝，使虫吐丝下垂时弄下杀死。④于各代幼虫吐丝下地准备化蛹时，人工扫集杀死。⑤用黑光灯诱杀成虫。⑥保护胡蜂、上蜂、寄生蜂、麻雀等天敌，有条件还可释放卵寄生蜂、赤眼蜂或养鸡等来治虫。⑦必要时在卵孵化盛期喷 2000～4000 倍的 50%辛硫磷乳油，或 4000 倍的 20%菊杀乳油，或 4000 倍的 20%灭扫利乳油，或 2000 倍的 50%亚胺硫磷乳油等毒杀幼虫。⑧树干基部绑 5～6cm 宽的塑料薄膜，防止雌虫上树产卵。

2. 大造桥虫（*Ascotis selenaria* (Schiffermuller et Denis)）（彩图 80）

[分类地位] 鳞翅目、尺蛾科。

[分布与为害] 我国各地均有分布。为害寄主有锦葵、蔷薇、月季、菊花、一串红、万寿菊、萱草、百日草、大丽花、山茶花、秋葵、杜鹃、木槿、黄杨、栀子花、银杏、八角枫、泡桐、香樟、水杉等。以幼虫食芽叶及嫩茎，严重时食成光杆。

[形态特征] 成虫：体长 15～20mm，翅展 38～45mm，体色变异很大，有黄白、淡黄、淡褐、浅灰褐色，一般为浅灰褐色，翅上的横线和斑纹均为暗褐色。中室端具 1 斑纹，前翅亚基线和外横线锯齿状，其间为灰黄色，有的个体可见中横线及亚缘线，外缘中部附近具 1 斑块；后翅外横线锯齿状，其内侧灰黄色，有的个体可见中横线和亚缘线。雌虫触角丝状，雄虫羽状，淡黄色。卵：长椭圆形，青绿色。幼虫：体长 38～49mm，黄绿色。头黄褐至褐绿色，头顶两侧各具 1 黑点。背线宽，淡青至青绿色，亚背线灰绿至黑色，气门上线深绿色，气门线黄色杂有细黑纵线，气门下线至腹部末端黄绿色。第 3～4 腹节上具黑褐色斑，气门黑色，围气门片淡黄色，胸足褐色，腹足 2 对生于第 6～10 腹节，黄绿色，端部黑色。蛹：长 14mm 左右，深竭色有光泽，尾端尖，臀棘 2 根。

［生活习性］　长江流域一年4～5代，以蛹于土中越冬。各代成虫盛发期为：6月上中旬，7月上中旬，8月上中旬，9月中下旬，有的年份11月上中旬可出现少量第5代成虫。第2～4代卵期5～8天，幼虫期18～20天，蛹期8～10天，完成1代需32～42天。成虫昼伏夜出，趋光性强，羽化后2～3天产卵，多产在地面、土缝及草秆上，大发生时枝干、叶上都可产数十粒至百余粒成堆卵，每雌可产1000～2000粒，越冬代仅200余粒。初孵幼虫可吐丝随风飘移传播扩散。10～11月以末代幼虫入土化蛹越冬。此虫为间歇爆发性害虫。

［防治方法］　①利用成虫具有很强的趋光性，采用灯光诱杀成虫。②冬季翻地，消灭土中越冬蛹。③幼虫为害盛期，喷洒50%辛硫磷乳油1000倍液，或Bt乳剂200～400倍液、青虫菌100亿孢子/g 500～1000倍液、10%天王星乳油6000倍液、25%灭幼脲3号1000倍液、20%灭扫利乳油1500倍液。

第五节　夜　蛾　类

1. 石榴巾夜蛾（*Parallelia stuposa* Fabricius）（图15-6）

［分类地位］　鳞翅目、夜蛾科。

［分布与为害］　我国分布于江苏、上海、浙江、山东、安徽、江西、陕西、河北、湖北、福建、四川、贵州、广东、台湾等地。危害石榴、月季、香石榴、梨、苹果、桃等。初龄幼虫啃食嫩叶和新芽，虫龄较大后则蚕食叶片，仅残存叶脉。

［形态特征］　成虫：体褐色，长20mm左右，翅展46～48mm。前翅中部有一灰白色带，中带的内、外均为黑棕色，顶角有两个黑斑。后翅中部有一白色带，外缘附近呈灰褐色。卵：灰色，形似馒头。幼虫：老熟幼虫体长43～50mm，头部灰褐色。第1～2腹节常弯曲成桥形。体背茶褐色，布满黑褐色不规则斑纹。蛹：体黑褐色，覆以白粉，体长24mm。茧：粗糙，灰褐色。

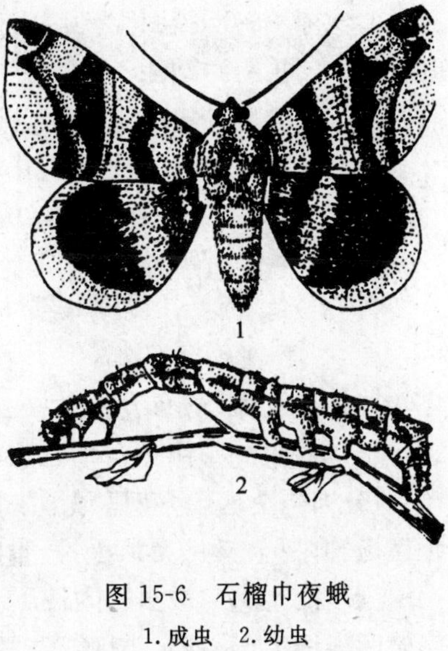

图15-6　石榴巾夜蛾

1. 成虫　2. 幼虫

［生活习性］　一年2代，以蛹在土中越冬，世代重叠，次年6月上旬开始化蛹，6月下旬羽化、交配产卵。卵产于树干上。7月中旬幼虫孵化，晚间活动。幼虫与树皮相似，不易发现。8月上、中旬，第2代成虫羽化，8月中旬幼虫孵化，而后，幼虫老熟后入

土，作粗茧化蛹。

［防治方法］ ①冬季翻土挖除越冬蛹。②幼虫发生时，可喷洒低毒杀虫剂，如用90％敌百虫、80％敌敌畏、杀螟松各1000倍液，20％杀灭菊酯2000～2500倍喷雾防治。如喷洒植物源杀虫剂可选用烟参碱1000倍液。③保护天敌，如螳螂、山雀等。

2. 中金弧夜蛾（*Diachrysia intermixta* Warren）（图15-7）

［分类地位］ 鳞翅目、夜蛾科。

［分布与为害］ 我国河南及华东等地有分布。寄主有金盏菊、菊花、翠菊、大丽菊、蓟等。幼虫食叶，影响生长。

［形态特征］ 成虫：体长17mm，翅展37～42mm。头、前中胸部红褐色，后胸褐色。腹部黄白色。前翅紫褐色，有金色近三角形斑。幼虫：老熟幼虫长40mm。头部小，腹部黄绿色。腹部第5～8节较粗，逐渐向前方缩小。弯曲行走。

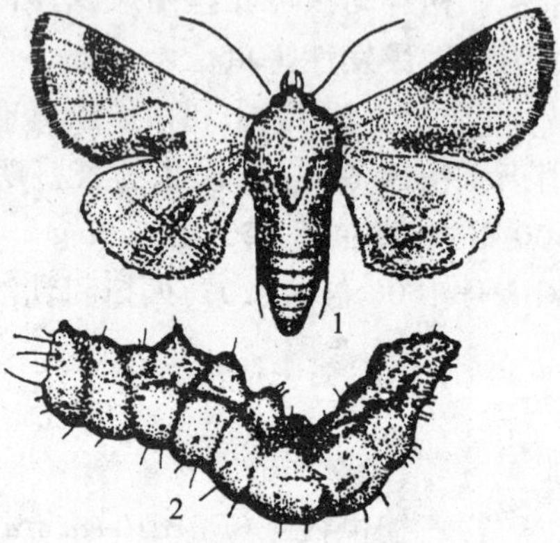

图15-7 中金弧夜蛾

1. 成虫 2. 幼虫

［生活习性］ 一年2～6代。以蛹在寄主上越冬。次年4～5月羽化为成虫。成虫有趋光性。6～11月均可见到幼虫为害，以7～8月为害最烈。幼虫老熟卷叶筑一薄茧并在其中化蛹。

［防治方法］ ①越冬蛹羽化时，点灯诱杀成虫。②幼虫盛发时，选喷Bt乳剂200～500倍液，或敌百虫、杀螟松1000倍液。10天喷1次，连续2～3次。

第六节 舟夜蛾

1. 杨天社蛾（*Melalopha anachoreta* Fabriclus）（图15-8）

［分类地位］ 鳞翅目、舟蛾科。

［分布与为害］ 我国华北、东北、西北、华中、华东、华南、西南等地都有发生。为北京杨、柳树上又一大害虫，严重时成片树林被吃光树叶。

［形态特征］ 成虫：体长15mm左右，翅展36～40mm。前翅灰褐色，顶端有一块灰褐色扇形大斑。卵：圆形，先橙红后变黑褐色，成片，直径0.9mm。幼虫：体长32～38mm，体表有灰白色细毛；第4节和第11节背面中央各有一个红褐色大肉瘤。蛹：长16mm左右，长圆形，褐色。茧：椭圆形，丝质灰白色。

［生活习性］ 北京一年4代，有时有5代的，以茧内蛹在枯叶、杂草里、树皮缝里、附近建筑物缝隙处或土里等处过冬。次年4月下旬（柳絮初飞期）为成虫羽化产卵期。

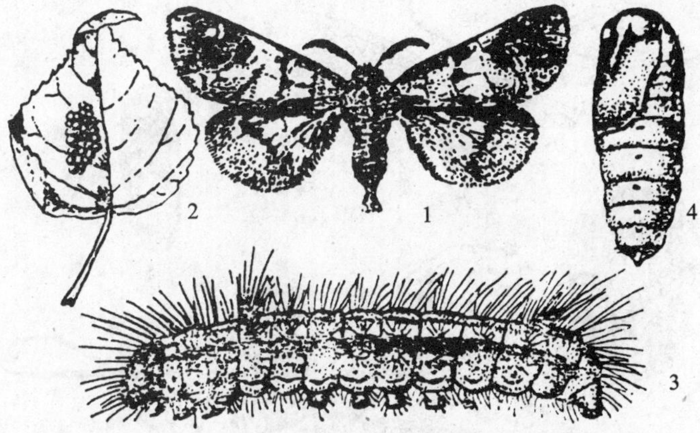

图 15-8　杨天社蛾

1.成虫　2.卵　3.幼虫　4.蛹

5月上旬至5月底为第1代幼虫孵化为害期；6月中旬至7月初为第2代幼虫孵化为害期；7月中旬至7月底为第3代幼虫孵化为害期；8月中旬至9月底为第4代幼虫孵化为害期；末代幼虫于10月化蛹过冬。成虫喜产卵在枝条尖端叶或枝上，卵成片。初孵幼虫吐丝把叶打成包，群集包内啃食叶肉，把叶啃成灰白色网状，虫体长大后，分散为害，蚕食叶片。第1～5代各代卵期分别为25天、12天、7天、8天、11天；幼虫期分别为25天、22天、13天、17天、37天；蛹期分别为9天、7天、8天、9天和5个月。

［防治方法］　①少量树木虫包不多的，可及时剪掉带虫的虫包，消灭初孵幼虫。②树多虫多的可喷500～1000倍的每毫升含孢子100亿以上Bt乳剂杀较高龄幼虫，或10 000倍25%灭幼脲3号胶悬剂杀低龄幼虫。③秋冬季捉、挖蛹消灭。④保护和利用伞裙追寄蝇、小蜂、小茧蜂、黑卵蜂等天敌。⑤虫量过大，必要时喷1200～1500倍的50%辛硫磷乳油，或20%菊杀乳油，或1000倍的90%敌百虫晶体，或1000倍的50%马拉硫磷乳油等杀幼虫。

2.双尾天社蛾(*Dicranura erminea menciana* Moore)(图15-9)

［分类地位］　鳞翅目、舟蛾科。

［分布与为害］　我国华北、东北、西北、华中、华东等地均有发生，主要危害杨、柳树叶。

［形态特征］　成虫：体长24mm左右，翅展70mm左右，全体灰白色。前翅有数列深锯齿状黑色横线，中室端有一个新月形环状纹，沿外缘有一列黑点。卵：半圆形，馒头状，红褐色。幼虫：老熟幼虫体长50mm左右，青绿色；体背有紫红色三角形斑纹，臀足变成枝状，向体后翘起，像一对尾巴。蛹：长25mm左右，长圆形，褐色。茧：

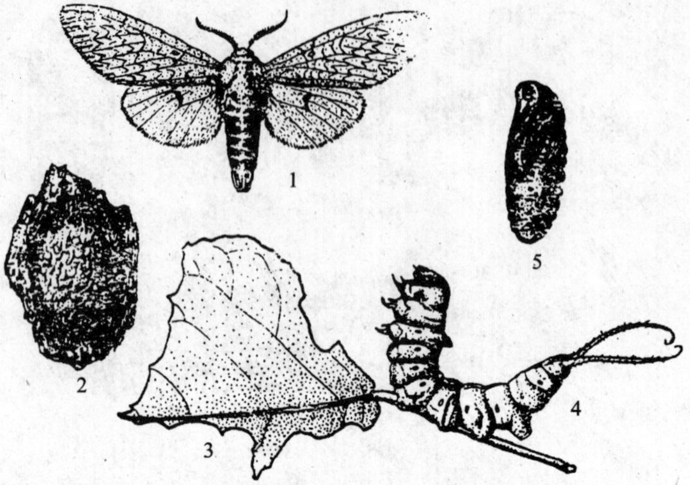

图 15-9 双尾天社蛾

1.成虫 2.幼虫 3.为害状 4.茧 5.蛹

扁椭圆形,灰褐色,坚硬。

[生活习性] 北京一年2代,幼虫在树干上或建筑物上做茧化蛹过冬。次年5月中旬(栾树和珍珠梅初花期)成虫羽化,有趋光性,把卵散产于叶片上,卵期9～14天;6月上、中旬第1代幼虫孵化为害,把叶片咬成孔洞或缺刻;7月中旬幼虫老熟,在树皮或建筑物上做茧化蛹;7月下旬第1代成虫羽化;8月上旬第2代幼虫孵化为害;9月幼虫老熟做茧化蛹过冬。

[防治方法] ①于低龄幼虫期喷10 000倍的25%灭幼脲3号胶悬剂,或于较高龄幼虫期喷500～1000倍的每毫升含孢子100亿以上的Bt乳剂。②冬、春季在树皮上、建筑物等处刮虫茧,消灭过冬蛹。③黑光灯诱杀成虫。④注意保护螳螂、茧蜂、赤眼蜂、黑卵蜂等天敌。⑤当虫量大、有危险时,喷1500～2000倍的50%辛硫磷乳油;或1000倍的90%敌百虫晶体,或2000倍的20%菊杀乳油等杀幼虫。

第七节 枯叶蛾类

1.天幕毛虫(*Malacosoma neustria testacea* Motsch)(图15-10)

[分类地位] 鳞翅目、枯叶蛾科。

[分布与为害] 我国华北、东北、西北、华中、华东等地区均有发生。为北京园林树木上发生较早的一种食叶害虫。主要危害杨、柳、山桃、海棠、黄刺梅、玫瑰、贴梗海

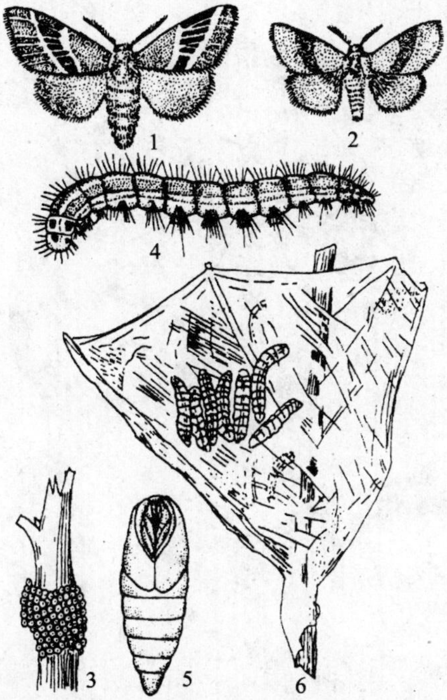

图 15-10 天幕毛虫

1.雌成虫 2.雄成虫 3.卵 4.幼虫 5.蛹 6.为害状

棠、苹果等树,严重时将整枝整株树叶吃光。

[形态特征] 成虫:体长 22～24mm,翅展 29～30mm,褐色,前翅中央有 1 条深褐色黄纹带。雄蛾体小,黄褐色。卵:椭圆形,2 龄幼虫体长 5mm 左右,全体底色灰黑色,背上有 2 条纵行黄线,两侧各有 2 条白线,前盾板和腹部第 8 节背部为黑绒色。幼虫:老幼虫体长 55mm 左右,体侧有鲜艳的蓝灰色、黄色或黑色带。体背有橙、黑、白等色的纵纹。头蓝灰色。蛹:长 13～20mm,黑褐色,有金黄色毛,外面有双层白灰色茧包着。

[生活习性] 北京一年 1 代。以"顶针"状的卵环在枝条上越冬。次年 4 月上旬(加杨刚开始展叶、海棠初花期)幼虫孵化为害,在枝杈处吐丝结网,白天多群居于丝巢内或枝杈处,夜晚活动为害,老龄幼虫分散为害,严重时常把树叶吃光;5 月上旬幼虫老熟开始在卷叶内或建筑物上做茧化蛹,蛹期 10 多天;5 月中旬成虫羽化,并产卵在枝条上过冬。

[防治方法] ①彻底剪除枝梢上的越冬卵壳,减少虫口发生量。②在幼虫为害期,发现幼虫群集在网幕时,要连幕带虫及时清除。③在发生面积较大时,用 90%敌百虫 800～1000 倍液,或 50%辛硫磷乳油 1000 倍液,或 40%乙酰甲胺磷乳油 1000 倍液

喷雾防治，均有良好效果。

2. 杨枯叶蛾(*Gastropacha populifolia* Esp.)(图 15-11)

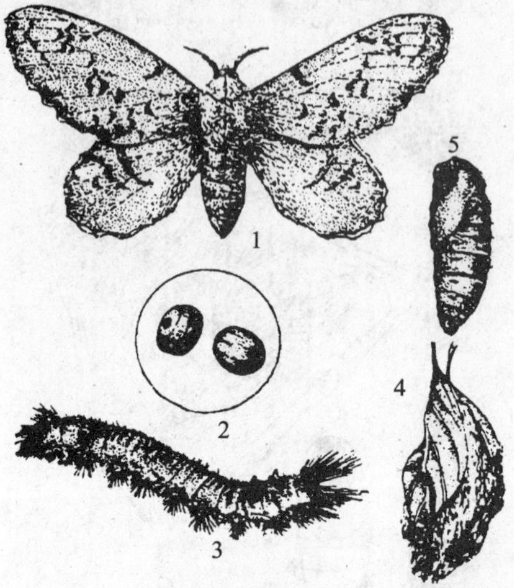

图 15-11 杨枯叶蛾

1. 成虫 2. 卵 3. 幼虫 4. 茧 5. 蛹

[分类地位] 鳞翅目、枯叶蛾科。

[分布与为害] 我国东北、华北、华中等地均有发生。北京公园、绿地、苗圃及行道树上常有发生和为害，主要危害杨、柳树。

[形态特征] 成虫：体长 24～30mm，翅展 60mm 左右，黄褐色。前翅黄褐色，其上有不规则的灰褐色斑点。后翅黄褐色。幼虫：老熟幼虫体长 55mm 左右，灰绿色，全身周围具有细长的灰色毛。胸部第 2～3 节背面各有一黑色肉瘤，其上密布长毛。腹部扁平，第 8 节背面具有一个瘤状突起。蛹：褐色，外有灰褐色茧，上有幼虫体毛，有毒。

[生活习性] 北京一年 1 代，以幼虫在树干、树枝上或枯叶中过冬。次年 4 月间幼虫活动，白天多栖伏在枝干上与树皮紧贴在一起，颜色与树皮相似，夜间取食为害，蚕食叶片。6 月间幼虫老熟做茧化蛹；6 月下旬、7 月上旬成虫羽化，有趋光性，把卵产在枝叶上，每雌蛾产卵 200～300 粒，卵期 12 天左右；7 月间第 1 代幼虫孵化为害，不久以幼虫过冬。

[防治方法] ①人工捕杀幼虫。②于低龄幼虫期喷10 000 倍的 25％灭幼脲 3 号胶悬剂，或于较高龄幼虫期喷 1.5～2.0 亿孢子/ml 的松毛虫杆菌。③必要时可喷 2000 倍的 20％菊杀乳油，或 1000～1500 倍的 90％敌百虫晶体，或 1000～1500 倍的

50%马拉硫磷乳油，或1000～1500倍的50%辛硫磷乳油等杀幼虫。

3.油松毛虫(*Dendrolimus spectabills* Butler)(图15-12)

[分类地位]　鳞翅目、枯叶蛾科。

[分布与为害]　我国华北、东北等地都有发生和为害。北京西郊油松林曾严重发生过，是油松的主要食叶害虫。

[形态特征]　成虫：体长22～34mm，翅展45～75mm。颜色变化较大，有灰褐色、赭色、栗色等。前翅上有波状横纹，靠顶端一条略呈"3"字形，亚外缘线由9个斑点组成。卵：椭圆形，粉红色。幼虫：老幼虫体长50～70mm，深褐色，有长毛。胸背部有2条深蓝色天鹅绒状毒毛带；每个体节一般有黑蓝色毛片束1对。蛹：长22～37mm，深褐色；外面包着灰褐色薄丝茧。

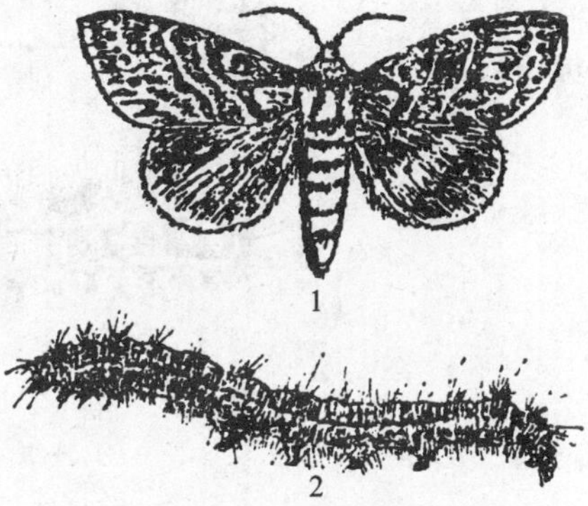

图15-12　油松毛虫

1.成虫　2.幼虫

[生活习性]　北京一年1代，以幼虫在落叶层下、土缝中、树皮缝或砖石底下过冬。次年3月上旬开始上树活动为害；4～5月最严重，能把整枝整株的针叶吃光；6月下旬幼虫开始老熟，在枝杈、针叶上做茧化蛹，蛹期15天左右；7月中旬成虫羽化，成虫有趋光性，交尾后把卵成行排列产在针叶上，每雌蛾产卵300粒左右，卵期9天左右；7月下旬第1代幼虫孵化为害，受惊即吐丝下垂；10月开始过冬。

[防治方法]　①于2月底以前冬季人工在树干基部土缝、落叶层下等处捕捉过冬幼虫并消灭。②于2月过冬幼虫上树前，在树干上围钉宽20cm的塑料薄膜环，或树干喷1000倍的2.5%溴氰菊酯乳油药环，截止过冬幼虫上树。③幼虫为害期可震荡小树或树枝，使虫落地并杀死或采摘卵块、茧蛹并消灭。④于3～4龄幼虫期喷500～600倍的每毫升含孢子100亿以上的Bt乳剂，或于低龄幼虫期喷10 000倍的25%灭幼脲3号胶悬剂。⑤利用黑光灯诱杀成虫。⑥必要时可喷1000倍的50%辛硫磷乳油，或2000倍的50%马拉硫磷乳油，或3000倍的90%敌百虫晶体，或2000倍的20%菊杀乳油等杀幼虫。

4.美国白蛾(*Hyphantria cunea* Drury)(图15-13)

[分类地位]　别名秋幕毛虫。

[分布与为害]　分布于美洲、欧洲、亚洲数十个国家。分布范围在北纬19～55°之间。我国局部地区也有发生，现列为植物检疫性有害生物。寄主有糖槭、桑、榆、山楂、臭椿、梧桐、苹果、枫杨、芍药等300余种植物。幼虫食叶，具暴食性，把叶片吃光，为害很大。

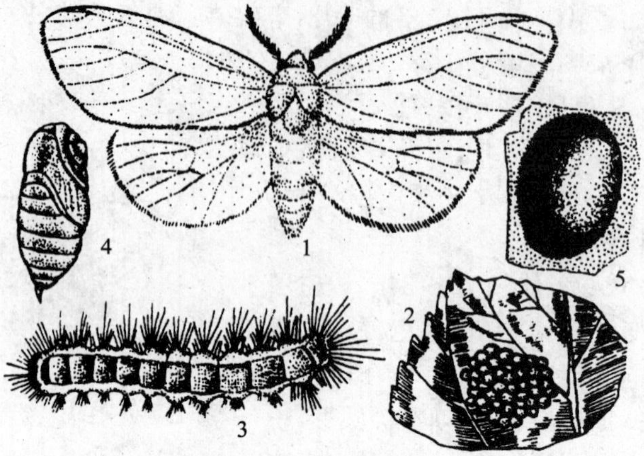

图 15-13　美国白蛾

1.成虫　2.卵　3.幼虫　4.蛹　5.茧

［形态特征］　成虫：为中型蛾，体白色。雄蛾体长 9～12mm，翅展 25～35mm；雌蛾体长 14～17mm，翅展 30～45mm。雄蛾触角双栉齿状；雌蛾触角锯齿状。第 1 代雄蛾前翅有暗色斑点。第 2 代雄蛾前翅个别有斑点。卵：为球形，表面多小点刻。初产时淡绿色，有光泽，以后逐渐加深，孵化前呈灰褐色。幼虫：有红头型和黑头型两种，目前在中国发生的均为黑头型。老熟幼虫头宽约 2.5mm，头宽大于头高。体细长，背部有 1 条灰黑色或深褐色的宽纵带。各节体毛疣发达。毛疣上着生白色、褐色、黑色的毛丛。体侧淡黄色，着生橘黄色毛疣。侧线和气门下线黄色。腹足黑色，有光泽。趾钩为单序异形中带，中间长趾钩等长，10～16 根。蛹：长 8～15mm，暗红褐色。中胸背部稍凹。前胸、中胸布满小而不规则的皱纹刻点。胸部背面中央有隆脊。气门椭圆形，稍突出。臀棘 10～15 根，每根棘端部均膨大，末端凹陷呈盆状。茧：淡褐或灰色，很薄，稀疏的丝混杂着幼虫的体毛，共同形成网状物。

［生活习性］　在辽宁一年 2 代。以蛹越冬。5 月中旬出现成虫；6 月上旬始见幼虫；7 月中旬开始化蛹。第 1 代成虫 7 月下旬始见，高峰期在 8 月初；第 2 代幼虫始见于 8 月初，9 月初幼虫盛发，10 月中旬化蛹越冬。成虫寿命 4～8 天。每雌可产卵 200～2000 粒不等。卵的孵化与温度关系密切。在 15～35℃范围内，温度越高，发育越快，但与湿度关系不大。第 1 代卵期 10～20 天，第 2 代卵期 7～10 天。老熟幼虫具暴食性。5 龄后幼虫食量骤增。幼虫有较强的耐饥力。5 龄以上幼虫，9～15 天不取食，仍可继续生存。这种生物学特性可导致害虫通过交通工具进行远距离传播。

［防治方法］　①加强检疫，严禁疫区苗木外运。②在幼虫为害盛期，剪除网幕，集中销毁。③生物防治，选用苏云金杆菌、多角体病毒喷雾，防治幼虫，防治效果 80％～

90%。④化学防治，可选用灭幼脲3号1500倍液，或用2.5%溴氰菊酯5000倍液，或10%杀灭菊酯2000倍液，或90%敌百虫1000倍液，防治幼虫。

第八节　螟　蛾　类

1. 黄栌缀叶丛螟（*Locastra muscosalis* Walker）（图15-14）

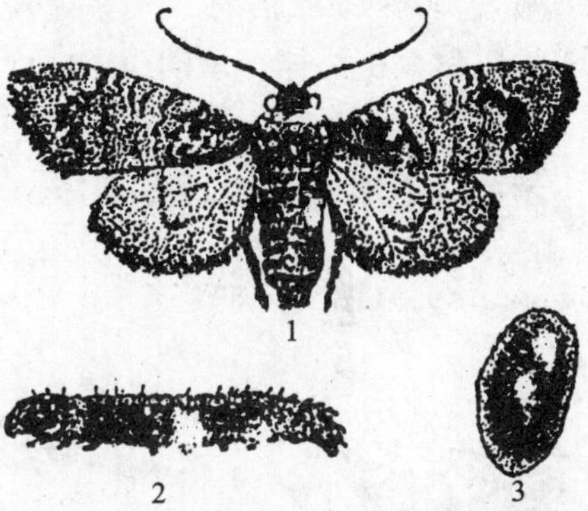

图15-14　黄栌缀叶丛螟

1. 成虫　2. 幼虫　3. 茧

［分类地位］　鳞翅目、螟蛾科。

［分布与为害］　我国东北、华北、西北、华中、华东、华南、西南等地均有发生。为北京香山黄栌树的一种主要害虫，曾大片地吃光过树叶，严重影响红叶的生长和观赏。还危害核桃、漆树等。

［形态特征］　成虫：体长17mm左右，翅展3mm左右，全体黄褐色。前翅栗褐色，稍带淡红褐色，翅基部深褐色，有2条明显的黑褐色波状横线纹，两横线之间栗褐色，横线两侧靠近前缘处各有一个黑褐色小斑点，外缘各翅脉间有黑褐色小斑点1个，前缘中部有一黄褐色斑点。后翅灰褐色。卵：球形，块状，每块有卵100粒左右。幼虫：老熟幼虫体长30mm左右，头黑色，有光泽，背中央有一条较宽的杏黄色线，两侧有较细的黑线，每体节有数个白色小斑点，腹面黄褐色，体被有短毛。蛹：体长15mm左右，暗褐色。茧：越冬茧扁椭圆形，中部稍鼓起，红褐色，略似柿子籽，较坚硬；长18mm左右，宽10mm左右，越冬幼虫卷曲在茧中。

［生活习性］　北京一年1代，以茧中幼虫在树下土中过冬。次年5～6月化蛹，蛹期20天左右；7月初出现成虫，有趋光性，交尾后产卵，6～7月为产卵盛期，卵成块产于叶面主脉两侧，卵期10多天；7月中旬幼虫孵化后，群集吐丝结网，啃食叶肉，被害叶

片出现灰白色网状斑，随着虫体增大，缀叶由少到多，能将多个叶片和小枝连缀成一个大巢，幼虫在巢内取食，故俗称黄栌巢蛾。虫体大时分散缀叶做巢为害，咬食叶片，轻时将叶片咬成大量缺刻，重时将叶吃光。严重的年份8月上旬开始出现大片吃光树叶的现象；8月底幼虫开始老熟，陆续钻入树根旁的松软土层、杂草灌木丛下等处做茧过冬，入土深5～10cm，比较集中。

[防治方法] ①在树下挖过冬茧中的虫并消灭。②于幼虫初做巢为害时，可人工摘巢灭虫。③于低龄幼虫期喷1000～1500倍的50%辛硫磷乳油，或2000倍的20%菊杀乳油，或800～1000倍的90%敌百虫晶体等杀幼虫。

第九节 巢 蛾 类

1.合欢巢蛾(*Y. ponomeuta* sp.)(图15-15)

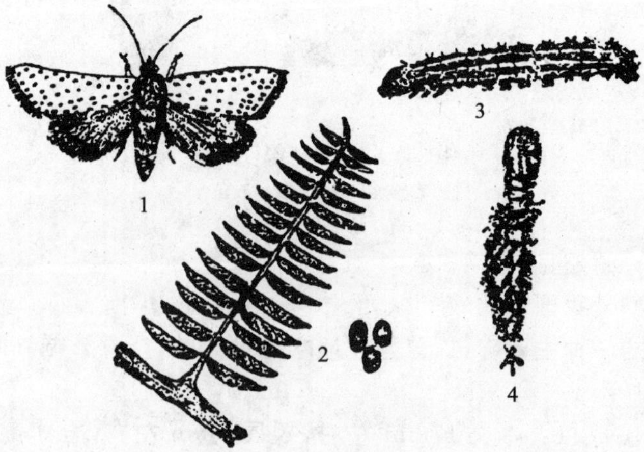

图15-15 合欢巢蛾

1.成虫 2.卵 3.幼虫 4.茧和蛹

[分类地位] 鳞翅目、巢蛾科。

[分布与为害] 为北京市公园、绿地、行道及庭院、居住区中合欢树的一种主要食叶害虫。严重时，满树虫巢，大量叶片的叶肉被啃光或咬成残缺不全，树冠呈现一片枯干现象。

[形态特征] 成虫：体长6mm左右，翅展12mm左右。前翅银灰色，上面有许多不太规则的黑点。卵：椭圆形，黑绿色，成片。幼虫：老幼虫体长9～13mm。初孵时黄绿色，渐变黑绿色，背中央和两侧有5条纵行黄绿线。受惊后非常活跃，往后跳动，

吐丝下垂。蛹：长 6mm 左右，红褐色，包在灰白色丝茧中。

［生活习性］ 北京一年 2 代，以蛹在树皮缝里、树洞里、附近建筑物上过冬。次年 6 月中、下旬（中龄合欢盛花期）成虫羽化，交尾后产卵于叶片上，每片卵数粒至二三十粒；7 月中旬幼虫孵化，先啃食叶片，叶片上出现灰白色网状斑，稍长大后吐丝把小枝和叶连接在一起，群体藏在巢内咬食叶片为害；7 月下旬开始在巢中化蛹；8 月上旬第 1 代成虫羽化；8 月中旬第 2 代幼虫孵化为害，这时易出现灾害，树冠出现枯干现象；9 月底幼虫开始做茧化蛹过冬。

［防治方法］ ①于秋、冬、春刷除树木枝干和附近建筑物上的过冬蛹。②于幼虫做巢期，虫量不多的可剪掉虫巢，消灭幼虫。③于幼虫期可震荡小树或树枝，使虫落地并杀死或采摘卵块或茧蛹消灭。④于 3～4 龄幼虫期喷 1000 倍的 50％辛硫磷乳油，或 2000 倍的 20％菊杀乳油，或 1000～1500 倍的 90％敌百虫晶体等。

第十节 卷 蛾 类

1. 国槐叶柄小蛾（*Cydia trasias* Meyrick）（图 15-16）

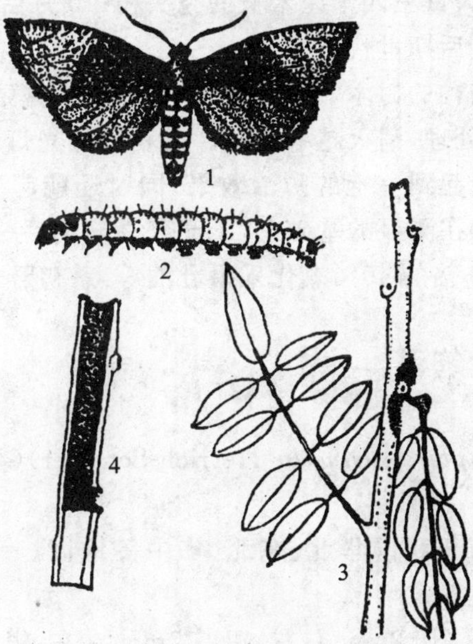

图 15-16 国槐叶柄小蛾

1. 成虫 2. 幼虫 3. 被害状 4. 被害枝剖面

[分类地位] 鳞翅目、卷蛾科。

[分布与为害] 我国北京、天津、西安等地均有发生。北京主要危害国槐、龙爪槐、蝴蝶槐。幼虫蛀食羽状复叶叶柄基部,造成复叶枯干或脱落,严重时大量复叶脱落,树冠上出现许多光秃枝,影响树木生长和观赏。

[形态特征] 成虫:体长5mm左右,翅展11mm左右,全体深灰褐色;前翅双黑色,前缘为黄白色线,从翅基部起,越往翅顶越宽,并从中部至翅顶在黄白线上有4个明显的黑点,在翅面上近翅顶中央处有3排扇面形横白纹。腹部及足黄色,触角灰色、丝状。后翅灰色。胸背和翅基部有蓝色闪光鳞片。卵:椭圆形,长0.6mm左右,扁平,很薄,边缘半透明,黄白色。幼虫:老熟时体长11mm左右,体黄白色,头褐色。蛹:长6mm左右,黄褐色。

[生活习性] 北京一年2代,以幼虫在种子里、枝条里、树皮缝里等处过冬。次年6月上旬成虫羽化,成虫趋光性较强,产卵在叶片、叶柄或小枝上,每处产卵1粒,卵期3～5天;6月下旬幼虫孵化,多从羽状复叶柄的基部蛀入为害,在蛀入前,先吐丝拉网,并在网下咬树皮,然后钻入枝条内,被害处排出黑褐色粪沫和木屑,有迁移为害习性。幼虫期25～27天。蛹期8～9天。8月上旬第2代幼虫孵化为害;8月中旬为害最严重,大量复叶干枯脱落,树冠上出现大量三四十厘米长的秃头枝;10月后幼虫在种子里、枝条内或潜入树皮裂缝等处过冬。后期世代不整齐。

[防治方法] ①已结种的树木,于秋、冬季彻底打掉槐豆处理;未结种的树,结合冬季整形修剪,剪掉虫枝处理,消灭越冬虫源。②利用黑光灯诱杀成虫,③用苹果蠹蛾性诱剂,诱杀成虫,不但能起到一定的防治效果,同时还能起到预测预报、掌握虫情和喷药有利时机的作用。④在测报的基础上,于产卵高峰期后一二天,喷1000～1500倍的20%菊杀乳油,或1000倍的40%氧化乐果乳油等,杀初孵幼虫。

第十一节 潜 蛾 类

1. 杨白潜叶蛾(*Leucoptera susinella* Herrich-Schaffer)(图15-17)

[分类地位] 鳞翅目、潜蛾科。

[分布与为害] 分布于我国华北、东北、华中等地区。北京市杨树上常有发生。以幼虫潜入叶片内取食为害。

[形态特征] 成虫:体长2mm左右,翅展7mm左右,银白色。前翅为棒状,周围有毛,顶端有2条金黄色条纹,有一较深色的金黄点。卵:白色,扁圆形。幼虫:体长5mm左右;黄白色,足不发达。蛹:胸背及附器黑褐色,腹部黄色,包在白茧中。茧:白色丝质,枣核形,两端各伸出2条丝带,以贴附在树皮上或建筑物上。

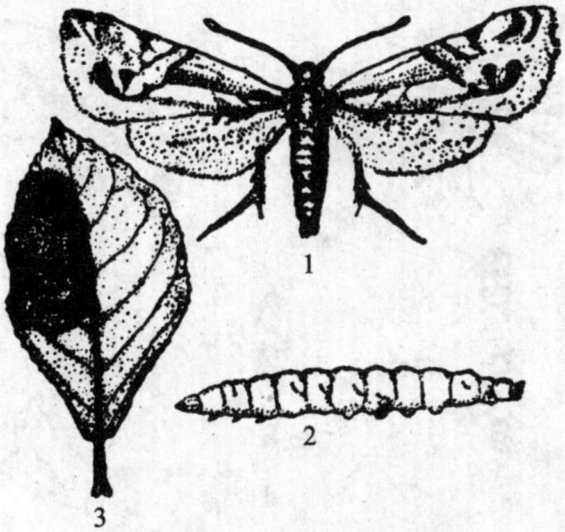

图 15-17　杨白潜叶蛾

1.成虫　2.幼虫　3.被害状

［生活习性］　北京一年 3 代，以幼虫在树枝、树干上或附近建筑物上做茧化蛹过冬。次年 4 月底或 5 月初（柳絮飞扬期）成虫羽化，把卵散产在叶片上；5 月底幼虫孵化，潜入叶片内取食为害，被害处形成一块不规则的黑黄色斑，内有 4～5 个幼虫为害，排有黑色虫粪，严重时几乎每叶都受害，造成叶片焦枯，影响光合作用和生长；6 月中下旬幼虫从叶内爬出，到叶背等处吐丝做茧化蛹；7 月中、下旬第 1 代成虫羽化；8 月中、下旬 2 代成虫开始羽化；10 月下旬第 3 代幼虫在枝、干等处做茧化蛹过冬。天敌主要有寄生于幼虫和蛹上的寄生蜂、寄生蝇等。

［防治方法］　①在幼虫初为害期于傍晚喷 3000～4000 倍的 20％灭扫利乳油，或 20％菊杀乳油，或 1000 倍的 50％杀螟松乳油，或 40％氧化乐果乳油等，杀潜斑内的幼虫。②于秋、冬季刷除树干、树枝及建筑物上的虫茧，消灭过冬蛹。

2.国槐潜叶蛾（*Phyllonorycter acaciella* Mn）（图 15-18）

［分类地位］　鳞翅目、潜叶蛾科。

［分布与为害］　我国华北各地均有发生。特别是对北京市行道树、公园、绿地中的国槐、龙爪槐为害严重，常造成大量焦叶、枯叶现象，严重影响树木光合作用和生长，有碍观瞻。

［形态特征］　成虫：体长 2mm 左右，翅展 6mm 左右，全体银白色。有光泽，前翅顶端有星状金纹。卵：圆形，黄白色。幼虫：体长 5mm 左右，黄白色。蛹：长 2mm 左右，椎形，胸背黑褐色，腹部黄色。茧：丝质白色，两端各伸出 2 根丝带，附着叶背、树皮或建筑物上。

［生活习性］　北京一年 3 代，以包在茧内的蛹在树枝、树干或附近建筑物上越冬。

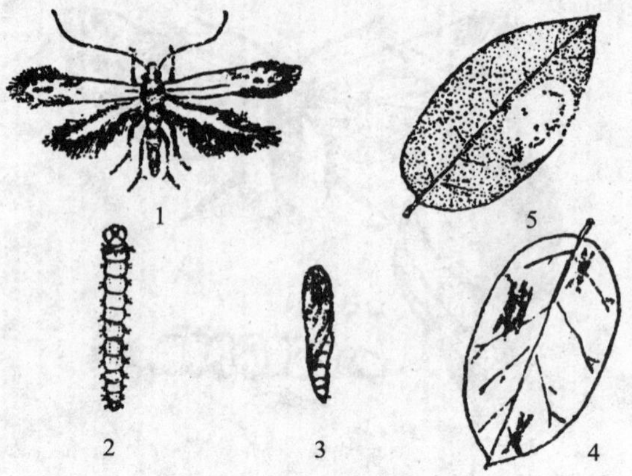

图 15-18 国槐潜叶蛾

1.成虫 2.幼虫 3.蛹 4.茧 5.被害状

次年 4 月底5 月初(中龄国槐刚全部展叶)成虫羽化,晴天无风的午后,多在国槐树周围飞翔,把卵散产在叶片上;5 月上、中旬第 1 代幼虫孵化,钻入叶肉内取食,受害部位初为稍弯曲潜道,后呈灰褐色斑块;6 月上旬幼虫老熟爬出叶肉,吐丝下垂,随风飘荡,在叶背或枝、干上做茧化蛹;6 月下旬至 7 月中旬第 2 代幼虫孵化为害;8 月中旬至 9 月下旬第 3 代幼虫孵化为害;10 月老熟幼虫吐丝下垂飘到树枝、树干或附近建筑物上做茧化蛹过冬。

[防治方法] ①于 4 月底 5 月初喷 2000 倍的 20%菊杀乳油,杀过冬代成虫。②于幼虫为害期,傍晚喷 4000 倍的 20%灭扫利乳油或 1000 倍的 50%杀螟松乳油杀幼虫。③于冬、春季刷除树枝、树干和附近建筑物上的虫茧,消灭过冬蛹。

第十二节 细 蛾 类

1.白杨小潜细蛾(*Phyllonorycter populiella* Zelier)(图 15-19)

[分类地位] 鳞翅目、细蛾科。

[分布与为害] 我国河北、河南等地均有发生。北京苗圃、片林尤为严重。主要危害毛白杨、银白杨、北京杨、新疆杨等。

[形态特征] 成虫:体长 3mm 左右,翅展 10mm 左右。腹部灰色。前翅上有金黄色条纹,并有光泽,前翅顶端有黑色三角形斑纹,翅周围有黑灰色毛。后翅披针形,周围有比翅还长宽的缘毛。卵:黄白色,单产在叶片上。幼虫:黄白色,一端较黄,一端较白。

[生活习性] 北京一年 3~4 代,以蛹在被害叶内过冬。次年 4 月毛白杨展叶时

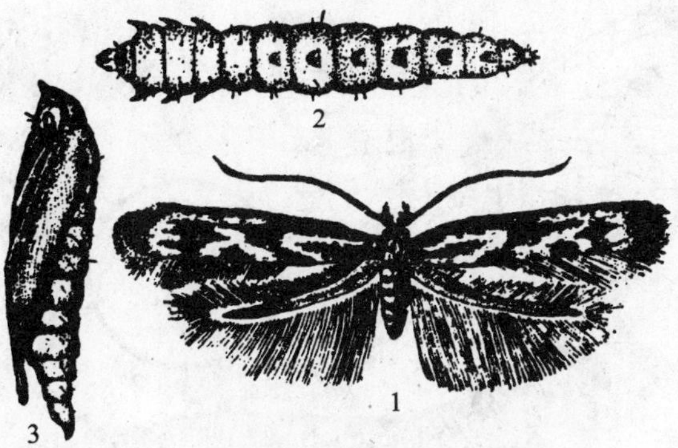

图 15-19　白杨小潜细蛾

1. 成虫　2. 幼虫　3. 蛹

成虫出来，将卵散产在叶背，幼虫孵化后，钻入叶肉里，咬食叶肉，排有黑色虫粪，被害处多为椭圆形黄、白等花色斑块，内有黑绿点。幼虫老熟后，在被害处化蛹，羽化前蛹从叶片、背面钻出头部，而后破裂，成虫羽化外出，把蛹壳留在叶肉里外各一半；7 月第 2 代幼虫为害；8～9 月间第 3 代幼虫为害；10 月下旬在叶斑内化蛹过冬。天敌有多种，如寄生于幼虫和蛹的跳小蜂、寄生蝇等。

[防治方法]　①在幼虫为害初期，于傍晚喷 2000～3000 倍的菊杀乳油，或 1000 倍的 40%氧化乐果乳油，或 50%杀螟松乳油等，毒杀潜斑内的幼虫。②清除树木附近的杂草、落叶等处，消灭过冬的虫蛹。

第十三节　蝶　　类

1. 白粉蝶(*Pieris rapea* Linnaeus)(图 15-20)

[分类地位]　鳞翅目、粉蝶科。又称菜青虫、菜粉蝶。

[分布与为害]　我国各地均有分布。主要危害一串红、羽衣甘蓝、旱金莲、大丽花等草本花卉和宿根、球根花卉。幼虫食害嫩芽、嫩叶、花蕾和花，造成叶片残缺和孔洞。

[形态特征]　成虫：体长 17mm 左右，灰黑色，有白色绒毛。翅面和脉纹白色。前翅顶角黑色，中央有 2 个黑斑。后翅前部有 1 个黑斑。卵：长瓶形，黄绿色，表面有纵横隆起的网纹。幼虫：体长 35mm，青绿色，体表密布黑色瘤状突起，生有细毛。背中央有一条黄色细线。气门沿线有一列黄色斑点。蛹：纺锤形，青绿色或灰褐色，长 15～21mm。

[生活习性]　一年数代，在北京地区，一年 4 代，上海地区一年 8 代，世代重叠。

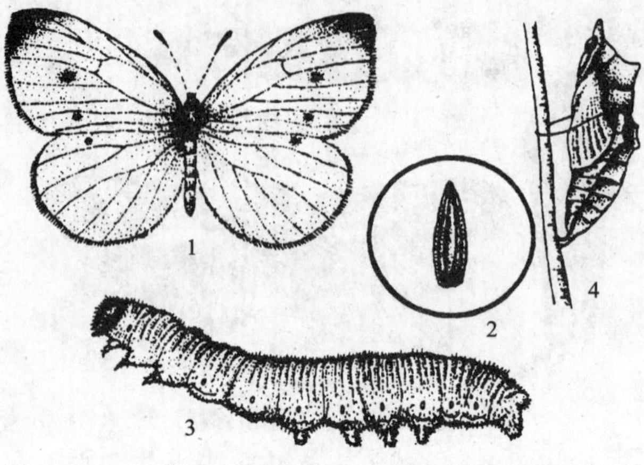

图 15-20　白粉蝶

1.成虫　2.卵　3.幼虫　4.蛹

以蛹在向阳的墙角、屋檐、枯枝落叶下越冬。越冬代成虫在翌年 3～4 月间羽化,白天活动。卵多产在叶片背面。卵期约 7 天。每年 4～10 月均有幼虫为害,春、夏季最严重。幼虫喜在叶背蛀食,稍大后多在叶背咬成孔洞或缺刻,只剩下粗脉和叶柄。

[防治方法]　①数量不多时,可人工捕捉幼虫和挖掘虫蛹。②保护和利用白粉蝶的天敌,如白粉蝶绒茧蜂、凤蝶金小蜂、舞毒蛾疣姬蜂等。③苏云金杆菌 Bt 乳剂或可湿性粉剂、杀螟杆菌或青虫菌粉(含活孢子量 100 亿/g 以上)稀释 500～800 倍液喷雾。

2. 蕉苞虫(*Erionota thorus* Linnaeus)(图 15-21)

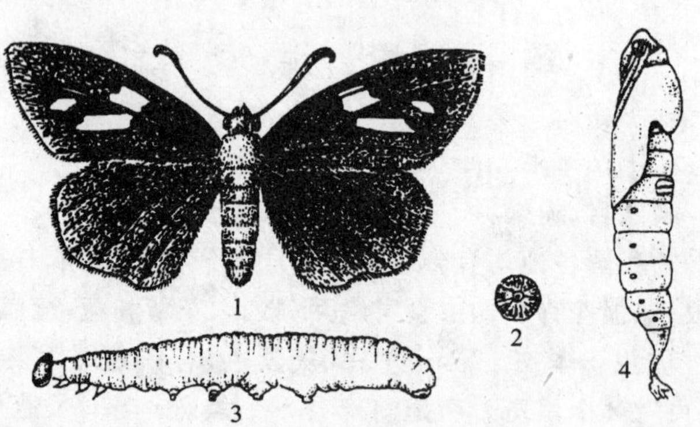

图 15-21　蕉苞虫

1.成虫　2.卵　3.幼虫　4.蛹

[分类地位]　鳞翅目、弄蝶科。又名黄斑蕉弄蝶。

[分布与为害]　分布在福建、广东、广西等地。主要危害美人蕉、芭蕉等。幼虫卷叶成苞，食害叶片。危害严重时，叶苞累累，蕉叶残缺，影响植株生长，降低观赏价值。

[形态特征]　成虫：雌体长 28～31mm，翅展 64～80mm。雄体长 24～27mm，翅展 55～70mm。体黑褐色或茶褐色。头部和胸部密被灰褐色鳞毛。前、后翅均为黑褐色，缘毛白色。卵：馒头形，红色，横径约 2mm。卵壳表面有放射状白色线纹。幼虫：末龄幼虫体长 50～64mm。体被白色蜡粉。头部呈三角形，黑色。蛹：略呈圆筒形，淡黄白色，体长 35～41mm。体被白粉。口吻长，达到或超出腹部末端，后部与蛹体分离。

[生活习性]　以老熟幼虫在叶苞中越冬。翌年越冬代成虫于 3 月中、下旬出现。1 代、2 代、3 代成虫分别于 6 月中、下旬，8 月上、中旬，9 月中旬至 10 月上旬羽化。各代幼虫大量孵化期分别在 5～6 月中旬、7～8 月中旬至 9 月上旬和 10 月。11 月，幼虫开始越冬。夏、秋卵期 5 天左右，幼虫历期约 25 天，蛹期 10 天左右。幼虫孵化后爬至叶缘咬成缺刻，随即吐丝粘卷叶片成圆筒形的苞，虫体栖居其中，早晚探身苞外，取食附近的叶片。

[防治方法]　①摘除虫苞，杀死其中虫体。②冬、春清除枯叶残株，将其沤肥或销毁，消灭其中越冬幼虫。③喷 90%敌百虫 800 倍液，毒杀幼虫。

3. 柑橘凤蝶(*Papilio xuthus* Linnaeus)(彩图 81)

[分类地位]　鳞翅目、凤蝶科。别名橘凤蝶、黄菠萝凤蝶、黄檗凤蝶等。

[分布与为害]　除新疆未见外，我国各省均有分布。为害寄主有五色椒、山椒、女贞、佛手、金橘、四季橘、柑橘、柠檬、黄檗、黄菠萝等。幼虫食芽、叶，初龄幼虫食成缺刻与孔洞，稍大常将叶片吃光，只残留叶柄。苗木和幼树受害较重。

[形态特征]　成虫：有春型和夏型两种。春型体长 21～24mm，翅展 69～75mm；夏型体长 27～30mm，翅展 91～105mm。雌虫略大于雄虫，色彩不如雄虫鲜艳，两型翅上斑纹相似，体淡黄绿至暗黄，体背中央有黑色纵带，两侧黄白色。前翅黑色近三角形，近外缘有8 个黄色月牙斑，翅中央从前缘至后缘有 8 个由小渐大的黄斑，中室基半部有 4 条放射状黄色纵纹，端半部有 2 个黄色新月斑。后翅黑色，近外缘有 6 个新月形黄斑，基部有 8 个黄斑。臀角处有一橙黄色圆斑，斑中心为一黑点，有尾突。卵：近球形，直径 1.2～1.5mm，初黄色，后变深黄，孵化前紫灰至黑色。幼虫：体长 45mm 左右，黄绿色，后胸背两侧有眼斑，后胸和第 1 腹节间有蓝黑色带状斑，腹部第 4 节和第 5 节两侧各有 1 条蓝黑色斜纹分别延伸至第 5 节和第 6 节背面相交，各体节气门下线处各有 1 白斑。臭腺角橙黄色。1 龄幼虫黑色，刺毛多；2～4 龄幼虫黑褐色，有白色斜带纹，虫体似鸟粪，体上肉状突较多。蛹：体长 29～32mm，鲜绿色，有褐点，体色常随环境而变化。中胸背突起较长而尖锐，头顶角状突起，中间凹入较深。

[生活习性]　长江流域及以北地区一年 3 代，江西 4 代，福建、台湾 5～6 代。以

蛹在枝上、叶背等隐蔽处越冬。成虫白天活动，善于飞翔，中午至黄昏前活动最盛，喜食花蜜。卵散产于嫩芽上和叶背处，卵期约 7 天。幼虫孵化后先食卵壳，然后食害芽和嫩叶及成叶，共 5 龄，老熟后多在隐蔽处吐丝作垫，以臀足趾钩抓住丝垫，然后吐丝在胸腹间环绕成带，缠在枝干等物上化蛹（此蛹称缢蛹）越冬。天敌有凤蝶金小蜂和广大腿小蜂等。

［防治方法］ ①捕杀幼虫和蛹。②保护和引放天敌：为保护天敌可将蛹放在纱笼里置于园内，寄生蜂羽化后飞出再行寄生。③药剂防治：可用每克 300 亿孢子青虫菌粉剂 1000～2000 倍液或 40％敌・马乳油 1500 倍液、40％菊・杀乳油 1000～15 000 倍液、90％敌百虫晶体 800～1000 倍液、10％溴・马乳油 2000 倍液、80％敌敌畏、50％杀螟松或马拉硫磷乳油等 1000～1500 倍液，于幼虫期喷洒。

第十四节 叶 蜂 类

1. 杜鹃花叶蜂（*Arge similis* Vollenhoven）（图 15-22）

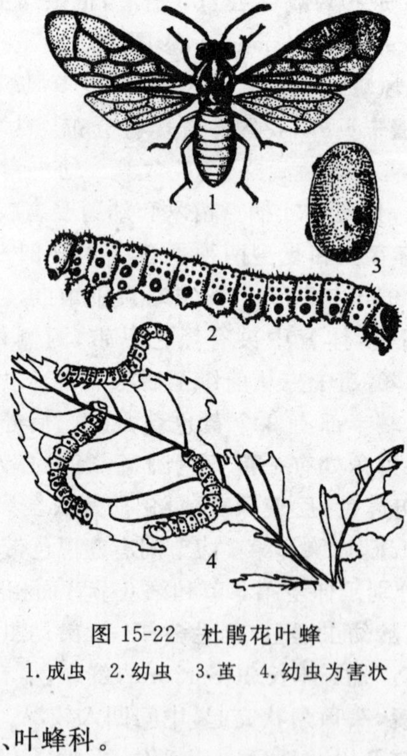

图 15-22 杜鹃花叶蜂

1. 成虫 2. 幼虫 3. 茧 4. 幼虫为害状

［分类地位］ 膜翅目、叶蜂科。

[分布与为害]　分布于我国浙江、江苏、上海、广州等地。寄主有杜鹃、石榴红、五月红等。以幼虫蚕食叶片，发生严重时将叶片全部吃光，影响生长开花。

[形态特征]　成虫：体蓝黑色，有光泽，长7～10mm，宽约3mm。触角黑色，3节，有深褐色毛。复眼大，暗茶色。翅淡褐色，密布褐色短毛。足蓝黑色。胸部腹面具细密的白色短毛。卵：椭圆形，淡绿色，透明。幼虫：体嫩绿色，长17～19mm，宽3～4mm。体表有瘤突和毛。蛹：嫩黄色。茧浅褐色，椭圆形，长约10mm。

[生活习性]　浙江一年3代，以老熟幼虫在浅土层或落叶中结茧越冬。翌年4月化蛹，4月中、下旬为羽化、交尾、产卵盛期；5月、8月和9～10月为各代幼虫为害期；10月下旬，幼虫陆续老熟，结茧化蛹。

[防治方法]　①冬季清除落叶、杂草，消灭越冬幼虫。②幼虫发生期，用90%敌百虫、50%杀螟松乳油1000倍液防治。

2. 蔷薇叶蜂(*Arge pagana* Panzer)(彩图82)

[分类地位]　膜翅目、叶蜂科。

[分布与为害]　我国华东、华北、华中各地均有分布。北京地区主要危害蔷薇、月季、十姊妹、白玉棠、爬蔓月季、黄刺玫等，严重时把叶吃光。

[形态特征]　成虫：体长7～8mm，翅展17～19mm。头、胸、足均为黑色。腹部黄色。前翅黑色，半透明。卵：椭圆形，淡绿色。幼虫：老幼虫体长23～25mm。头淡黄色，其余全为黄绿色。蛹：乳白色。茧：椭圆形，暗黄色。

[生活习性]　北京一年2代，以幼虫在土中做茧越冬。次年4～5月间成虫羽化外出。交尾后产卵于当年生半木质化枝条的皮下木质部内2～3mm处，左右排列呈“八”字形，产卵痕呈一2cm左右长的线条。每次产卵20～35粒，每头雌虫产卵40～70粒，卵期10多天；6月幼虫为害；7月初幼虫老熟，入土做茧化蛹，蛹期17天左右；7月中旬第1代成虫羽化外出；8月上旬第2代幼虫开始为害，常见数十条幼虫集中在附近枝叶上取食，很快把叶蚕食一光；9月底幼虫钻入土深约5cm处做茧过冬。

[防治方法]　①冬、春季在花木附近土里挖茧，消灭虫源。②幼虫群集为害时，可人工摘除虫叶，消灭幼虫。③花木多、虫量大时，可喷1000～1500倍的90%敌百虫晶体，或1300倍的50%辛硫磷乳油杀成虫，或2000倍的20%菊杀乳油，或1000倍的80%敌敌畏乳油等。

第十五节　负　蝗　类

1. 负蝗(*Atractomorpha ambigua* Bolivar)(图15-23)

[分类地位]　直翅目、蝗虫科。俗称蚱蜢。

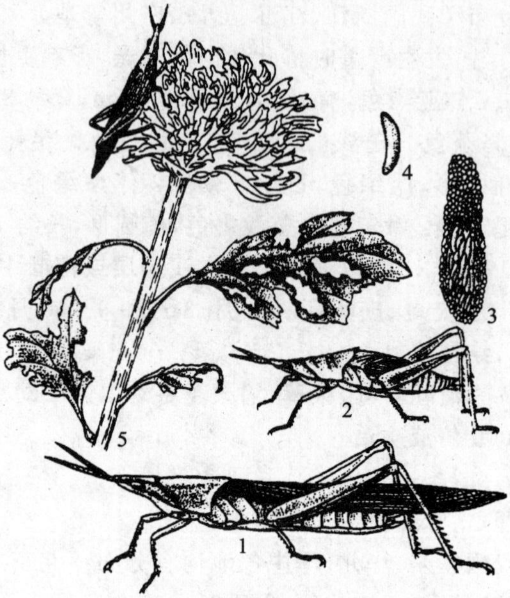

图 15-23 负 蝗

1. 成虫 2. 若虫 3. 卵囊 4. 卵 5. 为害状

［分布与为害］ 分布很广。为害的花卉有凤仙花、鸡冠花、一串红、三色堇、金鱼草、千日红、金盏菊、百日草、雏菊、菊花、松果菊、月季、茉莉、扶桑、大丽花、栀子花等。初龄若虫喜群集食害叶部，被害叶片呈现网状，稍后即分散取食，造成叶片缺刻和孔洞，严重时整个叶片只留下主脉。

［形态特征］ 成虫：体长 21～31mm，呈淡绿色到褐色和浅黄色。头部向前突出。后足发达为跳跃足。前翅绿色。后翅基部红色，端部绿色。卵：卵块外有黄褐色分泌物封固。单粒卵乳白色，椭圆形。若虫：初为淡绿色，布有白色斑点，形似成虫，无翅，只有翅芽。

［生活习性］ 该虫在长江流域等地一年 2 代，以卵在土中越冬。翌年 5～6 月，卵孵化；7 月上旬，第 1 代成虫开始产卵；7 月中、下旬为产卵盛期，第 2 代若虫从 7 月下旬开始孵化；8 月上、中旬为孵化盛期；9 月中、下旬至 10 月上旬，第 2 代成虫开始产卵；10 月下旬至 11 月上旬为产卵盛期。

［防治方法］ ①初龄若虫集中为害时，人工捕杀。②喷施 50％杀螟松乳剂 1000 倍液，或 25％亚胺硫磷 1000 倍液。

第十六节　叶　甲　类

1. 丁香潜叶跳甲(*Argopistes hoenei* Maulik)(图 15-24)

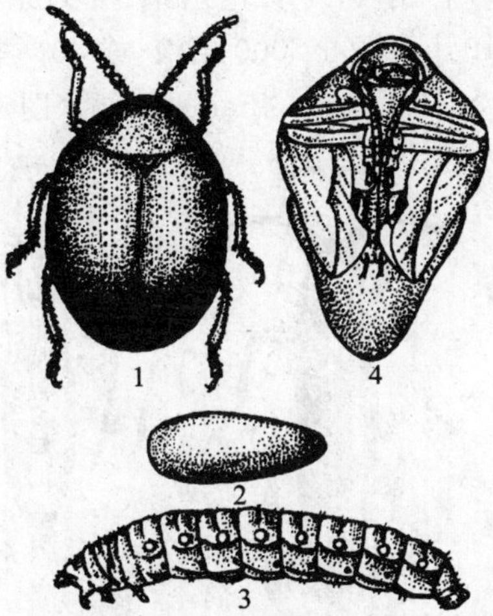

图 15-24　丁香潜叶跳甲

1. 成虫　2. 卵　3. 幼虫　4. 蛹

[分类地位]　鞘翅目、叶甲科。

[分布与为害]　分布于我国东北、华北等地。寄主有朝鲜丁香、女贞等。成虫取食叶片,幼虫潜食叶肉,在叶面上形成蜿蜒的潜痕。

[形态特征]　成虫:体卵圆形,长 2.5～2.8mm,宽 1.7～2.1mm,棕黄色。头小,嵌入前胸背板。触角棕黄色,两触角相距颇近,其间具 1 条细的纵脊纹。前胸背板横阔,后端中部向后拱出。小盾片极小,光滑无刻点,黑色。鞘翅密布刻点,略呈纵行排列。鞘翅缘折陡削。后足腿节十分发达,宽而扁,端部内例具一刺状突起。卵:长椭圆形,淡黄色,长 1.4mm。幼虫:老熟幼虫体长 3.5～5.5mm,体宽而扁。头小,半圆形,黄褐色,后半部缩入前胸。前胸较长,背板硬化,色较深。3 对胸足短小,淡黄色。蛹:裸蛹,胸部宽大,黄色。

[生活习性]　在沈阳一年 1 代,以成虫在落叶下、表土层中越冬。翌年 5 月中旬上树取食。产卵期在 5 月下旬至 6 月下旬;6 月上旬幼虫开始孵化,潜食叶肉,经 2 周左右,幼虫老熟,脱叶入土化蛹;7 月上旬,成虫羽化,经 20 余天取食;8 月下旬下树越冬。成虫白天活动,夜间停息在叶背及枝条上,善跳跃。成虫多于叶背取食。每次交

配长达1～2小时。一生可交配多次。交配后2～3天开始产卵。卵产于叶背的叶肉中。每处1粒。一日中，每雌虫产卵5～13粒。雄成虫在最后一次交配后，即陆续死亡。卵期8～10天。幼虫孵化后即开始取食叶肉，在叶内钻成弯曲的食痕。幼虫老熟后，咬破叶背下表皮，脱出落地，潜入表土层1～2mm处筑圆形土室化蛹。

[防治方法] 成虫越冬后用40%氧化乐果、50%杀螟松乳油1000倍液喷雾。6月上、中旬幼虫为害期喷10%灭百可2000倍液，或40%速扑杀1500倍液。

2.沟金针虫(*Plenomus canaliculatus* Faldemann)(图15-25)

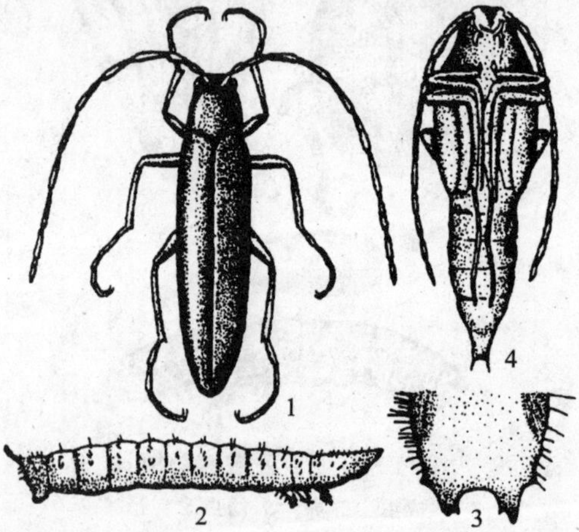

图15-25 沟金针虫

1.成虫 2.幼虫 3.幼虫尾端 4.蛹

[分类地位] 鞘翅目、叩甲科。又名沟叩头虫。

[分布与为害] 我国辽宁、内蒙古、甘肃、青海、山西、陕西、河南、河北、山东、江苏、安徽等地均有分布。食性杂。幼虫可危害多种花木。危害茎时，多从基部钻入，造成死苗，成虫食叶片。

[形态特征] 成虫：雌成虫体长14～17mm，宽5mm，雌虫背面较雄虫宽且较拱隆。体色棕红至深褐色，全体密被金黄色细毛。头部点刻较粗、密、深，头顶有三角形凹陷。触角锯齿状，11节，向后伸，超过鞘翅基部。鞘翅长为前胸的4倍，上有不明显的纵沟。后翅退化。雄成虫体长14～18mm，宽4mm。较瘦狭，背面扁平。触角丝状，12节，长达鞘翅末端。前胸背板长大于宽，侧边狭，略向前收缩，无边框，基部较前翅基部为狭，后缘角尖锐，突出外方。前胸背板背毛前半部向后向内，后半部向前向内。小盾片呈心脏形。鞘翅长为前胸的5倍，其上纵沟明显。有后翅。卵：椭圆形，长径0.7mm，乳白色。幼虫：末龄时体长20～30mm，金黄色。体节宽大于长。背中线细沟

状，故称沟金针虫。全体疏被刻点，尾节黄褐色，其背面稍凹陷，侧缘各有 3 个锯齿状突起，尾端分叉，其内侧各有 1 个小齿。全体有金色细毛。蛹：长椭圆形，雌虫长 16～22mm，雄虫长 15～17mm。前胸背板前缘有刺 1 对，后缘角突出，亦各有一剑状长刺，其两侧有 1 列小刺。腹部较长，末端形成钳状突，尖端有黑褐色锯齿。

[生活习性] 三年完成 1 代，以幼虫、成虫越冬。越冬成虫于 3 月下旬活动，白天潜伏在杂草和土块下，夜出交尾。雌虫不能飞行，3 月下旬至 6 月上旬为产卵期。卵产于大丽花等根部附近 3～7cm 深的土中。每雌虫可产卵 100 多粒，卵期 35～42 天。雄虫交尾后不久即死去。越冬幼虫第 3 年 8～9 月化蛹，幼虫期 1100 天左右，蛹期 20 天。9 月成虫羽化，当年不出土，成虫寿命 220 天左右。3 月下旬至 4 月为为害盛期；6～7 月土温 22～32℃时，匿居 1～3cm 深的土层中越夏，秋凉出土为害，深秋再入土越冬。旱地发生多，土壤湿度 15%～18%时最适宜。

[防治方法] 适当浇水，土壤湿度达 35%～40%时，沟金针虫即停止活动。结合深耕捡除成虫、幼虫。成虫活动盛期，施 3%呋喃丹，3.5kg/亩。穴施或沟施后，盖土。

第十七节 金龟子类

1. 铜绿丽金龟子(*Anomala corpulenta* Motschulsky)(彩图 83)

[分类地位] 鞘翅目、金龟子科。

[分布与为害] 我国东北、华北、西北、中南，华东的江苏、安徽、江西、浙江、上海，朝鲜、日本等地均有分布。主要危害樱花、梅花、桃花、海棠等。成虫聚集在树上危害叶片。受害叶片残缺不全，甚至仅留下叶柄。幼虫危害苗木根部，严重地威胁花木的正常生长。

[形态特征] 成虫：椭圆形，有金属光泽。体长约 19mm，体宽 9～10mm。额及前胸背面为浓绿色，前胸背板两侧边缘黄色。复眼红黑色。鞘翅铜绿色。虫体的腹面及足为黄褐色。卵：椭圆形，长径约 2mm。初为乳白色，后渐变为黄色。幼虫：体长约 40mm。头黄褐色，胸、腹部乳白色。蛹：裸蛹，初期白色，后渐变为淡褐色。

[生活习性] 以幼虫在土内越冬。次年春季土壤解冻后，越冬幼虫开始食害花木，然后做土室化蛹。6 月初，成虫开始出土，6 月中旬开始产卵。卵多散产在树下土壤内。雌成虫每次产卵 20～30 粒。成虫严重为害时间多集中在 6～7 月上旬。成虫喜欢栖息在疏松、潮湿的土壤里，有假死性和强烈的趋光性。

[防治方法] ①用黑光灯诱杀成虫。②于傍晚振动树枝，捕杀落地成虫。③成虫为害期，喷 90%敌百虫 800 倍液。

2. 小青花金龟子(*Oxycetonia jucunda* Fald.)(彩图 84)

[分类地位] 鞘翅目、金龟子科。

[分布与为害] 分布于我国上海、浙江、江苏、福建、四川、云南、安徽、山东、辽宁、广西、贵州、河北等地。主要危害月季、桃花、梅花等。成虫常群集在花序上,食害花蕾和花,将花瓣、雌蕊和雄蕊吃光。

[形态特征] 成虫:体长 12mm,宽 7mm,暗绿色。头部黑色。复眼和触角黑褐色。前胸背板和鞘翅均为暗绿色或赤铜色,并密生许多黄色绒毛,无光泽。鞘翅上具有黄白色斑纹。在腹部两侧各有 6 个黄白色斑纹,排成 1 行。腹部末端有 4 个黄白色斑纹。足黑褐色。卵:球形,白色。幼虫:老熟幼虫头部较小,褐色。胸部和腹部均为乳白色。各体节多皱瘤,密生绒毛。蛹:裸蛹,白色。尾端为橙黄色。

[生活习性] 一年 1 代,以成虫、蛹和幼虫在土中越冬。成虫 3 月出土活动,至 9 月幼虫越冬。4 月化蛹,5～6 月成虫盛发。成虫寿命约 3 个月,主要取食花蕊和花瓣,将花吃得残缺不全。成虫一般在晴天上午 10 时至下午 4 时群集食害花序。尤以下午活动最盛。遇风雨天,则栖息花上不动,有假死性。成虫喜产卵在荒草地土中。卵喜产于腐殖质多的土中、枯枝落叶下。卵期约半个月。6～7 月可见幼虫,幼虫食落叶堆厩肥等腐殖质及寄主细根,共 3 龄。8～9 月化蛹,9～10 月羽化为成虫。

[防治方法] ①在月季开花期,人工捕杀成虫。②用 50%对硫磷乳油 2000 倍液,或 50%马拉硫磷乳油 1500～2000 倍液,或 50%辛硫磷乳油 1000 倍液,或 50%速灭威可湿性粉剂 500 倍液,或 25%西维因可湿性粉剂 1000 倍液喷雾防治,杀虫效果很好。

3. 白星花金龟(*Potosia breritarsis* Lewis)(彩图 85)

[分类地位] 鞘翅目、花金龟科。又名白星花潜、白纹铜花金龟、白星金龟子。

[分布与为害] 分布于我国黑龙江、吉林、辽宁、内蒙古、河北、河南、山西、陕西、四川、云南、湖北、江西、安徽、江苏、浙江、广州、贵州、海南、宁夏、福建、台湾等地。主要寄主植物有响雪松、腊肠树、蜀葵、小叶女贞、月季、梅花、榆、麻栎、海棠、木槿、杨、槐、柑橘、构树、鸡冠花、美人蕉、桃、李、梨、苹果、杏、樱花、椿、葫芦科植物、禾本科植物及各类蔬菜等。以成虫取食花朵的花器,致花朵腐烂,幼虫在土壤内根部生活。

[形态特征] 成虫:体长 17～24mm,宽 9～12mm,椭圆形,具古铜或青铜色光泽,体表散布众多不规则白绒斑。头方形,前缘微凹,稍向上翘起。前胸背板梯形,小盾片近三角形,前胸背板和翅鞘上散布有不规则的白斑纹,并有小刻点列。腹部两侧及末端,也有白色斑纹。卵:圆形乃至椭圆形,乳白色。幼虫:老熟幼虫体长 24～39mm,体柔软肥胖而多皱纹,弯曲呈"C"形。头部褐色,胴部乳白色,腹末节膨大,肛腹片上的刺毛二纵列排列,每行刺毛数 19～22 枚。蛹:裸蛹,卵圆形,先端钝圆,向后渐削,黄白色。蛹外包以土室。

［生活习性］　一年1代，成虫于5月上旬开始出现，6～7月为发生盛期。成虫白天活动，有假死性，并有一定的对酒、醋味的趋性。飞翔能力较强，常群集危害花，产卵于土中。幼虫（蛴螬）多以腐食为生。

［防治方法］　①成虫防治：利用成虫有假死性和趋光性，可人工振落捕杀或黑光灯诱杀。②成虫发生盛期，可喷洒90%敌百虫、80%敌敌畏、40%氧化乐果、75%辛硫磷、50%马拉硫磷等药剂1000～1500倍液。③蛴螬防治：圃地必须使用充分腐熟的有机肥，或用50%辛硫磷颗粒剂2～2.5kg/亩处理土壤。

第十八节　有害动物

1. 灰巴蜗牛(*Bradybaena ravida* Benson)（彩图86）

［分类地位］　是常见的有害软体动物，腹足纲、柄眼目、蜗牛科。

［分布与为害］　全国各地均有分布。食性极杂，除危害鸢尾外，还危害栀子、月季、菊花、苍兰等花卉植物。危害鸢尾时，常将叶片食成不规则孔洞。在栀子上可啃去树皮，造成枝条甚至全株枯死。月季被害后，叶片呈不规则缺刻。

［形态特征］　成贝：贝壳黄褐色，近圆球形，有5.5～6.0个螺层。体螺层膨大。壳口椭圆形。脐孔狭窄，呈缝状。壳高19mm，宽21mm。体软，黄褐色，头上有2对触角。卵：球形、白色、光亮，孵化前变成土黄色。幼贝：体较小，形状与成贝相似。

［生活习性］　以成贝和幼贝在落叶下或浅土层中越冬，壳口有一层白膜封闭。翌年3月上旬开始活动。白天隐蔽在草丛间或土缝里；5月初，成贝在植株根际附近疏松湿润土内产卵。卵粒粘聚成块，每个卵块有10～90多粒。卵表面有黏膜。孵出的幼贝最初群集为害，以后逐渐分散活动。

［防治方法］　①人工捕捉。②早春为害期，清除田间杂草，再集中堆草诱集杀灭。③5月产卵盛期，勤松土除草，可消灭大批卵粒。④用砷酸钙0.5kg，拌石灰1kg，混合后于傍晚撒施在花圃两侧，3kg/亩，或用3.3%蜗牛敌、5%砷酸钙混合剂，0.5kg/亩，傍晚撒施于田间。

2. 卷球鼠妇(*Armadillidium vulgare* Latrielle)（彩图87）

［分类地位］　甲壳纲、等足目、鼠妇科。别名鼠妇。

［分布与为害］　分布于我国上海、江苏、福建、广东等地及北方各温室。为温室中一种主要有害动物。主要危害紫罗兰、海棠、仙客来、铁线蕨、瓜叶菊、仙人掌、金钟、仙人球、绒毛掌、松鼠尾、凤尾蕨、渐尖毛蕨、蜈蚣草、各类海棠、苏铁、水仙、含笑、松叶菊、天竺葵等。以成、幼体取食寄主植物的幼嫩新根，咬断须根或咬坏球根，同时啃食地上部的嫩叶、嫩茎和嫩芽，造成局部溃烂。

［形态特征］ 成体：体长 8～11mm，长椭圆形，宽而扁，具光泽。体灰褐色或灰紫蓝色，胸部腹面略呈灰色，腹部腹面较淡白。体分 13 节，第 1 胸节与颈愈合，第 8～9 体节明显缢缩，末节呈三角形，各节背板坚硬；头宽 2.5～3mm，头顶两侧有复眼 1 对，眼圆形稍突，黑色。触角土褐色，长短各 1 对，着生于头顶前端，其中长触角 6 节，短触角不显。口器小，褐色。腹足 7 对，雌体胸肢基部内侧有薄膜板，左右会合形成育室。幼体：初孵幼体白色，足 6 对，经过一次蜕皮后有足 7 对，蜕皮壳白色。

［生活习性］ 北方二年 1 代，南方一年 1 代，以成体或幼体在土层下、裂缝中越冬。雌体产卵于胸部、腹面的育室内，每雌产卵约 30 余粒，卵经 2 个多月后在育室内孵化为幼鼠妇，随后幼体陆续爬出育室，离开母体，1～2 天后蜕第一次皮，再经 6～7 天后进行二次蜕皮。幼体对蜕下的体皮自行取食或相互取食，幼体经多次蜕皮后便成熟。再生能力强。性喜湿，不耐干旱，怕光，有“假死性”，在外物碰触下能将体躯蜷缩成球体，静止不动，在强光或外物触动消除后便恢复活动。昼伏夜出，成、幼体多潜伏在花盆排水孔或盆沿内外，夜间出来取食。

［防治方法］ ①利用鼠妇怕光和不耐干旱的习性，清除多余杂物和杂草，在盆周围撒石灰或药剂。②发生严重时喷洒 50％磷胺乳油 1000 倍液，或 50％辛硫磷乳油 800 倍液，或 50％西维因可湿性粉剂 500 倍液，或 2.5％敌百虫粉剂每盆 3g。

第十六章　园林植物主要钻蛀性害虫

第一节　天　牛　类

1. 桃红颈天牛(*Aromia bungii* Faldermann)(彩图88、89)

[分类地位]　鞘翅目、天牛科。

[分布与为害]　我国各地均有分布。主要危害梅花、桃花、樱花、杏、李等木本花卉。幼虫蛀入木质部为害,造成枝干中空,树势衰弱,叶片小而黄,甚至引起死亡。

[形态特征]　成虫:体长28～37mm,宽8～10mm。全体黑色,前胸背面棕红色,有光泽,或完全黑色。雌虫触角超过体长2节。雄虫触角超过体长4～5节。前胸两侧各有刺突1个,背面有瘤突4个。鞘翅表面光滑,基部较前胸宽,后端较窄。卵:长圆形,乳白色,长3～4mm。幼虫:初孵化时乳白色,近老熟时稍带黄色。体长50mm左右。前胸背板扁平,长方形,前缘有两块中凹入的黄褐色斑纹,两斑纹后方中央各有1个椭圆形小斑。蛹:为离蛹,外无蛹壳包被,淡黄白色,长36mm左右。

[生活习性]　二年1代,少数三年1代。以幼虫在树干蛀道内越冬。4～6月老熟幼虫黏结粪便、木屑,在树干蛀道中做茧化蛹;6～7月成虫羽化。晴天中午成虫多停留在树枝上不动。成虫外出后2～3天交尾。卵多产在主干、主枝的树皮缝隙中。产卵时先将树皮咬一方形伤痕,然后把卵产在伤痕下。卵期8天左右。幼虫孵化后,先在树皮下蛀食,第二年,虫体长到30mm左右时,便蛀入木质部为害,蛀成弯曲孔道。蛀孔外堆有红褐色锯末状虫粪。

[防治方法]　①利用成虫中午至下午2～3时静息于枝条上的习性,进行人工捕捉。②发现方块形产卵伤痕,及时刮除虫卵。③对钻在树皮下为害的幼虫,可将被害树皮拨开,杀死幼虫。对已钻入木质部的幼虫,可用铁丝钩杀,也可用棉花球蘸敌煤油剂塞入虫孔内(敌煤油剂配方为煤油1kg加80%敌敌畏乳油50g),然后用泥封住虫孔。亦可直接用棉花球蘸80%敌敌畏乳油原液塞入孔中。④在树干和主枝上涂白剂,防止成虫产卵(白剂是用生石灰10份、硫磺1份、食盐0.2份、兽油0.2份、水40份配成)。

2. 柏双条杉天牛(*Semanotus bifascaitus* Motschulsky)(图16-1)

[分类地位]　鞘翅目、天牛科。

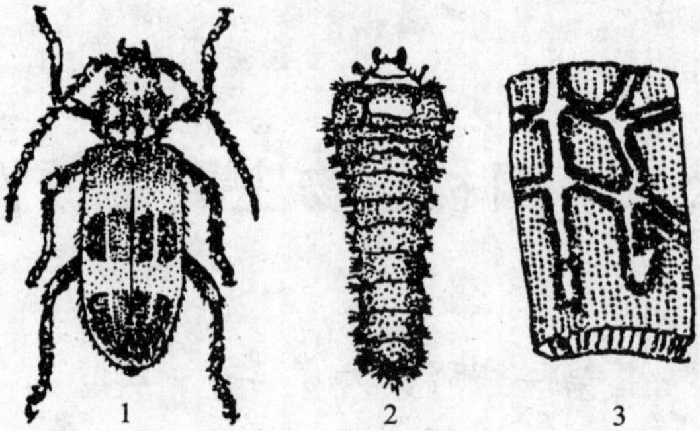

图 16-1 柏双条杉天牛

1.成虫 2.幼虫 3.被害状

[分布与为害] 我国华北、华中、华东、华南、西南等地均有发生。为北京市公园、庭院、风景区古柏树的一大害虫。主要危害侧柏、桧柏、龙柏等树木,严重地方常造成整枝、整株树木枯死。此虫为弱寄生性害虫,主要危害衰弱树木。

[形态特征] 成虫:体长 10mm 左右;圆筒形略扁,黑褐色或棕色。前翅中央及末端有两条黑色横宽带,两黑带之间为棕黄色。卵:长 1.6mm 左右,白色,长椭圆形。幼虫:老熟时体长 15mm 左右,圆筒形,略扁,胸部较宽。体乳白色,头黄褐色。无足。蛹:长 15mm 左右,淡黄色。

[生活习性] 北京一年 1 代,多以成虫在被害树枝、树干内过冬。次年 3 月底(柳芽吐出新芽5～10mm 时)成虫开始把树皮咬一羽化孔,脱孔而出,白天多藏于树皮裂缝里、树洞里或树干基部土缝处,夜晚活动,喜产卵于树势衰弱或新移栽树木的树皮裂缝处,每处2～3 粒乃至 4～5 粒不等,每雌虫产卵几十粒,卵期 10 多天,4 月中旬幼虫孵化,蛀入树皮为害,被害处排出极少量和木质部颜色相同的碎末。幼虫钻入树皮后,在树皮下蛀食为害,把木质部表面蛀成弯曲不规则的坑道,破坏树木的输导功能,坑槽内充满黄白色木屑和虫粪,树皮易剥落;5 月中、下旬为害最严重。幼虫为害一旦环绕树枝或树干,上部即行枯死;6 月中旬幼虫开始钻入木质部深约 2～3cm 处,10 月上旬在隧道内化蛹,并羽化为成虫而过冬。新移栽树或树势衰弱的树木是此虫发生为害的关键条件,健壮树木很少受害。受害枯死树枝内的害虫一般在第二年便转移。

[防治方法] ①加强浇水、施肥、中耕松土;古柏进行复壮措施;新移树木要随起随栽,大树设支柱防风吹倒,使树木很快发芽,是防治该虫的关键措施。②秋、冬季彻底剪去当年受虫害新枯死的树枝或伐除树木处理。③于 2 月底 3 月初进行饵木诱杀。④可于双条杉天牛幼虫孵化为害期,释放肿腿蜂,将蜂放在树干上,放蜂量为天牛幼虫量的 1/4 左右。⑤如栽植大规格柏树,栽后要喷 800～1000 倍的 40%氧化乐果乳油,

或 2000 倍2.5%溴氰菊酯乳油进行封干，防止产卵为害。⑥注意保护天敌。

3. 光肩星天牛(*Anoplophora glabripennis* Motschulsky)(图 16-2)

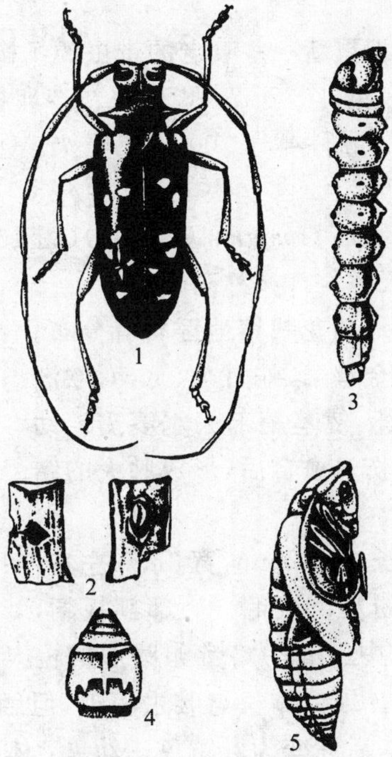

图 16-2　光肩星天牛

1. 成虫　2. 产卵痕　3. 幼虫　4. 幼虫前胸背板　5. 蛹

［分类地位］　鞘翅目、天牛科。

［分布与为害］　我国华北、东北、西北、华中、华东、华南等地均有发生。为北京园林观赏树木的一种主要的蛀干害虫，主要危害馒头柳、柳、栾树、元宝枫、杨、榆等树木。

［形态特征］　成虫：体长 17～39mm，漆黑色，带紫铜色光泽。前胸两侧各有一刺状突起。前翅壳上各有十几个白色斑纹。卵：长 5.5mm 左右，长椭圆形，稍弯曲，乳白色或黄色，略扁，似“黄瓜籽”。幼虫：老熟时体长 50～60mm 左右，乳白色略带黄色，无足，前胸背板上有“凸”形纹。蛹：体长 30mm 左右，黄白色。

［生活习性］　北京 1～2 年 1 代，以幼虫在被害木头里过冬。次年 5 月开始化蛹，蛹期13～24天；5 月下旬羽化为成虫外出；6 月中旬至 7 月中旬为羽化盛期；7 月中旬至 8 月下旬为产卵盛期。成虫迁飞性不强，喜在原被害树上产卵为害，一般待树木枯死后才迁移至其他树产卵，每雌虫产卵 40 粒左右，卵期 11 天左右。8 月大量幼虫孵化，幼

虫孵化后往左右蛀食皮层，排出粪沫；9月底开始往木质部钻，当年幼虫钻入木质部里越冬，第二年4月过冬幼虫继续活动为害。幼虫在木质部里为害1～2年，6月在隧道内化蛹。

［防治方法］ ①有计划地更新一些衰老的带虫的杨柳树，减少虫源。②于6～7月成虫外出期，清晨人工捕捉成虫。③于7～8月在新产卵槽上涂抹5～10倍的20%菊杀乳油。幼虫盛孵期，喷25%园科3号200倍液1次。④注意保护或利用啄木鸟、花绒坚甲等天敌。

4. 菊小筒天牛（*Phytoecia rufiventris* Gautier）（图16-3）

［分类地位］ 鞘翅目、天牛科。又称菊天牛。

［分布与为害］ 我国各地菊花栽培地区均有分布。危害多种菊科花卉，如菊花、金鸡菊、蛇目菊、野菊、欧洲莲等。成虫产卵时，咬伤茎秆，使茎梢部失水萎蔫。幼虫钻蛀茎秆，使茎秆易折裂，伤口愈合后，形成肿大的结节。被害枝不开花或枯死。

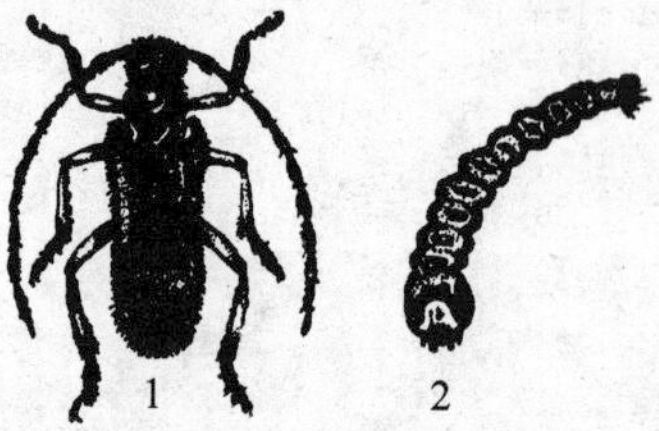

图16-3 菊天牛

1. 成虫 2. 幼虫

［形态特征］ 成虫：体长6～12mm，宽3mm左右，圆筒形，黑色。鞘翅被稀疏的灰色绒毛。头部额板阔，触角近等于体长。前胸背板中区有一略带卵圆形的橙红色斑。腹部及足呈橘红色。雄虫体长与雌虫相近，但触角比身体略长。卵：长2～3mm，长椭圆形，初时乳白色，后渐变为乳黄色。幼虫：体长9mm左右，淡黄色。前胸背板近方形，两侧各有一条深褐色凹陷，背板前半部有一大型淡褐色斑。腹末端圆形，有长而密集的刚毛。蛹：黄褐色，长10mm左右。

［生活习性］ 此虫一年1代，以成虫或幼虫在植物根部越冬。翌年4月中旬到5月中旬外出产卵，产卵于茎部被害处以下10mm处的茎秆处。随后，幼虫孵化，沿茎秆向下蛀食；9月上旬至10月初化蛹；10月下旬，成虫羽化，进行越冬。成虫交尾后，在菊花茎梢部咬成半圆形切口，产卵于其中，伤口不久变黑。由于植物输导组织被破坏，上部茎梢逐渐萎蔫，极易从切口处折断。幼虫孵化后，即蛀入茎内，沿茎部向下蛀食。9月幼虫老熟化蛹。10月成虫羽化，以成虫在根部越冬。

［防治方法］ ①发现被害茎梢部枯萎时，将断茎以下3～6cm处摘除，集中销毁，以减少虫卵孵化。②5～6月喷40%氧化乐果1000倍液，或80%敌敌畏1500倍液，或90%晶体敌百虫1500倍液，既可减少成虫产卵，又可杀死幼虫。

5. 桑天牛（*Apriona germari* Hope）（图16-4）

［分类地位］ 鞘翅目、天牛科。

［分布与为害］ 广泛分布于我国河北、黑龙江、湖南、四川、安徽、河南、辽宁、江

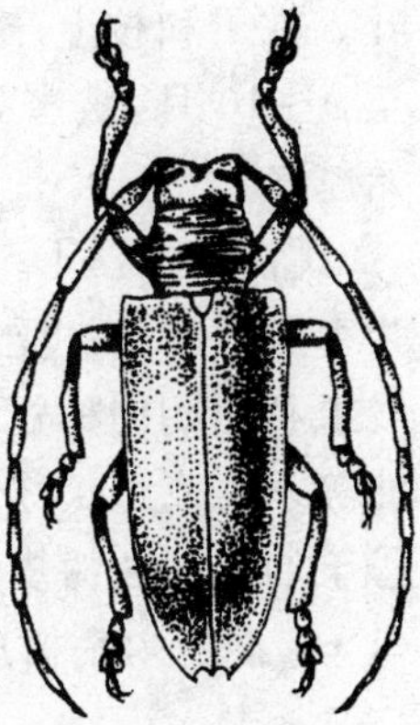
图 16-4 桑天牛成虫

苏、浙江、山东、广东等地。寄主有桑、樱花、柑橘、海棠、紫荆、女贞、紫薇、菊花、樱桃、柳等。成虫食新枝嫩皮补充营养,幼虫蛀食枝干木质部到心髓,每隔一定距离,向外咬一排泄孔,致使植株长势衰弱。

[形态特征] 成虫:体长 35～50mm。雄虫体略小,黑褐色,密被黄褐色绒毛。头下口式。头部中央具一纵沟。前胸背板有横皱纹,两侧中间各有一刺突。翅鞘基部密生黑色颗粒状小突起。触角雌虫比体长 1 节,雄虫比体长 3 节。卵:为长椭圆形,乳白色,长 6mm。老熟幼虫:体长 50～70mm,乳白色,圆筒形。前胸背板前端为黄褐色的“凸”字形,其中有一“小”字形凹陷纹,后端有褐色疣状小突起,向前呈放射状。蛹:纺锤形,长 50mm,淡黄至黄褐色。

[生活习性] 在上海 2～3 年 1 代。以幼虫在枝干内度过 2 个冬天。5 月上旬开始化蛹,5 月中旬开始羽化;6 月中旬产卵;7 月 5 日产卵高峰,7 月下旬幼虫孵化;8 月上旬孵化高峰;9 月上旬开始蛀入木质部。成虫寿命长达 2～3 个月。羽化初需补充营养而啮食嫩皮。每头雌虫产卵 100 多粒。卵多产于直径 10～25mm 的枝上及一年生枝条分叉处上方。产卵时先咬一“V”字形伤痕,再产卵 1 粒。卵期约 10 多天。孵化后在枝条上方可见一似长方形孔口,虫体在孔口处向下蛀食,成垂直隧道,每隔一定距离即向外咬一圆孔排泄木屑、粪便。化蛹前幼虫再向上蛀食,蛹历期 20 天。

[防治方法] 越冬前后往蛀孔内插入毒棒、一孔插 1 枝毒杀幼虫。幼虫孵化盛末期,约 8 月上、中旬,喷 25%园科 3 号 200 倍液,或氧化乐果 1000 倍液。于幼虫盛孵期(8 月上旬)放肿腿蜂 1～3 管(每管 30 头蜂)。

第二节 吉丁虫类

合欢吉丁虫(*Agrilus* sp.)(图 16-5)

[分类地位] 鞘翅目、吉丁虫科。

[分布与为害] 分布于我国北京、天津等地。幼虫蛀食合欢树皮和木质部边缘部分,破坏树木输导组织,严重时造成树木枯死。

[形态特征] 成虫:体长 3.5～4.0mm,铜绿色,稍带有光泽。幼虫:老熟时体长 5～6mm,头很小,黑褐色,胸部较宽,腹部较细,无足。

[生活习性] 北京一年 1 代,以幼虫在被害树干内过冬。次年 5 月下旬,幼虫老熟在隧道内化蛹;6 月上旬,成虫开始羽化外出,常在树皮上爬动,并到树冠中咬食树

叶。在干和枝上产卵，每处产卵1粒。幼虫孵化潜入树皮为害；至9～10月，被害处流出黑褐色的胶，一直为害到11月幼虫开始越冬。

［防治方法］ ①勿栽植带虫苗木，栽后加强养护管理，发现为害及时除治。受害严重将要枯死的树木，应更新伐除。②于成虫羽化期向树冠上和干、枝上喷1500～2000倍的20％菊杀乳油等杀死成虫。③于5月成虫羽化前进行树干涂白，防止产卵。④于幼虫初在树皮内为害时，往被害处涂煤油溴氰菊酯混合液(1∶1混合)，杀树皮内的幼虫。

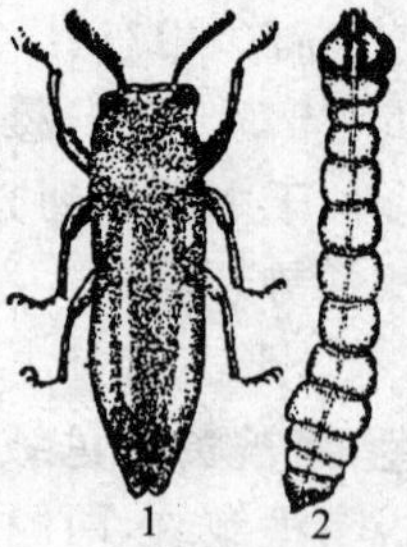

图16-5 合欢吉丁虫
1.成虫 2.幼虫

第三节 蠹 蛾 类

1.国槐木蠹蛾(*Holcocerus insularis* Staudinger)(图16-6)

图16-6 国槐木蠹蛾
1.成虫 2.幼虫 3.蛹皮

［分类地位］ 鳞翅目、木蠹蛾科。又名小木蠹蛾。

［分布与为害］ 我国华北、东北、西北、华中、华东等地均有发生。为北京市园林观赏树木的一种主要蛀干害虫。主要危害国槐、龙爪槐、白蜡、元宝枫、海棠、银杏、丁香等乔灌木。幼虫钻蛀树枝、树干，在木质部形成密集的虫道，破坏树木输导功能，常造成整枝、整株树木死亡，木材失去利用价值。

［形态特征］ 成虫：体长18mm左右，翅展37mm左右，全体灰褐色。前翅有云状黑色横纹，外缘及中央为灰白色。卵：扁圆形，中部稍凹，灰黑色，长径约1mm。幼虫：老熟时体长50mm左右，宽6mm左右，背面红紫色，腹面黄白色。蛹：长21mm左右，宽5mm左右，黄褐色，稍弯曲。

［生活习性］　北京二年1代，以幼虫在被害枝、干内过冬。次年4月开始为害，见有新虫粪和木屑排出，粪粒、木渣粘连在一起呈棉絮状，悬挂在排粪孔周围；6月上、中旬幼虫老熟，在隧道近羽化孔处化蛹，6月下旬（早花栾树谢花期）为成虫羽化盛期，成虫羽化外出后，将蛹壳留在羽化孔口内外各一半。雌雄交尾后，喜产于树干、大枝的伤疤、裂皮缝处，卵成堆，每堆数粒至数十粒，每雌虫平均产卵200粒左右，卵期14～24天；7月上旬幼虫孵化后，在附近爬行，成群蛀入树皮，以至木质部里为害。从树皮缝处排出细碎黄褐色虫粪和木屑。受害部位常在树上成段。幼虫在树内为害2年。严重时树皮易剥落，树木或枝条很快枯死。伤多的树、衰弱树、孤立树受害较重。

［防治方法］　①合理混植，加强水、肥等养护工作，注意减少树木损伤，增强树势，以减少虫害发生。②于为害期从排出新粪的虫孔注射50～100倍的敌敌畏乳油，或50倍的敌百虫原药。③结合冬季整形修剪，剪掉虫多枝，减少虫源。

2. 柏树小蠹（*Phloeosinus perlatus* Chapius）（图16-7）

［分类地位］　鞘翅目、小蠹科。又名柏肤小蠹。

［分布与为害］　我国北京市公园、绿地、风景区均有发生。主要危害侧柏、桧柏等柏树的树皮和木质部表面，破坏输导功能。

［形态特征］　成虫：体长2.5mm左右，宽1.3mm左右，长圆形略扁；全体黑色或褐色。每个鞘翅上有9条纵纹。卵：圆球形，白色。幼虫：老熟时体长约2.8mm左右，乳白色，稍弯曲，头淡黄褐色。蛹：乳白色，长2.5mm左右，快羽化时灰黑色。

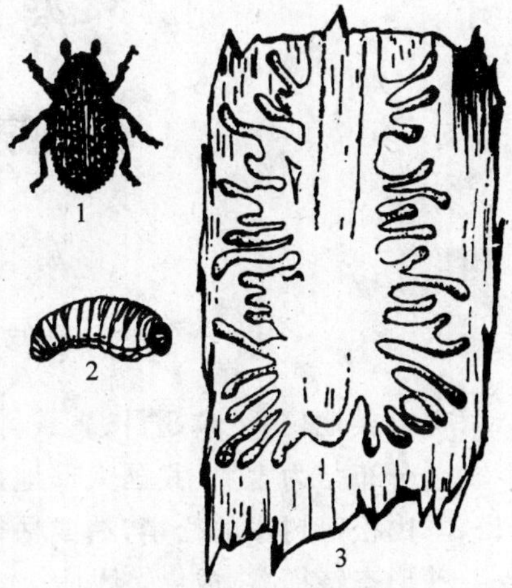

图16-7　柏树小蠹

1. 成虫　2. 幼虫　3. 被害状

［生活习性］　北京多为一年1代，主要以成虫在树皮内做坑道过冬，也有以幼虫过冬的。次年4月成虫开始陆续飞出，喜到生长势衰弱的柏树上蛀孔侵入皮下，雄虫跟踪进入，同蛀母坑道，交尾后在坑道内产卵。母坑道一般与被害枝干平行，每坑道内一般有卵20～30粒，卵期7天左右，幼虫孵化后在树皮和木质部之间向坑道两侧呈放射状蛀食为害，幼虫期40多天；5月中、下旬幼虫老熟在子坑道末端做蛹室化蛹，蛹期10天左右，6月上、中旬成虫羽化外出，树皮上出现许多直径2mm左右的圆形羽化孔。成虫转移至2mm左右粗的小枝，取食补充营养；9月中、下旬成虫再回到较粗的柏树枝上咬破树皮而潜入过冬。早的也有在树皮下做母坑道，雌雄成虫一起或产卵孵出幼虫在坑道内过冬。

[防治方法] ①加强浇水、施肥、中耕松土,古柏进行复壮,以增强树势,预防和减少为害。②及时剪掉新枯死的柏枝,伐除已死的柏树,进行处理,消灭虫源。③于4~5月或9~10月在受害柏树附近堆放直径2cm以上的新鲜柏枝、柏木,以诱杀成虫并处理、消灭里面的害虫。④饲养土耳其扁谷盗,于柏树小蠹卵期释放,以捕食卵、幼虫和蛹。⑤注意保护天敌。

第四节 螟 蛾 类

1. 松梢螟(*Dioryctria rubella* Hampson)(图16-8)

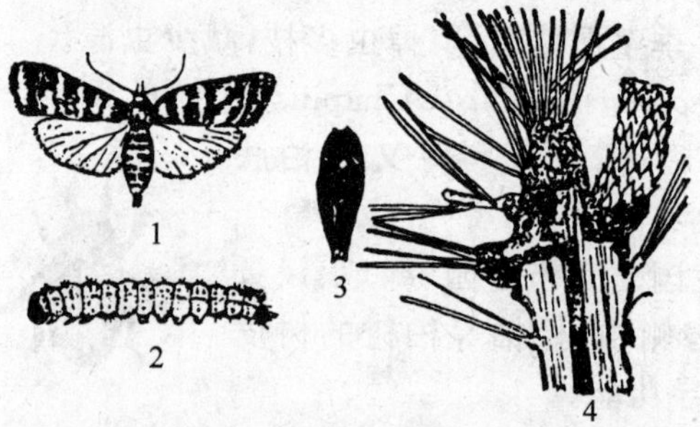

图16-8 松梢螟
1.成虫 2.幼虫 3.蛹 4.被害状

[分类地位] 鳞翅目、螟蛾科。

[分布与为害] 我国大部地区均有发生。北京地区普遍发生,主要危害油松、黑松、华山松等树木的松梢,造成枯梢,影响顶端生长和观赏。

[形态特征] 成虫:体长10~16mm,翅展24mm左右,前翅灰褐色,上有4条白色,横纹,中室端有一明显肾形大白斑。卵:圆形,暗赤色。幼虫:老幼虫体长25mm左右,体暗赤色,头及前胸背板赤褐色,各节上有成对明显的黑褐色毛瘤,其上生有1根刚毛。蛹:黄褐色,头顶方钝突出,腹末有波状钝齿,臀棘6根,中央4根靠近,两侧距离较远。

[生活习性] 北京一年2代,以幼虫在被害枝梢或球果内做薄茧过冬。次年3月下旬开始为害;5月中旬开始化蛹;6月初成虫羽化,在松梢松针基部产卵,一般每个新梢上产卵1粒,也有产2~3粒的,卵期10天左右;6月中旬幼虫孵化,钻入新梢髓部后多先往尖端蛀食为害;到顶端后再往下为害,把髓部蛀空,内充满木屑和虫粪,并咬好圆形排粪孔,孔口周围常有松脂和黄白木屑和虫粪。被害枝尖端呈灰黄色至橘红色,

向下弯曲枯死；8月中旬幼虫老熟，在隧道内化蛹，8月下旬第1代成虫开始羽化，并交尾产卵；9月中旬第2代幼虫孵化为害，一直为害到11月在枝条内过冬。各世代不整齐。

[防治方法]　①发现虫枝及时剪掉处理，消灭虫源。②于幼虫初侵入嫩梢为害期，浇灌1000倍的40%氧化乐果乳油。③注意保护寄生蜂等天敌。

2. 大丽花螟蛾（*Ostrinia nubilalis* Hb.）（图16-9）

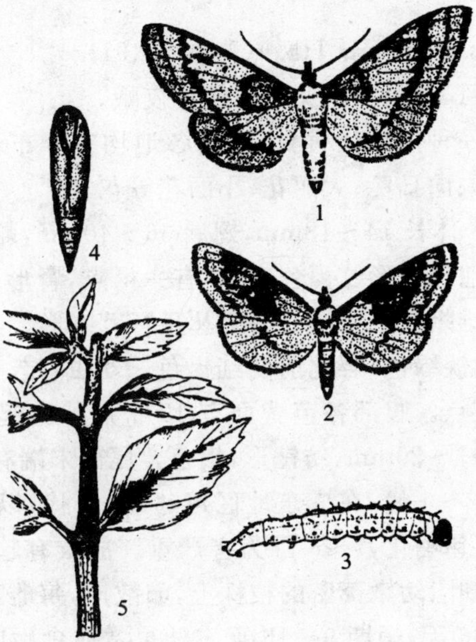

图16-9　大丽花螟蛾

1雌成虫　2.雄成虫　3.幼虫　4.蛹　5.被害状

[分类地位]　鳞翅目、螟蛾科。

[分布与为害]　为我国北京苗圃中一种常见的害虫。主要危害大丽花、菊花等。以幼虫钻在茎部为害。受害严重时，植株几乎不能开花。

[形态特征]　成虫：黄褐色，体长13～15mm，翅展25～35mm。雌体肥大，色较黄，翅面波纹浅褐色。雄体瘦削，色较深，翅面波纹暗褐色。卵：扁平椭圆形，黄白色，长约1mm。幼虫：老熟幼虫体长约19mm，圆筒形，头红褐色。蛹：纺锤形，黄褐色或红褐色，末端有小钩5～8个。

[生活习性]　以幼虫在茎秆内越冬。翌年5月中旬，成虫羽化。成虫喜在花芽或叶柄基部产卵。卵期4～5天。5月下旬，幼虫孵化后钻入茎内，钻入孔附近呈黑色；第二、三代幼虫分别在7月中、下旬和8月中、下旬发生；9月后，幼虫开始越冬。

［防治方法］ ①及时剪除被害茎，杀死茎秆内幼虫。②用注射器注入80%敌敌畏乳油500倍液，蛀孔用泥土封住。③幼虫孵化期喷90%敌百虫800倍液，毒杀初孵幼虫。④冬季剪除并销毁大丽花茎秆。

第五节 夜 蛾 类

1. 棉铃虫(*Heliothis armigera* Hb.)(彩图90、91)

［分类地位］ 鳞翅目、夜蛾科。又称棉铃实夜蛾。

［分布与为害］ 是一种世界性害虫，我国各地均有分布。主要危害香石竹、非洲菊、万寿菊、木槿、百日草、向日葵、大丽花、小丽花等花木。

［形态特征］ 成虫：体长14～18mm，翅展36～40mm，雌蛾体色为黄褐色或灰褐色。触角丝状黄褐色。前翅环形纹褐色，中央有一褐点，肾形斑黑褐色。后翅灰白色，中部有褐色月牙形斑。雄蛾腹末抱握器的毛丛呈"一"字形。卵：半球形，有光泽，表面有网纹，初产时乳白色或淡绿色，孵化前变红褐色。幼虫：老熟幼虫体长40mm左右。头部浅黄色，有深黄色斑点。腹部各节背面有12个瘤状突起，有2～4条背线。体侧有白色横线。蛹：长约17～20mm，纺锤形，褐色。尾部末端有一对黑色钳形的刺。

［生活习性］ 一年2～4代，在广东地区可达6～7代，以蛹在土中越冬。世代重叠严重。成虫4月中、下旬羽化，7～8月为害严重。成虫有趋光性，繁殖力强，常在花蕾或花上产卵，卵产于枝叶、幼嫩茂密的枝株上，卵散产，每雌可产卵500～1000粒，卵期5～9天，幼虫期14～36天，蛹期9～15天。幼虫常取食嫩叶，钻蛀花蕾，咬食花朵，造成孔洞。

［防治方法］ ①用黑光灯诱杀成虫。冬耕时，消灭越冬虫蛹。②在小幼虫期喷40%氧化乐果1500倍液，或50%杀螟松1000倍液，或50%辛硫磷乳油1000倍液，或25%杀灭菊酯、20%二氯苯醚菊酯各2000倍液。

2. 贪夜蛾(*Spodoptera exigua* Hb.)(图16-10)

［分类地位］ 鳞翅目、夜蛾科。又称甜菜夜蛾。

［分布与为害］ 广泛分布于我国东北、黄河和长江流域及其南方各地。主要危害香石竹、非洲菊、菊花、万寿菊等花木。以幼虫蛀食花蕾、花朵、嫩叶，造成植株落蕾和叶片缺刻。

［形态特征］ 成虫：体长12～14mm，翅展30mm左右。前翅锈褐色，后翅白色，边缘褐色。卵：球形，基部扁平，白色，近孵化时变为暗褐色，卵重叠，卵块上盖有白色绒毛。幼虫：体色变化大，白、灰、绿色至赤褐色。腹部有浅色的背线。气门后上方有白色斑纹。蛹：长13～14mm，黄褐色。腹末有2根弯曲的臀刺。

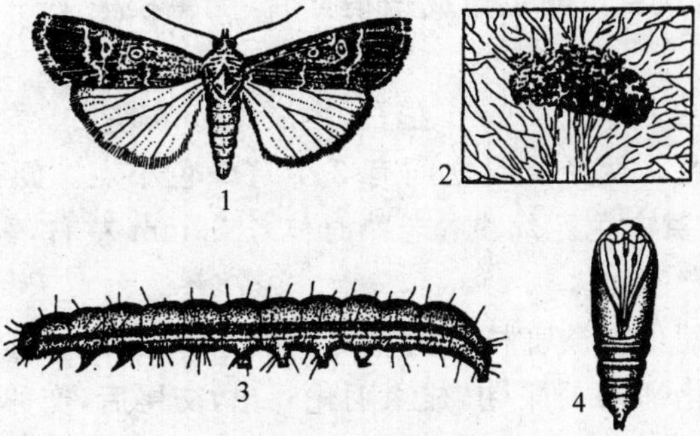

图 16-10　贪夜蛾

1.成虫　2.卵　3.幼虫　4.蛹

[生活习性]　一年5代以上，以蛹在土中越冬。卵产在叶正反两面，成块状，上有白色绒毛，每块有卵20～30粒，平均每雌产600～1000粒左右。成虫有趋光性。幼虫群集为害，稍大后，蛀入花蕾为害。幼虫有假死性，受惊即落地。

[防治方法]　在低龄幼虫期，喷5%抑太保乳油、5%卡死克乳油各6000倍液。

第六节　茎　蜂　类

玫瑰茎蜂(*Neosyrista similis* Moscary)(图 16-11)

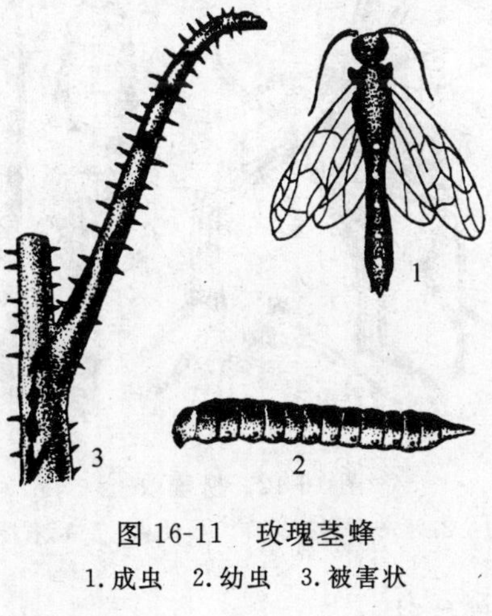

图 16-11　玫瑰茎蜂

1.成虫　2.幼虫　3.被害状

[分类地位]　膜翅目、茎蜂科。

[分布与为害]　分布于我国华北、华东地区。寄主有月季、蔷薇、玫瑰、十姊妹等。

除幼虫在茎内蛀食外，成虫产卵也造成嫩梢折断，受害枝失去开花能力，严重时，受害枝梢可达60%以上。

［形态特征］ 成虫：体长20mm左右，翅展45mm左右。体黑色，有光泽。触角丝状，黑色，基部黄绿色。两个复眼之间有2个黄绿色小点。翅茶色，半透明，有紫色闪光。卵：椭圆形，淡黄白色。幼虫：老熟时体长20mm左右，乳白色。头部浅黄色，尾端有一褐色尾刺。

［生活习性］ 以幼虫在被害枝条内越冬。次年3月下旬越冬幼虫开始为害。幼虫老熟后就在枝条内化蛹；4月下旬，成虫羽化外出，交尾后，产卵于当年生嫩梢上。幼虫孵化后，从嫩梢钻入枝条的髓部，不断向下蛀食，造成嫩梢萎蔫，而后干枯。

［防治方法］ ①发现被害嫩梢或枝条，应立即自被害部下剪除并销毁。②在成虫发生期，发现茎蜂立即捕捉杀死。③幼虫活动期，向蛀孔内注射敌敌畏50倍液2～20ml，杀幼虫。

第七节 蚊 蝇 类

1. 柳瘿蚊(*Rhabdophaga salicis* Schrank)(图16-12)

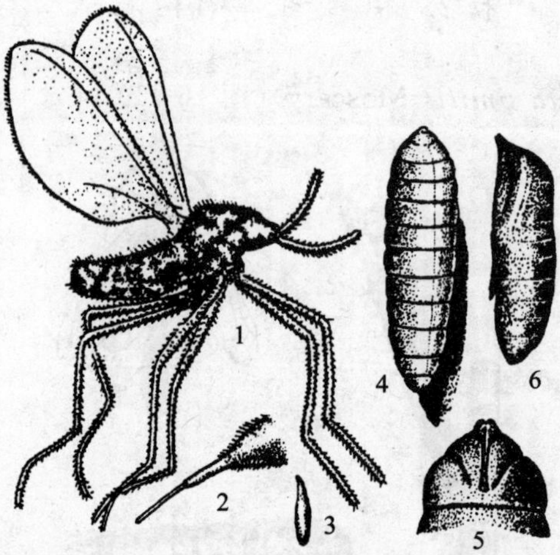

图16-12 柳瘿蚊

1. 雄成虫 2. 雌产卵器 3. 卵 4. 幼虫 5. 蛹末端 6. 蛹

［分类地位］ 双翅目、瘿蚊科。

［分布与为害］ 分布于我国东北、华北及江苏、安徽、山东、河南、湖南、湖北等地。

寄主有垂柳、银柳、旱柳等。幼虫孵化后，从嫩芽基部蛀入，或由伤口裂缝蛀入。被害处因受刺激引起组织增生，形成瘿瘤，连年为害，瘿瘤逐渐增大，最大的长达 1m，造成树势衰弱，甚至枝干枯死。一株树上的瘿瘤多达 20 个以上。雄虫还在韧皮部、形成层内为害。

[形态特征]　成虫：体长 2.5～3.5mm，紫红色或黑褐色。腹部各节着生环状细毛。触角灰黄色，念珠状，16 节，各节轮生细毛。前翅膜质，透明，菜刀形。翅基狭窄，有 3 条纵脉。翅面生有细短毛。足细长。卵：长椭圆形，长 0.3～0.5mm，两端稍尖，橘黄色，略透明。幼虫：椭圆形，老熟时体长 3～4mm，橘黄色，前胸有一"Y"状骨片。蛹：椭圆形，长 3～4mm，橘黄色。

[生活习性]　在江苏、湖北等地一年 1 代，以幼虫在瘿瘤内越冬。次年 2 月下旬至 3 月上旬化蛹，3 月中、下旬羽化。成虫羽化后即行交尾产卵。成虫发生期持续 1 个月。卵期6～10 天，蛹期 20 天。幼虫于 11 月开始越冬。气温达 15℃以上时，羽化数量显著增多，反之则少。在阴面的瘿蚊比在阳面的羽化期要迟 7 天左右。成虫羽化后，经半小时即交尾产卵。卵多产于瘿瘤的羽化孔中，也产于嫩芽基部、树皮伤口和裂缝内，较少，散产，多为卵块，每块卵有数粒至数百粒。有时一头雌虫在一处全部将卵产完，也有几头雌虫在同一处产卵。每雌虫平均产卵 150 粒。雌虫寿命 2～3 天。雄虫蛀入韧皮部、形成层内为害。幼虫分泌黏液，使蛀处坏死，成孔道。幼虫孵出，蛀入嫩芽基部或伤口裂缝内，被害处受刺激引起组织增生，形成瘿瘤。第一年虫口密度不大，无明显瘿瘤，不易发觉，第二年枝干上出现羽化孔，成为成虫产卵场所，虫口密度大增，出现瘿瘤，连年受害，瘿瘤逐年增大，2～3 年生的枝条有虫 30～40 头/m^2。虫口在四年生寄主比一年生的增加 4 倍。幼虫老熟在靠近瘿瘤表皮处做蛹室化蛹。

[防治方法]　①秋、冬季节，结合整修，剪除枝干上瘿瘤并烧毁，但不能在 3～4 月进行，以免有利于成虫在伤口处产卵。②4 月下旬至 5 月下旬，幼虫在形成层为害时，选喷 40%氧化乐果或 50%杀螟松 1000 倍液，或 40%速扑杀 1500 倍液。

2. 菊瘿蚊（*Diarthronomyia Chrysanthemi* Ahlberg）（图 16-13）

[分类地位]　双翅目、瘿蚊科。

[分布与为害]　是我国北京近年来在菊花上新发现的一种害虫。主要危害小菊的顶端及叶腋处的嫩芽、嫩叶和老叶的边缘等，严重时受害株率达 90%以上。受害处形成虫瘿，破坏了顶芽和侧芽的营养和生殖生长，严重影响花蕾的形成，对菊花的生产和栽植威胁较大。同时，也发现危害甘野菊等。

[形态特征]　成虫：雌成虫体长 3～3.5mm，是一种纤细的小蚊虫。腹部暗橘桔红色。背部各节有黑色横斑。触角念珠状，珠间有毛，并有较短的轮生毛。腿长。胸部发达，胸背黑色。尾部较尖，有明显管状能伸缩的产卵器。翅淡灰色，半透明，有3 条

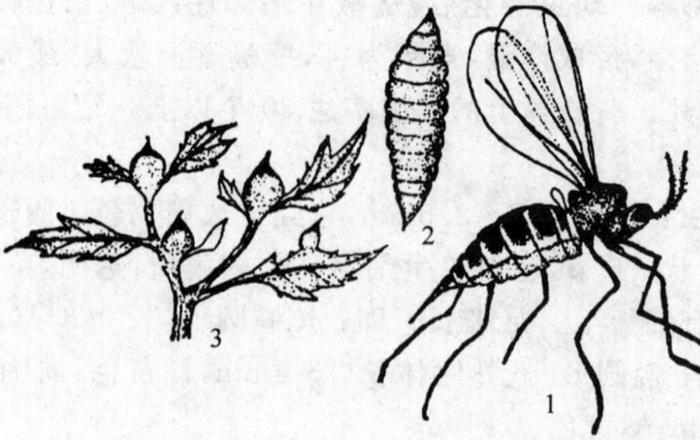

图 16-13　菊瘿蚊

1.成虫　2.幼虫　3.被害状

明显的纵脉，无横脉。雄成虫体稍瘦，长 3mm 左右，腹部灰色至灰褐色。触角念珠状，珠间及轮生毛均较长。卵：长椭圆形，琥珀色略带红色。幼虫：小时淡黄色，大时橘黄色至橘红色。体纺锤形，两端较尖，老熟时体长3.5mm 左右。蛹：腹部橘红色，胸部附器及胸背紫黑色，体长 3mm 左右。

［生活习性］　北京一年 3～4 代，以幼虫在土内过冬。次年 4 月上、中旬出现成虫，交尾后多产卵于小苗的嫩芽或嫩叶处；5 月下旬发现虫瘿；6 月下旬瘿内见有大量蛹；7 月上旬第 1 代成虫羽化外出，多从虫瘿顶端羽化而出，将蛹皮留在羽化孔口处。成虫午后多在小菊附近飞翔，产卵于幼芽、嫩叶、老叶等处，幼虫孵化并为害，刺激幼芽、嫩叶组织增生，形成虫瘿，一处一般有虫瘿 1～3 个，最多可达 6 个，严重的一株上有虫瘿二三十个，几乎每个顶梢和叶腋处都有虫瘿。虫瘿多为桃形，初为绿色，长成后从顶端开始渐变为紫红色，最大的长约 5mm，宽约 4mm，瘿内有室，室内有 1～7 头幼虫为害；8 月初第2 代成虫羽化；8 月底 9 月上旬出现第 3 代成虫羽化高峰；9 月中旬还见有很多蛹；10 月下旬幼虫入土过冬。世代很不整齐。

［防治方法］　①秋季深翻土，消灭过冬幼虫。②注意防治附近干野菊上的瘿蚊，减少虫源。③初见虫瘿后，往根部浇灌 1000 倍的 40％氧化乐果乳油，或 50％杀螟松 1000 倍液毒杀幼虫。

第十七章　园林植物主要刺吸类害虫及螨类

第一节　叶　蝉　类

1. 小绿叶蝉（*Empoasca flavescens* Fabricius）（图 17-1）

［分类地位］　同翅目、叶蝉科。

［分布与为害］　分布于我国江西、江苏、四川、贵州、云南、湖南、浙江、福建、安徽、陕西等地。主要危害桃花、梅花、月季、芙蓉等。成虫和若虫在叶背刺吸汁液。被害叶片初期正面出现黄白色小点，严重时全叶苍白，提早落叶。

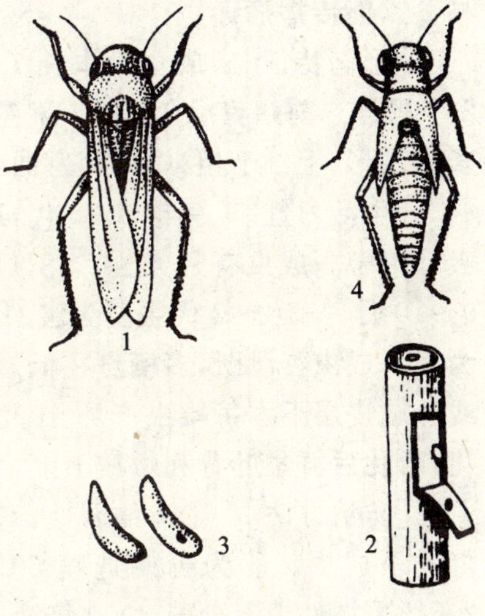

图 17-1　小绿叶蝉

1. 成虫　2. 产卵部位　3. 卵　4. 若虫

［形态特征］　成虫：体绿色或黄绿色，体长 3.3～3.7mm。头部近三角形，头顶中央有一小黑点。前翅细长有光泽，淡绿色，半透明。后翅无色透明。雌成虫腹面有草绿色产卵管伸出尾端。雄成虫腹面黄绿色。卵：香蕉形，长 0.8mm，宽 0.15mm。初产时乳白色，半透明，后渐变淡黄绿色，近孵化时头部两侧可见 2 个鲜明的红色眼点。若虫：头大，体瘦长，草绿色。老熟若虫体长 2.2mm。翅芽伸至第 5 腹节。第 4 腹节膨大，以后各节渐次缩小。

［生活习性］　以成虫在杂草丛中、树皮缝内越冬。越冬期间无明显休眠现象。当气温高于 10℃以上便能活动。在江、浙一带，4 月上旬，第 1 代若虫开始发生；5 月上旬，第 1 代成虫盛发。以后各代在 6～11 月陆续发生。该虫发生代数多，故全年世代重叠现象很重。盛夏中午活动减弱，常栖息于叶背。卵散产在叶背主脉或叶柄内。每头雌虫平均产卵量，越冬成虫为 32 粒，夏季为 9 粒，秋季为 11.7 粒。旬平均温度在 15～25℃，适于其生长发育，28℃以上则不利于该虫的发生。

［防治方法］　①清除花木周围的杂草，消灭越冬场所，减少来年发生的虫口基数。

②在第1次高峰期出现前，喷40%乐果乳油3000倍液，或90%敌百虫1500倍液，或80%敌敌畏乳油3000倍液，或50%辛硫磷乳油1500倍液，或25%亚胺硫磷乳油1500倍液，或50%杀螟松乳油2000倍液，或40%速扑杀1500倍液杀灭成虫和若虫效果良好。

2. 大青叶蝉(*Tettigoniella viridis* Linnaeus)(图17-2)

[分类地位] 鞘翅目、叶蝉科。又名桑浮尘子、青叶跳蝉、大绿浮尘子。

图17-2 大青叶蝉头部

[分布与为害] 我国各地均有分布。寄主有唐菖蒲、木芙蓉、杜鹃、梅、李、樱花、桑、海棠、桃等。以成虫和若虫在嫩芋、叶片、嫩枝上刺吸汁液，使叶片呈苍白色斑。成虫产卵时，用产卵器将枝干刺成半月形伤口，产卵其中，使枝干逐渐枯萎。能传播病毒。

[形态特征] 成虫：体长7～10mm。前胸前缘黄褐色，头部黄绿色，头顶部有2个黑点。前翅青绿色，带有青蓝色光泽，末端灰白色，半透明。卵：长1.6mm左右，长卵圆形，上细下粗，中部稍弯曲，乳白色。若虫：黄绿色，具翅芽。

[生活习性] 一年3～5代，以卵在枝条表皮下越冬。翌春4月初开始孵化，若虫吸汁为害。成虫有趋光性。第1代、第2代、第3代成虫分别出现在6月、7～8月、9～10月。第1～2代主要为害一、二年生草本花卉，至10月中、下旬移至木本花卉上为害。成虫喜跳跃，多栖息在低矮、背风、湿润的枝条上。雌虫交尾后，多产卵于枝条或叶脉皮层下。每雌虫产卵100多粒，每块有卵7～8粒，整齐排列。若虫在早晨孵化，孵化后群集叶背和嫩枝上。

[防治方法] ①清洁园地。铲除杂草，剪除被害枝，烧毁。②成虫羽化期，点黑光灯诱杀成虫。③为害期选喷50%杀螟松或50%氧化乐果各1000～1500倍，或喷2.5%可湿性溴氰菊酯2000倍液。

第二节 蚜虫类

1. 棉蚜(*Aphis gossypii* Glover)(彩图92、93)

[分类地位] 同翅目、蚜科。

[分布与为害] 分布广，我国各地以及世界各国均有分布。食性杂，在花卉上危害扶桑、蜀葵、木槿、兰花、石榴、紫荆、玫瑰、唐菖蒲等。棉蚜成虫、若虫密集于嫩梢、花蕾和叶背，吸取汁液，使叶片皱缩，影响开花。

[形态特征] 无翅胎生蚜：雌成蚜体长1.5～1.8mm，夏季黄绿色，春、秋季棕色至黑色。全体被有蜡粉。复眼黑色。触角6节。腹管短，圆筒形，基部较宽。尾片呈乳头

状。有翅胎生蚜：雌蚜长1.2～1.7mm，夏季黄色或绿色至深绿色，秋季蓝黑色。前胸背板黑色。腹部两侧有3～4对黑斑。触角6节。腹管黑色，圆筒形，基部较宽，上有覆瓦状纹。有翅胎生雄蚜，体长约1.4mm。头部灰黑色，复眼红褐色。触角6节。卵：椭圆形，长0.5～0.6mm。初产时橙黄色，后转深褐色，6天后呈漆黑色，具有光泽。

[生活习性]　一年20多代，以卵在扶桑、木槿、石榴等枝条上越冬。翌年春天温度上升到10～11℃时，越冬卵孵化，先在越冬寄主上为害。经3～4代后产生有翅迁移蚜，于4～5月迁移到棉花等夏季寄主上蔓延为害，此时也开始危害菊花等花卉；9～10月产生有翅迁移蚜飞到木槿等越冬寄主上继续繁殖为害；11月气温下降时，产生有翅雄蚜和无翅雌蚜，交尾产卵。棉蚜一般为胎生，只是在越冬前才产生卵型雌蚜。棉蚜发生的最适温度为17.6～24℃，相对湿度在75%以下。当日平均温度高于28℃、相对湿度大于80%时，繁殖数量下降。5～6月份温度适于棉蚜的发生，此时如遇天气干旱少雨，往往会导致棉蚜大发生。

[防治方法]　①清除花圃周围的越冬寄主，消灭越冬卵。②棉蚜发生期用40%乐果乳油1000倍液，或40%氧化乐果乳油1000倍液，或2.5%鱼藤精1000倍液喷雾。

2.桃瘤蚜(*Myzus momonis* Matsumura)(彩图94)

[分类地位]　同翅目、蚜科。

[分布与为害]　我国各省均有分布。主要危害榆叶梅、樱花、梅花、桃花、樱桃等。成虫、若虫均密集在叶背面初新梢上吸食汁液。被害叶片边缘向叶背纵卷，凹凸不平。受害叶初呈淡绿色，后变桃红色，严重时全叶卷曲。

[形态特征]　成虫：无翅胎生雌蚜，体长1.4～2mm，体肥大，深绿色至淡黄褐色。头黑色，额瘤显著。中胸侧面有小型瘤状突起。腹管圆柱形，较长。尾片短小。卵：椭圆形，紫黑色。若虫：与无翅胎生雌蚜相似，但体较小，体色淡绿，头部及腹管深绿。

[生活习性]　一年10～30代，以卵于榆叶梅、桃花、梅花等被害枝梢芽腋处越冬。4月末产生有翅蚜，大量迁移到夏季寄主艾上，不断繁殖为害。10月下旬，有翅胎生雌蚜从艾上又迁移到桃花等寄主上为害，并产生雌、雄性蚜。

[防治方法]　在卵大量孵化、卷叶前及时喷施50%辛硫磷乳油2000倍液，或50%敌敌畏乳油1000倍液，或50%马拉硫磷乳油1000倍液，或2.5%功夫乳油2000倍防治。

3.松蚜(*Cinara pintabulaeformis* Zhang et Zhang)(图17-3)

[分类地位]　同翅目、蚜虫科。

[分布与为害]　我国华北、东北、西北、华南等地均有发生。在北京危害油松、白皮松、红松等树1～2年生嫩枝或幼树的枝干。成虫和若虫密集在枝干上刺吸树木汁液，严重时顺松针或枝干流黏水，严重影响树木生长。特别是白皮松能造成树势严重衰弱以至枯枝、死树。

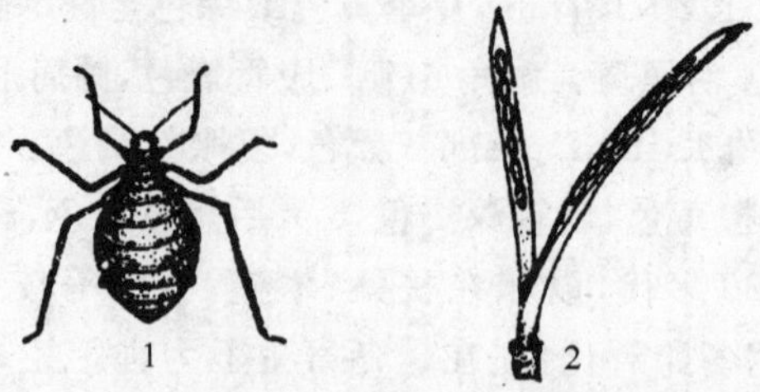

1　　　　　　　2

图 17-3　松　蚜

1. 无翅胎生雌蚜　2. 卵

［形态特征］　成蚜：有翅胎生蚜，体长 2.8～3mm，黑色或黑褐色，有黑色刚毛，足上更多。翅透明。无翅胎生蚜体长 5.5～6mm，体比有翅蚜粗壮，黑色或黑褐色。腹部常被有白粉。后腿胫节较长，伸直超过尾部。卵：长 1.3～1.5mm，长椭圆形。初产时浅黄色，渐变灰色，冬天变为黑色。若蚜：卵孵化的若蚜与无翅雌蚜相似，体色较浅。胎生若蚜体长 2mm 左右。头、胸、足白色，眼黑色，腹节灰绿色。体色逐渐变深。

［生活习性］　北京一年 10 多代，以卵在松针上过冬。次年 3 月底 4 月初(油松顶梢开始发芽，毛白杨雄花盛开)若蚜开始孵化。多在松梢的松针基部刺吸为害，逐渐向枝、干上扩展；4 月中旬开始进行孤雌生殖，胎生小若芽。每头雌芽胎生 30 多头雌性若芽，若芽长成以后，继续胎生繁殖。春天完成 1 代，约需 20 天左右，而夏天则只需10 多天就能完成 1 代；6 月出现有翅胎生雌蚜，继续传播扩散和繁殖。5～6 月和 10 月为害最厉害。秋季出现有翅胎生雄蚜，雌雄交尾后；11 月初产卵在松针上过冬，每根松针上产卵 8～10 粒，排列成行。

［防治方法］　①虫量少时，可喷清水冲洗。②可于 3 月下旬至 4 月上旬在幼树根部埋施 15％涕灭威颗粒剂，或浇灌 40％氧化乐果乳油，树木干径每厘米用涕灭威 2g 左右(或 1000 倍的氧化乐果药液 2kg 左右)。③于过冬卵孵化盛期喷 5000～6000 倍的 2.5％溴氰菊酯乳油。④必要时，喷 1000～1500 倍的 40％氧化乐果乳油，或 50％亚胺硫磷乳油等。⑤注意保护食蚜蝇、草蛉、瓢虫等天敌。⑥浇水，特别是干旱天气，要及时浇水，补偿因蚜虫为害造成的失水。

4. 毛白杨蚜虫(*Chaitophorus populialbae* Boyer de Fonscoloube)(图 17-4)

［分类地位］　同翅目、蚜虫科。

［分布与为害］　我国华北地区普遍发生。为北京市公园、绿地、行道、苗圃毛白杨树的一种主要害虫，喜为害嫩叶。

图 17-4　毛白杨蚜虫

［形态特征］　成蚜：无翅胎生雌蚜体长 2mm 左右，纺锤

形,浅绿色,背上有5块深绿色斑纹,眼红色。前胸背面中央有一黑色横带,中、后胸黑色。腹部背面有6条黑色横带,上下两条较细,中间两条最宽。卵:长椭圆形,黑绿色或黄褐色。若蚜:绿色。

[生活习性]　北京一年近20代,以卵在枝条、芽腋处、树枝、干的伤疤、裂缝处和土缝处过冬。次年4月(毛白杨发芽期)过冬卵孵化,爬到新生嫩叶背面为害。4月下旬出现大量有翅蚜迁飞扩散。每头雌蚜胎生若蚜40头左右;由于大量排泄蜜露,6月中、下旬开始发生煤污病;7月上、中旬虫口下降,树上少见;8月下旬又开始繁殖和为害;秋季10～11月份大量发生,为害严重。叶背布满虫体,大量排尿,潮湿季节更易招致煤污病,枝、叶变黑,影响光合作用和生长。11月中旬大量成虫在枝条上或顺树干爬动,寻找缝隙、伤疤等处产卵过冬。

[防治方法]　①于早春树木将发芽前(北京4月下旬)喷30倍的20号石油乳剂杀卵,或于10月底在树木枝干上缠些草绳,引诱蚜虫去产卵,春天解下来烧毁,消灭越冬卵。②因天敌异色瓢虫较多,所以蚜虫量不大多时,尽可能少用对天敌杀伤较大的广谱杀虫剂,可喷清水冲洗,或于过冬卵孵化盛期喷3000～5000倍的40%氧化乐果乳油冲洗。③幼树可于4月下旬或5月上旬根部埋施15%涕灭威颗粒剂。④注意保护和利用异色瓢虫等天敌。

5. 紫薇长斑蚜(*Tinocallis kahawaluokalam* Kirkaldy)(图17-5)

[分类地位]　同翅目、蚜虫科。

[分布与为害]　为我国北京市紫薇的一种主要害虫,危害叶片,严重时造成黄叶、落叶,影响树木开花和观赏,并能传播病毒。

[形态特征]　成蚜:无翅胎生雌蚜体长3mm左右,长椭圆形,黄绿色,腹部背面有灰绿色斑点。有翅胎生雌蚜体长2.5mm左右,长卵圆形,黄绿色,腹部背面中部有一黑色横斑。前翅沿前缘及顶端有较大的灰绿色斑块。若蚜和成蚜相似,仅个体较小。

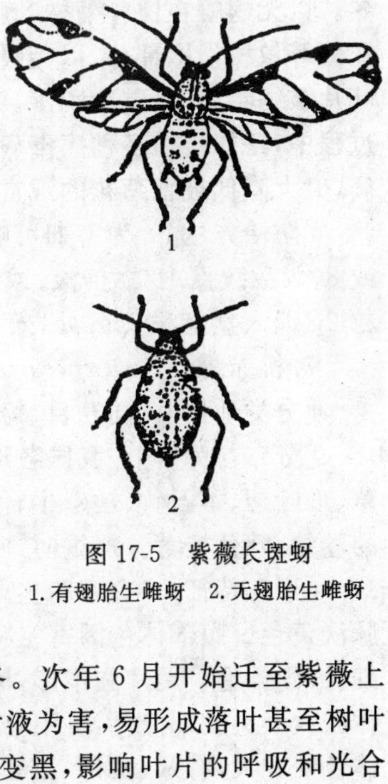

图17-5　紫薇长斑蚜
1. 有翅胎生雌蚜　2. 无翅胎生雌蚜

[生活习性]　北京一年10多代,在其他寄主上过冬。次年6月开始迁至紫薇上繁殖和为害;8月为害最严重,叶片背面布满虫体,刺吸汁液为害,易形成落叶甚至树叶落光,并排泄大量蜜露,极易引起煤污病,8月中旬枝、叶变黑,影响叶片的呼吸和光合作用,受害严重的树木,秋季不能开花;10月后陆续迁移过冬。

[防治方法]　①虫量不多时,可喷清水冲洗。②可于6月蚜虫为害时在树木周围根部埋施15%涕灭威颗粒剂。③必要时可喷1000～1500倍灭蚜松乳油,或4000～5000倍

2.5%溴氰菊酯乳油。④注意保护和利用天敌。

6. 菊小长管蚜(*Macrosiphoniella sanborni* Gillette)(彩图 95)

[分类地位] 同翅目、蚜科。又名菊姬长管蚜。

[分布与为害] 分布于我国辽宁、河北、河南、江苏、浙江、广东等省。是菊花的主要害虫,该虫以其刺吸式口器吮吸植物体的汁液,影响菊花的正常生长。

[形态特征] 无翅胎生雌蚜:体长 1.5mm,体色赤褐色至黑色,有光泽。触角、尾片暗色,触角稍长于体长。体、足和触角均有较粗的长毛。腹管圆筒形,基部宽,端部渐细。腹管末端的表面呈网眼状。尾片圆锥形。有翅胎生雌蚜:体长 1.7mm,暗赤褐色,身体斑纹较无翅型显著。若蚜:体褐色。随蜕皮次数的增加,体色加深至深红棕色。

[生活习性] 菊小长管蚜一年发生代数根据不同地区、环境而不同。在广东,一年可发生 20 代,在上海可发生 10 代,在温室可终年繁殖。4 月中、下旬至 5 月中旬是这种蚜虫的繁殖高峰期;9 月中旬至 10 月下旬为第二次繁殖高峰;12 月下旬开始越冬。以无翅蚜在留种菊株叶腋和芽管越冬,翌年 3 月开始活动。该虫群聚于芽、新叶、花蕾等植株幼嫩部分,以刺吸式口器吸吮植物体的汁液。被害的植株部分生长缓慢,叶片皱缩卷曲,严重者脱落。花蕾被害则不能正常发育,导致脱落。该虫在危害植株过程中,还能传播多种病毒病。为害期间,该虫还能分泌出大量蜜露,诱发严重的煤污病,大大降低被害菊花的观赏性。捕食天敌有六斑飘虫、食蚜蝇等。

[防治方法] 为害期可喷 20%杀灭菊酯 2500 倍液,或 40%氧化乐果 1000 倍液,或 80%敌敌畏 1000 倍液,或 50%杀螟松 1000 倍液。对盆栽菊花,可将 3%呋喃丹颗粒 2g 埋入盆土深 2cm 处,效果良好。

7. 桃赤蚜(*Myzus persicae* Sulzer)(彩图 96)

[分类地位] 同翅目、蚜科。又称烟蚜、桃蚜。

[分布与为害] 我国各地均有分布。主要危害菊花、三色堇、金盏菊、雏菊、金鱼草、瓜叶菊、香石竹、矮牵牛、仙客来、风信子、令箭荷花等多种花卉。被害叶呈不规则的卷缩,叶色变黄。严重时,叶干枯脱落。

[形态特征] 有翅胎生雌蚜:体长 1.8~2.1mm。头胸部黑色,复眼暗红色。翅脉淡黄色。腹部体色因寄主种类而异,有绿、黄绿、赤褐至褐色,腹背面有黑斑。腹管细长,圆锥形。尾片圆锥形,黑色,上和曲毛 6 根。无翅胎生雌蚜:体长 1.4~2.2mm,体肥大。头胸部黑色,复眼暗红色。足除腿节基部为淡黄色外,其余为黑褐色。腹部体色变异大,有绿、黄绿、红等色,腹背面有一黑斑。腹管细长,尾片与腹管等长。若蚜:近似无翅胎生雌蚜,但体较小,呈淡红色。

[生活习性] 桃赤蚜一年 30 代左右,在寒冷地区以卵越冬,在温暖地区以无翅胎生蚜在植株的心叶里越冬。翌年 3~4 月开始繁殖;4~5 月为繁殖高峰。春季干旱,此虫发

生更为严重;11 月份,蚜虫开始在桃树梢及裂缝中产卵越冬,有的地区,则以无翅胎生蚜在一些草花上越冬。在一些草本花卉如菊花、三色堇、金鱼草上寄生的蚜虫体色为绿色。此虫集中在嫩叶上吸食汁液,使叶色变黄,生育推迟。令箭荷花的花蕾如果受侵害,会造成落蕾。该虫分泌物经常诱致煤污病发生。更为严重的是,此虫能传播多种病毒病。

［防治方法］　①在蚜虫为害季节,喷 80%敌敌畏乳剂 1000～1500 倍液,或 20%杀灭菊酯2000 倍液,或洗衣粉 150 倍液。②在桃、梨等果木休眠期间,喷洒 3～5 度波美石硫合剂杀虫卵。对数量多、受害严重的枝条,可剪下烧毁。③可利用天敌,如多种瓢虫、草蛉、食蚜蝇、蚜茧蜂等控制其发生。

8. 豆蚜(*Aphis craccivora* Koch)(图 17-6)

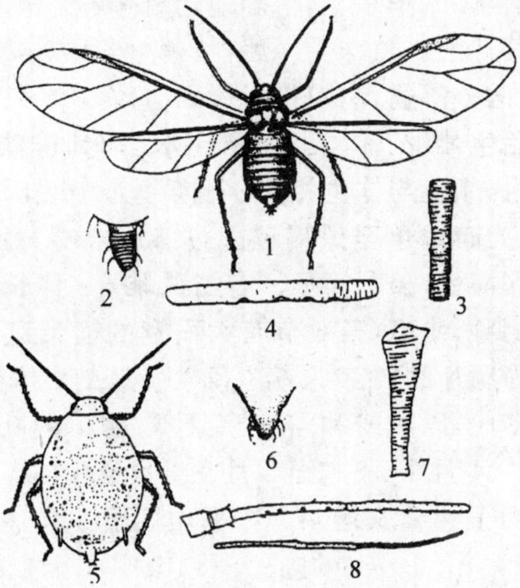

图 17-6　豆　蚜

有翅胎生雌蚜：1. 全图　2. 尾片　3. 腹管　4. 触角第 3 节

无翅胎生雌蚜：5. 全图　6. 尾片　7. 腹管　8. 触角

［分类地位］　同翅目、蚜虫科。别名花生蚜、苜蓿蚜。

［分布与为害］　我国各地均有分布。寄主有凌霄、银柳、紫藤、香豌豆、鸡冠花等。豆蚜群集嫩茎、嫩叶、花器吸取汁液,造成植株生长不良,叶片卷缩,影响开花,豆蚜排泄蜜露,引起煤污病,光合作用受阻。

［形态特征］　无翅胎生雌蚜：体长 1.8～2.4mm。体肥胖,黑色或浓紫色,具光泽,体披蜡粉。触角 6 节,比体短,第一、二、五节末端及第六节黑色,第三、四节黄白色。腹部第 1～6 节背面有一大型灰色隆起斑。腹管黑色,长圆形,有瓦纹。尾片黑色,圆锥形,具微刺组成的瓦纹。两侧各具长毛 3 根。有翅胎生雌蚜：体长 1.5～1.8mm,黑

绿色，或黑褐色，具光泽。触角6节，第3～6节黄白色，节间褐色，第3节有感觉圈4～7个，排列成行，其他部分与孤雌蚜相似。若蚜：灰紫色至黑褐色，共4龄。

[生活习性] 一年约30代，以成、若蚜在叶背越冬。月平均温度8～10℃时开始繁殖。次年4月下旬至5月上旬，气温上升至18℃时，为繁殖盛期，猖獗为害。世代重叠；在8～10月各种虫态均可见到；11月随气温下降，繁殖数代后，进入越冬。

[防治方法] 当豆蚜为害期，选喷20%杀灭菊酯2000倍液，或50%杀螟松1000倍液，或20%好年冬乳油50倍液，或40%氧化乐果1000倍液。

9. 月季长管蚜(*Macrosiphum rasiroum a* Zhang)(彩图97)

[分类地位] 同翅目、蚜虫科。

[分布与为害] 我国华北、华东、华中等地均有分布。寄主有月季、蔷薇等。危害花蕾、新梢和嫩叶，刺吸其汁液。植株受害后，枝梢生长缓慢，花蕾和幼叶不易伸展，花形变小。此外，还因蚜虫的分泌物，诱发煤污病。

[形态特征] 无翅胎生雌蚜：体长约4mm，长卵形，体淡绿色。腹部末端背面的尾片比较长，有毛7～8根，颜色与体色相同。触角丝状，6节，长度超过虫体，暗褐色至黑褐色。足除基节外，多为暗褐色至黑褐色。腹部近末端背面两侧有一对管状物，称做腹管。腹管淡褐色至深褐色，长圆筒形。有翅孤雌蚜：体长3.5mm，草绿色，中胸土黄色，腹部各节有中斑、侧斑、缘斑，第8节有大而宽的横带斑。触角第3节有40～45个圆形感觉圈。腹管长为尾片的2倍，末端有网纹。若蚜：体比成蚜小，色浅。

[生活习性] 一年多代，以成蚜和若蚜在月季、蔷薇的叶芽和叶背越冬。无翅胎生雌蚜在4月初开始发生，4月中、下旬至5月发生数量和被害株数均明显增多；7～8月高温对其不适宜；9～10月发生量又增多。在平均气温20℃左右、气候又比较干燥时，利于生长和繁殖。

[防治方法] ①蚜虫发生期，用25%亚胺硫磷乳油800倍液，或40%乐果乳油1000倍液，或2.5%鱼藤精800倍液，或40%氧化乐果乳油1000倍液防治。喷药时，对花蕾、嫩梢和叶背都要喷周到。②注意保护天敌异色瓢虫、草蛉、食蚜蝇等。

第三节 蚧 虫 类

1. 日本草履蚧(*Drosicha corpulenta* Kuwana)(图17-7)

[分类地位] 同翅目、蚧总科、珠蚧科。

[分布与为害] 分布于我国上海、江苏、浙江等地。受害植物有广玉兰、罗汉松、碧桃、海棠花、紫叶李、雀舌黄杨、大叶黄杨、丝棉木、龙爪槐、悬铃木、珊瑚树、樱桃、海桐、紫薇、十大功劳、垂柳、绣球、柑橘、荔枝、柿等。以若虫、成虫在嫩枝、幼芽等处吸食为害，造成生长不良。

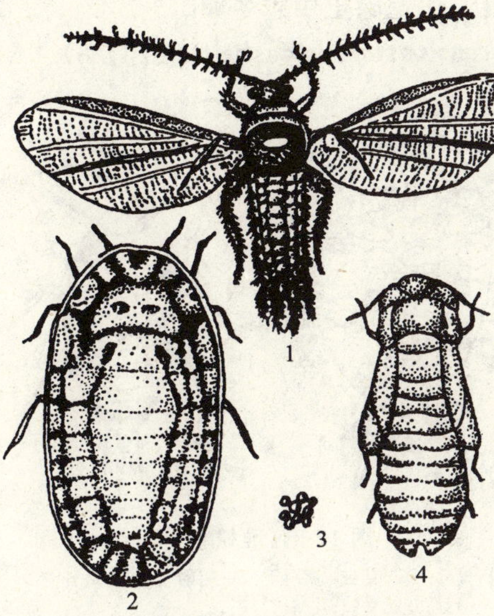

图 17-7　日本草履蚧

1.雄成虫　2.雌成虫　3.卵　4.雄蛹

［形态特征］　成虫：雌成虫体扁平，长椭圆形，背面淡灰紫色，周缘淡黄色。长7.8～10.0mm，宽4.0～5.5mm。触角多为8节，各节均密生细毛。眼很小，位于触角的外侧。足3对。腹部有横列皱纹和纵走凹沟。雄成虫体紫红色，长5～6mm，翅展10mm左右。翅1对，淡黑色。触角黑色，丝状，10节。卵：长椭圆形，初产时黄白色，后为黄赤色，长径约1mm。产于白色绵絮状的蜡质卵囊内。若虫：若虫与雌成虫相似，但体小，色深。蛹：只有雄性有蛹，圆筒形，褐色，长约5mm，外被白色绵状物。

［生活习性］　以卵及少数1龄若虫越冬。长江流域各省，越冬卵在当年的12月和翌年的1月间孵化，但若虫仍滞留于卵囊内，待温度回升后才出囊上树。初龄若虫，喜在树洞或树枝等处隐蔽群居。3月底第一次脱皮后，开始分泌蜡质物；4月虫体增长最快，为害最重。4月中、下旬第二次脱皮后，雄若虫不再取食，潜伏于树皮缝等隐蔽处，分泌大量蜡丝缠绕虫体，后化蛹。蛹期10天左右。雄成虫白天很少活动，多于傍晚和阴天活动、交尾，寿命10天左右。雌成虫产卵于卵囊中，囊内最多有卵303粒，平均133.4粒。

［防治方法］　①在临近若虫出土前，用50%西维因可湿性粉剂500倍液，或50%辛硫磷乳油1000倍液，喷布根际周围的土面。②若虫上树前，在树干基部涂一团20～30cm宽的粘虫胶环，每天涂胶一遍。粘虫胶可用废机油、棉油泥、柴油或蓖麻油0.5kg，加热熬煮后，加入松香粉0.5kg，待溶化后立即停火，即可备用。③若虫上树

后，可用红环瓢虫进行捕食。④挖除土中越冬卵。

2. 堆蜡粉蚧（*Nipaecoccus vastator* Maskell）（图 17-8）

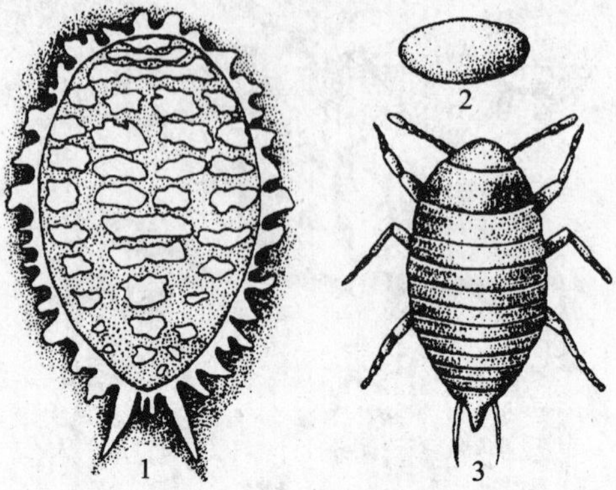

图 17-8 堆蜡粉蚧

1. 成虫 2. 卵 3. 初孵若虫

［分类地位］ 同翅目、蚧科。

［分布与为害］ 分布于我国江苏、广东、福建、浙江、广西、云南、贵州、四川、江西、湖南、湖北等地。寄生于扶桑、夹竹桃、柑橘等花木上。若虫和雌成虫多集中在嫩梢、叶腋和叶片基部刺吸汁液，造成枝叶扭曲、叶片皱缩，影响枝株生长和开花。

［形态特征］ 成虫：雌成虫椭圆形，扁平，黑紫色，长约 3mm。触角及足暗草黄色，触角 7 节。体四周边缘也有较宽短的蜡质突出物。雄成虫黑紫色，体长约 1mm，只有 1 对前翅，半透明，腹末有白色蜡质长尾刺 1 对。卵：椭圆形，长约 0.3mm，淡黄色。卵囊蜡质，白色，绵状。若虫：体椭圆形，似雌成虫，分节明显。初孵化若虫无蜡粉堆，固定取食后，体背及体周开始分泌蜡质物，并逐渐增厚。

［生活习性］ 在广州一年 5～6 代，以成虫、若虫在枝条裂缝和卷叶内等处越冬，翌年春天开始活动为害。各代若虫发生盛期，第 1 代在 4 月上旬，第 2 代在 5 月中旬，第 3 代在 7 月中旬，第 4 代在 9 月上旬，第 5 代在 10 月上旬。雄成虫一般发生很少。雌成虫多行孤雌生殖，产卵于白色蜡质绵状卵囊中。每头雌成虫产卵 200～500 粒。

［防治方法］ ①引种花卉时，尽量引进无虫株。②在各代卵大量孵化时，用 40%氧化乐果乳油 1000 倍液，或 50%马拉硫磷乳油 1000 倍液，或 25%亚胺硫磷乳油 1000 倍液或松脂合剂 10～15 倍液喷雾防治，隔 7～10 天再喷 1 次，连续喷 2 次。

3. 紫薇绒蚧（*Ericoceus lagerostroemiae* Kuwana）（彩图 98）

［分类地位］ 同翅目、粉蚧科。

［分布与为害］ 分布我国辽宁、陕西、河北、天津、河南、山东、山西、安徽、江苏、浙江、湖北、湖南、四川等地。寄主有紫薇、银薇、石榴、花石榴、女贞、三角枫、算盘子。成虫、若虫

刺吸寄主枝叶汁液。

［形态特征］　成虫：雌雄虫形态不同。雌成虫体长卵圆形，长约2.7mm，暗紫红色。触角丝状，7节。足3节，甚小。体刺长圆锥形，在体背构成横列，腹面没有体刺，但有体毛。老熟时形成1个毡状蜡囊，虫体包被其中。蜡囊平均长2.7mm，灰白色，长椭圆形。雄成虫体紫褐色，长约1mm，翅展2mm。触角丝状，10节，淡褐色。翅1对，翅脉2根，呈"人"字形。腹部末端有1对暗灰色长毛。卵：卵圆形，淡紫红色，长0.3mm。若虫：初孵若虫体椭圆形，淡黄色。蛹：长椭圆形，紫褐色。包被于白色毛毡状蜡囊中，蜡囊平均长1.3mm。

［生活习性］　一年2～3代，以若虫在枝干缝隙内越冬，次年继续取食为害。4月老熟雄若虫化蛹羽化，并与雌成虫交尾，交尾后不久即死亡；雌成虫于5月上旬开始产卵。第1代若虫于5月下旬至6月上旬孵化；第2代雌成虫于8月上、中旬大量产卵；8月下旬至9月上旬若虫大量孵化。各代发生不整齐，有世代重叠现象。

［防治方法］　①去除并销毁有虫枝。②用竹片等物刮除枝条及树干上的虫体。③保护和利用其天敌红点唇瓢虫。④若虫孵化期，喷25％亚胺硫磷乳油1000倍液，或40％氧化乐果乳油1500倍液，7～10天喷1次，连续喷2～3次。

4.桑白蚧（*Pseudaulacaspis pentagona* Targioni-Tozzetti）（图17-9）

［分类地位］　同翅目、盾蚧科。

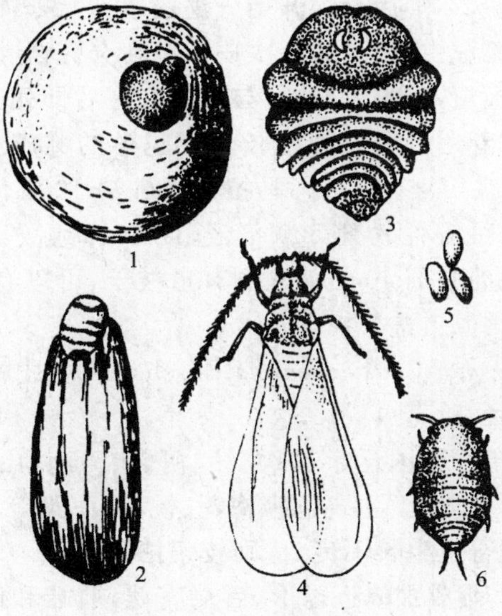

图17-9　桑白蚧

1.雌介壳　2.雄介壳　3.雌成虫
4.雄成虫　5.卵　6.初孵若虫

[分布与为害] 我国各省均有分布。是危害桃花、梅花、丁香、芙蓉、棕榈、苏铁、山茶、木槿、红果等的一大害虫。雌成虫和若虫群集固着在枝干上吸食养分，严重时介壳密集重叠。受害后，花木生长不良，树势衰弱，甚至枝条或全株死亡。

[形态特征] 成虫：雌雄形态明显不同。雌成虫无翅，宽卵圆形，橙黄或橘红色，体长1.3mm。触角短小，退化呈瘤状，上有一根粗大刚毛。腹部9节，分节明显。雄成虫体呈长纺锤形，橙色或橘红色，体长0.65～0.7mm，翅展1.32mm。触角念珠状，10节，长度与体长相等，上生很多长毛。前翅膜质，透明，灰白色。足3对，细长多毛，呈刷状。卵：椭圆形，长0.25～0.30mm，有白、橙两色型。若虫：初孵化的若虫体长椭圆形，橙色，体长0.3mm。自白色卵孵出的若虫，为白色，是雄虫；自橙色卵孵出的若虫，为橙色，是雌虫。蛹：长椭圆形，橙黄色，长0.6mm。介壳：雌介壳圆形或近圆形，灰白色，直径2.0～2.5mm。壳点黄褐色。雄介壳细长，白色，长约1mm。背面有3条纵脊。壳点橙黄色，位于介壳的前端。

[生活习性] 在江、浙一带一年3代，以受精雌成虫固着在枝条上越冬。3代若虫孵化期分别在5月上、中旬，7月中、下旬及9月上、中旬。早春树液流动后开始吸食汁液，虫体迅速膨大，体内卵粒逐渐形成。雌成虫产卵量随季节而不同，高温时产得多，低温时产得少，一般在40～200粒之间。雌成虫产完卵便死亡。初孵化的若虫将口针插入枝干皮层内固定吸食。雌若虫在第一次蜕皮后即分泌蜡质物，形成圆形介壳；雄若虫在第一次蜕皮后，进入2龄后期才开始分泌白色絮状蜡质物形成长筒形介壳。雌虫蜕3次皮后变为无翅雌成虫；雄虫蜕2次皮后便在介壳内化蛹。蛹经7天左右羽化为有翅成虫。雄虫寿命极短，仅1天左右，与雌虫交尾后即死亡。

[防治方法] ①冬、春用毛刷刷掉在枝干上越冬的雌成虫。②各代若虫孵化期，用25%亚胺硫磷乳油800倍液，或50%马拉硫磷乳油1000倍液，或50%涕灭威乳油800倍液，或50%西维因可湿性粉剂500倍液，或80%敌敌畏乳油1000倍液喷雾防治，效果均很好。③用机油乳剂40倍液涂刷有虫枝干，可以有效地杀死寄生的若虫和成虫。④利用天敌红点唇瓢虫进行捕食。

5.朝鲜球坚蚧(*Didesmococcus koreanus* Borchs.)(彩图99)

[分类地位] 同翅目、蚧壳虫科。

[分布与为害] 分布于我国辽宁、黑龙江、河北、河南、山东、山西、浙江、江苏、湖北、江西、陕西、四川、云南等地。主要危害梅花、桃花、海棠等。虫体寄生于枝条上，以口器刺吸寄主汁液，轻则寄主生长不良，重则枝条枯死。

[形态特征] 成虫：雌成虫体近球形，后端直截，前端和体两侧的下方弯曲，直径3.0～4.5mm。初期介壳质软，黄褐色，后期硬化，黑褐色。表面皱纹不明显，体背面有纵裂3～4行，或不成行。腹面与枝条接合处有白色蜡粉。雄成虫体长2mm，赤褐色。足发达，翅1对，半透明，翅脉简单。腹部末端外生殖器两侧各有1根白色蜡质长毛。

介壳长椭圆形，蜡质表面光滑，长 1.8mm，近化蛹时，介壳与虫体分离。卵：椭圆形，长约 0.3mm，粉红色，半透明，附着一层白色蜡粉。若虫：初孵若虫体椭圆形，体背面向上隆起，体长 0.5mm，淡粉红色，腹部末端具 1 对细毛。越冬后的若虫，体背面淡黑褐色，有数十条黄白色条纹，上有一层极薄的蜡层。雌性若虫体长 2mm，体表有若干黄白色、黑褐色相间的横纹。雄性略瘦小，体背横纹与雌若虫相同，但近末端 1/3 两侧缘处的黄白色纹特别大，呈两块大型横斑。蛹：体长 1.8mm，赤褐色，腹部末端有 1 对黄褐色的刺状突起。

[生活习性]　以 2 龄若虫在枝条裂缝、伤口边缘及粗皮处越冬。第二年 3 月开始活动，爬至枝条上群集为害，不久便分化为雌、雄性。雌性若虫于 3 月底蜕皮 1 次，体背逐渐膨大成球形。雄性若虫于 4 月上旬分泌白色蜡质物形成介壳，后在介壳内蜕皮、化蛹；4 月中旬开始羽化；4 月下旬至 5 月初为雌、雄虫交尾盛期；雌成虫 5 月上旬开始产卵。产卵期约 2 周。每头雌成虫平均产卵 1000 粒左右，多者可达 2200 粒。卵期 7 天，5 月中旬为若虫孵化盛期。若虫在枝条裂缝、枝条基部叶痕等适宜处固定寄生。体两侧分泌白色丝状蜡质物，覆盖虫体背面。6 月中旬后逐渐发展成白色蜡层，包围虫体四周。10 月份进入越冬状态。

[防治方法]　①在雌成虫产卵前，人工刮除虫体，效果明显。②早春在梅花、桃花发芽前，喷波美 5 度石灰硫磺合剂，或 5%柴油乳剂，杀死枝干上的越冬若虫。喷药时，务必均匀、周到。③在若虫孵化盛期，喷 50%马拉硫磷乳油 800～1000 倍液，或 25%亚胺硫磷乳油 1000 倍液，或 40%氧化乐果乳油 1000 倍液，或 40%乐果乳油 1000 倍液，或 40%速扑杀 1500 倍液，或 25%园科 3 号 300 倍液。一般喷 2 次，在第 1 次喷药后隔 7～10 天再喷 1 次。④注意保护天敌瓢虫，充分发挥其捕食作用。

6. 吹绵蚧（*Icerya purchasi* Mask.）（彩图 100）

[分类地位]　同翅目、蚧总科、蛛蚧科。

[分布与为害]　我国各地均有分布。其食性很杂，危害牡丹、玫瑰、蔷薇、月季、桂花、含笑、山茶、芙蓉、米兰、扶桑、菊花、凤仙花等。以若虫、成虫群集在植物的叶芽、嫩枝及枝条上为害。发生严重时，叶色发黄，造成落叶和枝梢枯萎，甚至枝条或全株枯死。

[形态特征]　成虫：雌雄形态不同。雌虫体椭圆形，橘红色，体长 5～6mm，宽约 4mm。腹面平，背面隆起。触角黑褐色，11 节。产卵前在腹部后方分泌白色卵囊，囊上有脊状隆起线 14～16 条。雄成虫体瘦小，体长约 3mm，翅展 8mm。胸部黑色，腹部橘红色，触角轮毛形，端部膨大，10 节。前翅狭长，紫黑色，翅面除 2 条翅脉外，还有 2 条白色纵线。腹部两个突起上各生 4 根长毛。卵：长椭圆形，长 0.7mm，宽 0.3mm，橘红色，密集于卵囊内。若虫：各龄若虫均为椭圆形，眼、触角和足均为黑色。第 1 龄若虫红色，第 2 龄若虫背面红褐色，上覆黄色粉状蜡层，第 3 龄雌若虫红褐色。蛹：橘

红色，长 3.5mm，被有白色蜡质薄粉。幼虫化蛹于茧中。茧：长椭圆形，白色，由疏松的蜡丝组成。

［生活习性］ 初龄若虫多寄生在叶背主脉两侧，2 龄后逐渐迁移至植株下阴面群集为害。雌虫成熟后，便一直在原固定处取食，终生不再移动，后形成卵囊，产卵其中。产卵期约1 个月。每头雌虫可产卵数百粒，多者达 2000 粒左右。雌虫寿命约 60 天。卵和若虫历期因季节而异。在春季，卵期为 14～26 天，若虫期为 48～54 天；在夏季，卵期 10 天左右，若虫期为 49～106 天。雄若虫较活泼，经 2 次脱皮后，口器退化，不再为害，在枝干裂缝或树干附近松土、杂草中做白色薄茧化蛹，蛹期 7 天。在自然条件下，雄虫数量极少，常以孤雌生殖方式进行繁殖。温暖、高湿适于吹绵蚧的发生。

［防治方法］ ①如有少量发生，可用人工抹除。②若虫为害期，可用 40％氧化乐果乳油1000 倍液，或 25％亚胺硫磷乳油 1000 倍液，或松脂合剂，冬季用 8～10 倍液，夏季用16～20 倍液喷雾防治。

7. 蔷薇白轮盾蚧（*Aulacaspis rose* Boucke）（彩图 101）

［分类地位］ 同翅目、盾蚧科。

［分布与为害］ 分布于我国华北、华东、华南、西南等地。是玫瑰上主要蚧虫，也危害蔷薇、苏铁、雁来红、番石榴等。成虫和若虫均喜寄生在树干和枝条上吮吸汁液。枝干上由于虫体密集分布，导致树势衰弱而枯死。

［形态特征］ 成虫：雌成虫长而阔，烟脂红色，长 1.25mm，宽 0.75mm。头胸部膨大，前端圆，末端尖，分节明显。雄成虫长卵形，橙黄色或烟脂色；腹部侧面淡紫色，长 0.8mm，翅展 1.4mm。卵：淡红色或深红色，半透明，长 0.25mm。若虫：第 1 龄若虫体长卵形，淡红色到深红色，长 0.22mm，触角 6 节，足粗壮。第 2 龄若虫橙红色，长 0.7mm。蛹：长卵形，淡橙红色，长 0.7mm。介壳：雌介壳近圆形，略隆起，白色。长 2.0～2.5mm。壳点在介壳的边缘。第一壳点淡黄色，第二壳点橙黄色。雄介壳长形，白色。长 1.0～1.5mm，宽 0.3mm。介壳两侧平行。壳点在前端，黄色或黄褐色。

［生活习性］ 一年 2 代，以受精雌成虫越冬。第 1 代雄成虫于 7 月上旬羽化，羽化后与雌成虫交尾。卵产在雌介壳下。若虫孵化爬出后用口器插入组织内吸食汁液。第 2 代雄成虫于 10月上旬羽化。雄成虫在阳光下非常活跃，雌雄虫吮吸汁液，常密集为害。在温室内可周年为害。

［防治方法］ ①结合冬剪，剪除部分多虫枝，集中销毁。②可用竹片等物将虫体刮除。③在若虫孵化期，用 40％氧化乐果乳油 1000 倍液，或 25％亚胺硫磷乳油 1000 倍液，或 50％杀螟松 1000 倍液，或 40.7％乐斯本、40％速扑杀各 1500 倍液喷雾防治。

8. 新刺轮盾蚧（*Aulacaspis neospinosa* Tang）（图 17-10）

［分类地位］ 同翅目、盾蚧科。

［分布与为害］ 为北京月季上常见的一种害虫。以若虫及雄成虫在枝干上刺吸

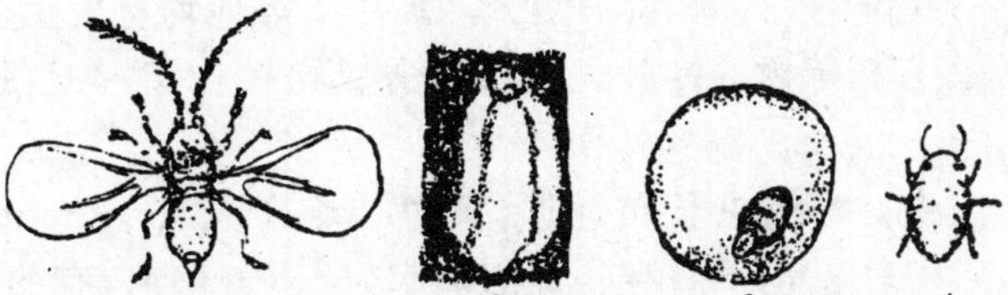

图 17-10　新刺轮盾蚧

1.雄成虫　2.雄成虫介壳　3.雌成虫介壳　4.若虫

汁液,使植株生长不良,树势衰弱,甚至枯死。

［形态特征］　成虫:雌成虫略呈长卵圆形,前体部膨大,以中胸最宽,后胸及腹部各节较小。触角退化成瘤状。雄成虫胸、腹部橘黄色,触角和足黄色,体长 0.5mm。触角丝状,10 节,上生长毛。翅 1 对,无色透明,翅脉简单。腹末端交尾器长。卵:长卵圆形,棕红色,长约 0.2mm。若虫:初孵化的若虫体卵圆形,棕红色,长 0.2mm,尾部有蜡丝 1 对。雌、雄虫形态分化后,雌若虫近长卵圆形,雄若虫体长形。介壳:雌介壳近圆形,白色,壳点 2 个,暗褐色,位于介壳中央或边缘。雄介壳长形,白色,长约 1.1mm,有 2 条纵列凹陷,形成 3 条隆起的纵脊,壳点 1 个,暗褐色。

［生活习性］　雌成虫产卵于介壳内。每头雌成虫平均产卵 156 粒。卵期 15 天左右。若虫孵化不整齐。孵化后,大部分爬出母体介壳,爬行到适宜位置后,固定于寄主,少数若虫在母体介壳下寄生。二年生以上枝条寄生虫口数较多。主要依靠苗木调运或采剪插条而传播。

［防治方法］　①在调运苗木或插条时,应认真检查。如发现此虫寄生,便将虫体彻底去除。②如被害植株不多,可用竹片等物将虫体刮除。③若虫大量孵化后,可用 50%马拉松乳油 1000 倍液,或 40%氧化乐果乳油 1000 倍液喷雾防治。第 1 次喷药后隔 7 天再喷 1 次。④在 11 月虫体开始越冬后,喷波美 3 度或 5 度的石硫合剂,或机油乳剂 30 倍液,均有良好的杀虫效果。

9.松针介壳虫(*Fiorinia japonica* Kuw.)(图 17-11)

［分类地位］　同翅目、盾蚧科。

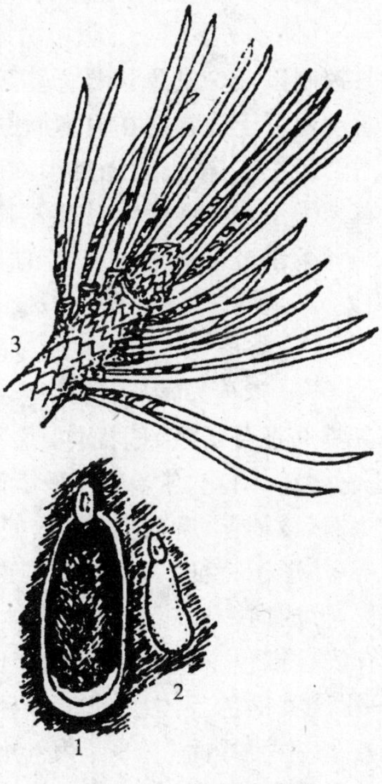

图 17-11　松针介壳虫

1.雌成虫介壳　2.雄成虫介壳

3.被害状

［分布与为害］　我国华北、华中、华东、华南、西南等地均有发生。在北京地区主要危害油松、黑松、雪松、云杉等树的针叶。严重时造成松针枯黄，甚至脱叶。对针叶树威胁较大。

［形态特征］　成虫：雌成虫长纺锤形，黄色。雌介壳长1.5mm左右，宽0.5mm左右，长形稍弯曲，后端较粗，前端较细，背部隆起，全体黄褐色，有的中间有褐色部分。壳周围有一圈白蜡缘，壳点在前端，淡黄褐色。雄成虫橘红色，翅透明。雄介壳长0.8mm左右，白色，长形，壳点在前端，黄色。卵：长0.1mm左右，椭圆形，深黄色。若虫：体长0.2mm左右，椭圆形，黄色；有1对触角，白色。

［生活习性］　北京一年2代，以雌成虫和若虫在松针上过冬，越冬若虫死亡率很高。次年4月底5月上旬产卵，每雌虫产卵数十粒；5月中旬第1若虫开始孵化；6月中旬雄虫羽化；7月中旬雌虫产卵；7月下旬8月上旬第2代若虫孵化，初孵化若虫，顺松针爬动1天左右，多在松针基部两叶之间固定为害。固定一两天后，开始分泌白蜡粉，逐渐形成介壳。严重的针叶上布满虫体，叶部枯黄，树势衰弱。一直为害到10月过冬，世代不整齐。受害严重的树木，易招致小蠹虫等弱寄生性害虫的危害。

［防治方法］　①栽植树木要把好苗木关，勿栽植带虫苗木，栽后一但发现虫株，要及时控制以减少虫源和防止蔓延。②加强养护管理，及时施肥、浇水，增强树木抗虫能力。③幼树可于为害期在树木周围须根多的地方，开沟埋施15％涕灭威颗粒剂。干径每厘米用药2g左右，覆土后浇足水，或浇灌1000倍的40％氧化乐果乳油，干径每厘米浇2kg左右。④于若虫孵化活动盛期喷600～800倍的50％马拉硫磷乳油，或1000～1500倍的20％菊杀乳油，或1000倍的40％氧化乐果乳油等。

10．褐软蚧（*Coccus hesperidum* Linnaeus）（彩图102）

［分类地位］　同翅目、蚧科。又称软蚧。

［分布与为害］　分布于我国东北、华北、上海、江苏、湖北、湖南、浙江、福建等地。主要危害君子兰、龟背竹、龙舌兰、米兰、含笑、白玉兰、广玉兰、夹竹桃、桂花、月季、苏铁、樱花、梅花、常春藤、万年青、八角金盆等花木。以若和雌成虫群集在植株的叶片、叶柄、嫩梢上，吮吸汁液，致使枝叶枯黄，早期脱落。

［形态特征］　成虫：雌虫体扁平，卵圆形，长3～4mm。背面稍隆起，体两侧不对称，形成向一边略弯曲。虫体前端狭窄，后端较宽，边缘薄，贴于植物表面。背面颜色有浅黄褐色、褐色、深褐色。卵：圆形，扁平，乳白色，后变黄色。若虫：长椭圆形，扁平，淡黄褐色。体缘有短缘毛。尾端有1对较长的尾毛，约为体长的一半。

［生活习性］　一年发生代数因地而异，一般2～5代。以受精雌成虫或若虫在茎、叶上越冬。5月中旬至6月中旬，8月上旬，10月上、中旬为若虫盛发期。每一雌虫可产卵70～100粒。若虫、成虫多群集在嫩叶、叶片、嫩茎上刺吸汁液，使花、叶枯黄，早期落叶。此虫还能诱发煤污病，造成枝叶变黑，影响花木生长。

［防治方法］ ①虫口较少时，用毛刷刷除，结合修剪，清除虫枝、虫叶，集中销毁。②在若虫孵化期，分泌蜡质少，抗药力差，此时防治具有良好的效果。可喷施40%氧化乐果1000倍液，或2.5%溴氰菊酯2500倍液，或20%菊杀乳油2500倍液，或50%杀螟松1000倍液。也可埋施15%涕灭威颗粒。

11. 柑橘并盾蚧（*Pinnaspis aspidistrae* Signoret）（图17-12）

［分类地位］ 同翅目、盾蚧科。

［分布与为害］ 我国上海、山东、辽宁、湖北、江苏、浙江、广东等地均有分布。寄主有剑兰、棕竹、鱼尾葵、麦冬、山茶、万年青、苏铁、棕榈、木槿、柑橘、蜘蛛抱蛋等。若虫与雌成虫刺吸叶片汁液，造成叶片枯黄。

［形态特征］ 成虫：雌成虫体细长，淡黄色，长1.3～2.2mm，宽0.5～1.4mm。头、胸部很长，占体长的一半，边缘光滑完整，分节明显，后胸和腹侧缘突出成显著的瓣状。雌成虫介壳前端尖狭后端宽圆，有弯曲，褐色，长2.0～2.8mm，宽1.0～1.5mm。壳点2个，淡黄色，在前端。雄成虫介壳白色或淡黄色，蜡质，狭长，两侧几乎平行。介壳长0.8～1.0mm，背面有3条纵脊线。壳点位于前端。若虫：1龄若虫体圆形，鲜黄色，长0.3mm。触角粗长，5节。2龄若虫长卵形，鲜黄色，长0.6mm。

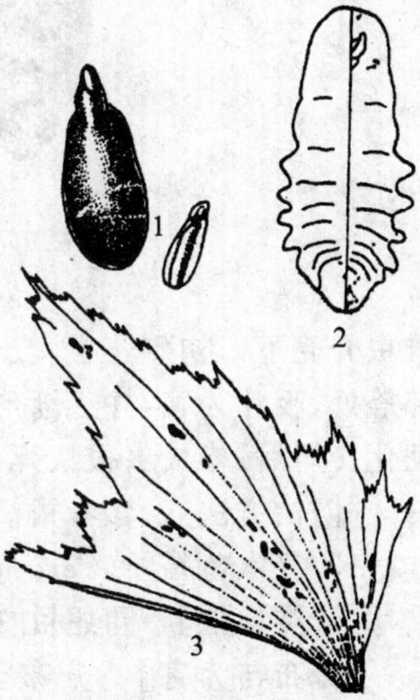

图17-12　柑橘并盾蚧
1. 雌雄介壳　2. 雌成虫　3. 被害状

［生活习性］ 一年2代，以受精雌成虫越冬。次年春季产卵。卵产于雌虫介壳下。孵化的若虫爬到枝叶上为害。第1代成虫7～8月发生，第2代成虫在10月间出现。

［防治方法］ 虫数少时，用竹片刮除。在若虫孵化期喷施40%氧化乐果1000倍液或40.7%乐斯本乳油1500倍液。

12. 兰盾蚧（*Pinnaspis* sp.）（图17-13）

［分类地位］ 同翅目、盾蚧科。

［分布与为害］ 兰盾蚧分布在南京等地。寄主有山茶、中国兰、建兰、棕榈等。成虫和若虫在兰花叶片上吸汁为害，尤以叶片主脉附近、叶缘及叶基部荫蔽处更甚。

［形态特征］ 成虫：雌虫长形，腹部两侧突出，黄色。雌介壳长卵圆形，长1.8～2.4mm，宽1.2mm，黄褐色。壳点伸出一端。雄虫蚧壳细长形，长约1mm，白色，有深纵脊，壳点淡黄褐色，伸出介壳一端。卵：淡黄色，椭圆形，长约0.1mm。若虫：初孵若虫卵圆形，黄褐色。

［生活习性］ 一年2～3代，以受精雌成虫在兰花叶片上越冬。次年5月产卵于

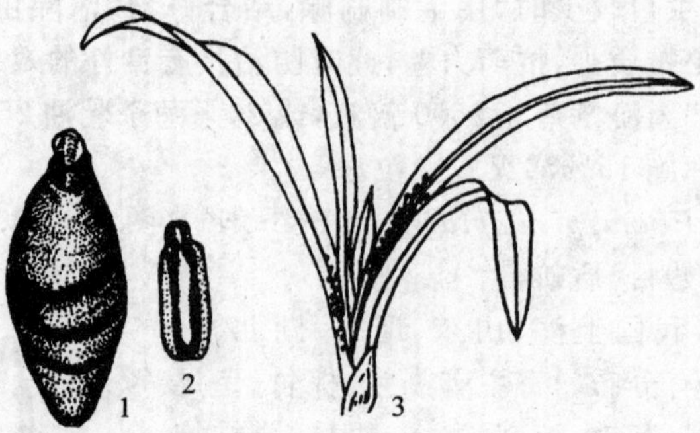

图 17-13　兰盾蚧

1. 雌介壳　2. 雄介壳　3. 被害状

雌虫介壳下。初孵若虫爬出母壳，经短时间爬动后，固定于兰叶主脉附近、叶边或叶基部等处，吸汁为害，并逐渐形成介壳。8 月间出现第 2 代若虫，到 9～10 月间发育成熟，羽化交尾后，雄成虫很快死亡，雌成虫在叶片上越冬。

［防治方法］　参考柑橘并盾蚧。

13. 日本龟蜡蚧（*Ceroplastes japonicus* Green）（彩图 103）

［分类地位］　同翅目、蚧科。

［分布与为害］　分布于我国黑龙江、辽宁、内蒙古、甘肃、北京、河北、山西、陕西、山东、河南、安徽、上海、浙江、江西、福建、湖北、湖南、广东、广西、四川、贵州、云南等地。受害植物有绣线菊、玫瑰、白兰、含笑、木兰、山茶、小檗、海桐、樱桃、红叶李、麻叶绣球、石楠、毛豆梨、碧桃、火棘、贴梗海棠、月季、樱花、连翘、水蜡、迎春、女贞、桂花、枫香、珊瑚、锦带花、金银木、夹竹桃、紫薇、重阳木、白玉兰、广玉兰、栀子花、六月雪、三角枫、枸骨、冬青、大叶黄杨、七叶树、菠萝花、柑橘、天竺葵、瓜子黄杨、凌霄、腊梅、杜仲、紫荆、紫藤、无花果、芍药、枫杨、唐菖蒲、月桂、石榴、紫玉兰、杏、木瓜、香樟、板栗、悬铃木、榆树、罗汉松、五针松、马尾松、雪松、黑松、金钱松、龙爪槐、白杨、大叶柳、河柳、垂柳、桃、李、杏、山楂、苹果、梨等。以若虫、雌成虫在嫩枝、幼芽等处刺吸为害，消弱树势，造成生长不良。

［形态特征］　成虫：雌成虫后体背有较厚的白蜡壳，呈椭圆形，长 4～5mm，背面隆起似半球形，中央隆起较高，表面具龟甲状凹纹，边缘蜡层厚且弯卷。活虫蜡壳背面淡红，边缘乳白，死后淡红色消失，初淡黄后现出虫体呈红褐色。活虫体淡褐色至紫红色。雄虫体长1.0～1.4mm，淡红至紫红色。眼黑色，触角丝状，翅 1 对白色透明，具 2 条粗脉。足细小。腹末略细。卵：长椭圆形，初产时黄白色，后为黄赤色，长径约 1mm，产于白色绵絮状的蜡质卵囊内。若虫：初孵体长约 0.4mm，椭圆形扁平，淡红褐色，触角和足发达，灰白色，腹末有1 对长毛。固定 1 天后开始分泌蜡丝，7～10 天形成

蜡壳，周边有12～15个蜡角。后期蜡壳加厚，雌雄形态分化，雄与雌成虫相似，雄蜡壳长椭圆形，周围有13个蜡角，似星芒状。蛹：只有雄性有蛹，圆筒形，褐色，长约5mm，外被白色绵状物。

[生活习性]　一年1代，主要以受精雌虫在1～2年生枝条上越冬。第二年春季寄主发芽时开始为害，虫体迅速膨大，成熟后产卵于腹下。产卵盛期：南京5月中旬，山东6月上、中旬，河南6月中旬，山西6月下旬。每雌产卵千余粒，多者达3000粒。卵期10～24天。初孵若虫多爬到嫩枝、叶柄、叶面上固着取食。8月初，雌雄开始性分化；8月中旬至9月为雄化蛹期，蛹期8～20天；羽化期为8月下旬至10月上旬。雄成虫寿命1～5天，交配后即死亡，雌虫陆续由叶转到枝上固定为害，至秋后越冬。可行孤雌生殖，子代均为雄性。

[防治方法]　①做好苗木、接穗、砧木检疫消毒。②保护利用瓢虫、草蛉、寄生蜂等天敌。③剪除虫枝或刷除虫体。冬季用木棍敲打树枝，虫体可随冰凌而落。④刚落叶或发芽前，喷含油量10%的柴油乳剂，必要时混用化学药剂效果更好。⑤初孵若虫分散转移期喷洒50%西维因可湿性粉剂500倍液，或50%辛硫磷乳油1000倍液，喷布根际周围的土面。

14. 咖啡黑盔蚧（*Saissetia hemisphaerica*（Targioni-Tozzetti））（彩图104）

[分类地位]　同翅目、蚧科。别名球盔蚧、网珠蜡蚧。

[分布与为害]　分布于我国浙江、江西、福建、台湾、广东、广西、贵州、四川、云南以及北方各大城市温室和花卉市场内。主要危害桂花、苏铁、大叶黄杨、一品红、龟背竹、象牙红、结婚草、棕树、马蹄莲、米兰、君子兰、罗汉松、人心果、白蝉、大花老鸦嘴、狗牙花、龙船花、八里香、天门冬、栀子花、海棠、夹竹桃、龙头、柑橘、茶、山茶、黄枝花、秋海棠、番石榴、芒果、柠檬、咖啡、桃、杏、枇杷、荔枝、罗伞树、重阳木、虾脊兰、假虎刺、金鸡纳树、杉、异色柿、麒麟叶、毕当茄、雀榕、鸡蛋花、通脱木、楠、蓬莱松等。以若虫、成虫在寄主植物的小枝、嫩叶处刺吸为害。受害处出现褐色油状点和黄色斑，叶片脱落，植株生长弱，甚至枯死。

[形态特征]　成虫：雌成虫卵圆形，黄褐色，突起呈半球形，边缘外翘，背面有“H”形隆起纹，背高度硬化，具许多圆形或卵形网眼，网眼彼此远离，网眼间距约等于网眼的直径。眼发达，触角7节或8节，其中第3节和第8节较长，越往顶端越细。足细长，胫节与跗节关节处有极硬化的突起。爪冠毛发达，顶端膨大为球形。气门短而宽，气门刺3根。体背亚缘瘤存在约7对。五格腺组成气门路，多格腺在腹部，腹面按体节成横带。大瓶腺在腹面成宽亚缘带。肛板有一背中毛，肛环8毛。卵：椭圆形，肉粉色，近孵化时色变深。若虫：长椭圆形，浅黄色，老熟后色加深，背上“H”形纹清楚。

[生活习性]　一年2代，以若虫或少数受精雌成虫在枝梢或叶背越冬。在温室产卵成虫分别出现在1月中旬和10月上旬，雌虫开始产卵时分泌出白色蜡质，腹部不停

蠕动，将卵堆积于体下，卵约 400～1000 粒。虫体死后介壳可长期留在枝梢上。卵期 30 天左右，初孵若虫经 1～2 天从雌虫臀裂爬至叶背寄生，不久足和触角退化，开始分泌白色蜡质，此时体长约 0.7mm，待若虫长到 1.2mm 时，体背出现白色透明丝并显现出“H”形纹，虫体颜色由浅变深。

[防治方法] ①加强检疫，严防调花、调苗时携入或携出。②人工剪除虫枝、摘除虫叶等，然后集中销毁。③家庭养花时感染此虫时，可用棉球浸于洗衣粉 200 倍液中，擦除虫体，然后用清水冲洗。④化学防治可在若虫期喷洒 40％氧化乐果乳油 1000 倍液，或 2.5％功夫乳油 4000～5000 倍液、20％灭扫利乳油 4000～5000 倍液、20％氯氰菊酯乳油1000～2000 倍液、50％稻丰散乳油 1000 倍液等。⑤盆栽花卉防治成虫时可采用根埋药剂。如 15％铁灭克颗粒剂或 3％涕灭威颗粒剂，埋药量视花盆大小而定，一般直径为 15～25cm 的花盆埋药 0.5g。

15. 矢尖盾蚧 (*Unaspis yanonensis* (Kuwaqna))(彩图 105)

[分类地位] 同翅目、盾蚧科。别名矢尖蚧、矢根蚧壳虫、箭头蚧壳虫。

[分布与为害] 分布于我国辽宁、甘肃、陕西、北京、河北、山西、河南、江苏、浙江、上海、湖北、湖南、江西、福建、贵州、广东、广西、云南、四川以及温室和花房中。为害寄主有桂花、九里香、芍药、山茶、连翘、金橘、黄杨、百日红、木瓜、白蜡树、龙眼等。以雌成虫和若虫刺吸枝干、叶和果实的汁液，重者叶干枯卷缩、削弱树势甚至死亡。

[形态特征] 成虫：雌介壳箭头形，常微弯曲，长 2～4mm，棕褐色至黑褐色，边缘灰白色。前端尖、后端宽。1～2 龄蜕皮壳黄褐色于介壳前端，介壳背面中央具 1 条明显的纵脊，其两侧有许多向前斜伸的横纹。雌成虫体橙黄色，长 2.5mm 左右。雄介壳狭长，长1.2～1.6mm，粉白色绵絮状，背面有 3 条纵脊，1 龄蜕皮壳黄褐色于前端。雄成虫体长 0.5mm，橙黄色，具发达的前翅，后翅特化为平衡棒。腹末性刺针状。卵：椭圆形，长 0.2mm，橙黄色。若虫：1 龄草鞋形，橙黄色，触角和足发达，腹末具 1 对长毛。2 龄扁椭圆形，淡黄色，触角和足均消失。蛹：长 1.4mm 左右，橙黄色，性刺突出。

[生活习性] 我国甘肃、陕西一年 2 代，湖南、湖北、四川 3 代，福建 3～4 代。以受精雌虫越冬为主，少数以若虫越冬。1 龄若虫盛发期大体为：2 代区 5 月下旬前后，8 月中旬前后；3 代区 5 月中、下旬，7 月中旬，9 月中旬；3～4 代区 4 月中旬，6 月下旬至 7 月上旬，9 月上中旬，12 月上旬。成虫产卵期长，可达 40 余天，卵期短，仅 1～3 小时，若虫期夏季30～35 天，秋季 50 余天。单雌卵量 70～300 粒，第 3 代最多，1 代次之。卵产于母体下，初孵若虫爬出母壳分散转移到枝、叶、果实上固着寄生，仅 1～2 个小时即固着刺吸汁液，体渐缩短，次日开始分泌棉絮状蜡粉。2 龄触角和足消失，于蜕皮壳下继续生长并分泌介壳，再蜕皮变为雌成虫。雄若虫 1 龄后即分泌棉絮状蜡质介壳，常喜欢群集于叶背寄生。天敌有日本方头甲、多种瓢虫和小蜂。

[防治方法] ①加强综合管理，使通风透光良好，增强树势提高抗病虫能力。

②剪除蚧虫严重枝，放在空地上待天敌飞出后再行烧毁。亦可刷除枝杆上密集的蚧虫。③保护释放大敌。④药剂防治：以若虫分散转移期施药最佳，虫体无蜡粉和介壳，抗药力最弱。可用40%乐果乳油500～1000倍液或50%马拉硫磷乳油600～800倍液、80%敌敌畏乳油800倍液、25%亚胺硫磷，或杀虫净、30%苯溴磷等乳油400～600倍液、50%稻丰散乳油1500～2000倍液。也可用矿物油乳剂，夏秋季用含油量0.5%、冬季用3%～5%，或松脂合剂夏秋季用18～20倍液，冬季用8～10倍液。如将化学农药和矿物油乳剂混用效果更好，对已分泌蜡粉或蜡壳者亦有防效。松脂合剂配比为烧碱2∶松香3∶水10。

第四节　粉　虱　类

1. 黑刺粉虱(*Aleurocanthus spiniferus* Quaintance)(图17-14)

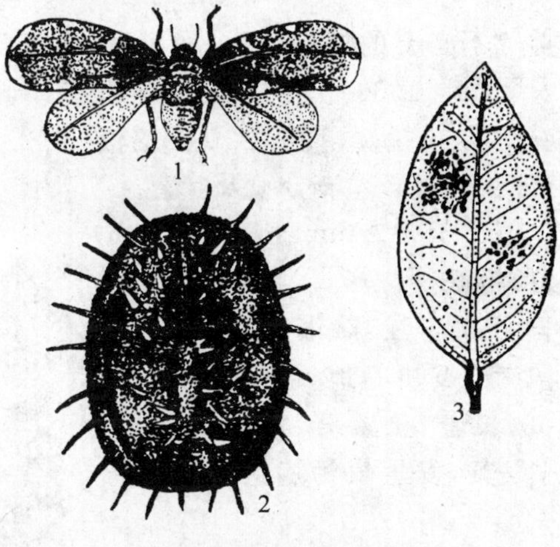

图17-14　黑刺粉虱

1. 雌成虫　2. 雌蛹壳　3. 被害叶片

[分类地位]　同翅目、粉虱科。

[分布与为害]　分布于我国江苏、浙江、上海、福建、台湾、四川、安徽等地。主要危害月季、蔷薇、春兰、玫瑰、山茶等。以幼虫群集在叶片背面吸食汁液，被害处形成黄斑，严重时，每叶上有虫数百头。

[形态特征]　成虫：雌、雄成虫相似。体长1.0～1.3mm。体橙黄色，覆有蜡质白色粉状物。前翅紫褐色，有7个不规则的白色斑纹，前缘2个，外缘2个，后缘3个，其中前缘近翅尖的1个有缺裂，粗看似为2个。后翅小，淡紫色。足黄色。雄虫体较小，腹部末端有攫握器。卵：长约0.25mm，香蕉形，顶端较尖，基部钝圆，中部略弯，基部

有一小柄，黏附在叶片背面。淡黄色，孵化前呈紫黑色。幼虫：初孵幼虫椭圆形，体扁平，淡黄色，体长 0.2mm。体周边缘呈锯齿状。尾端有4 根尾毛；体色渐成黑色，有光泽，并在体躯周围分泌一白色蜡圈。白色蜡圈随虫体增大而增粗。老熟幼虫体深黑色，体背上有 14 对刺毛，体长 0.7mm 左右，体躯周围白蜡增多。蛹：椭圆形，初化蛹时乳黄色，透明。后期蛹壳黑色有光泽，长 0.7～1.1mm。蛹壳边缘呈锯齿状，背面显著隆起，胸部有 9 对刺毛，腹部有 10 对刺毛，两侧边缘雌蛹有刺毛 11 对，雄蛹有 10 对。

［生活习性］ 一年 4～5 代。成虫多于上午羽化，羽化时从蛹壳背面作“上”字形裂开飞出，蛹壳留于叶背。成虫白天活动。羽化后便能交尾、产卵；孤雌生殖的后代均发育为雄虫。成虫期 1～6 天。卵多散产于叶背，卵基部有一短柄与叶片相连，使卵直立于叶面。每一雌成虫产卵约 20 粒。卵期除第 1 代为 22 天外，其余各代为 10～15 天。幼虫孵化后不久，便以口针插入叶肉，吸取汁液，并由肛门分泌大量排泄物。幼虫期除越冬外，一般为 20～36 天。幼虫共 3 龄。幼虫老熟后在原处化蛹。蛹期 7～34 天。

［防治方法］ ①应剪除不必要的枝梢，促进通风透光，勤除草以减轻危害。②幼虫盛发期，用 40％氧化乐果乳油 1000 倍液，或 25％亚胺硫磷乳油 1000 倍液，或 50％杀螟松乳油1000 倍液，或 50％马拉硫磷乳油 1000 倍液，或 2.5％鱼藤精 400 倍液防治。该虫多分布于叶背，故喷药时必须充分喷及叶背。

2. 柑橘粉虱（*Dialeurodes citri* Ashmead）（图 17-15）

［分类地位］ 同翅目、粉虱科。

［分布与为害］ 我国分布于江苏、浙江、安徽、湖北、四川、福建、广东、湖南、贵州等地。寄主有桂花、栀子、蔓长春花、女贞、长春花、紫薇、柑橘、茶、柳等。长春花受害，叶片发黄，发生煤污病，严重时叶片大量脱落。

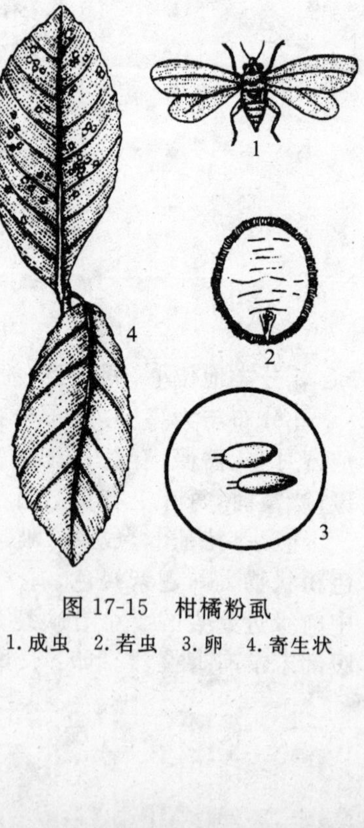

图 17-15 柑橘粉虱

1. 成虫 2. 若虫 3. 卵 4. 寄生状

［形态特征］ 成虫：雌虫体长 1.2mm。体淡黄色，被白色蜡粉。复眼红褐色。翅白色，不透明。雄虫形态与雌虫相似，仅体型较小，体长 1mm。卵：为椭圆形，淡黄色，长径 0.22mm，一端有短柄，以短柄附着于叶片上。幼虫：淡黄绿色，椭圆形，体甚扁平，长约1.3mm。体周围有小突起 17 对，并有白色放射状蜡丝。体外有薄膜状的包被。蛹：椭圆形，淡黄绿色。幼虫老熟后在薄膜状的包被内化蛹。

［生活习性］ 在浙江黄岩一年 4 代。以老熟幼虫或蛹于寄主叶背越冬。次年 5 月上、中旬至 6 月

上旬羽化。其余各代分别于7月、8月和10月上、中旬羽化，以7～8月发生较多。在南京第1代成虫于4月上旬开始羽化，4月中、下旬为成虫羽化盛期。成虫白天活动。卵产于嫩叶的背面。每头雌虫产卵100～150粒。卵期8～24天。成虫寿命9天左右。雌虫未交尾亦能产卵，但后代都为雄性。幼虫孵化后，在叶片背面固定吸食，并逐渐分泌出棉絮状蜡丝。虫龄越大，蜡丝越长。幼虫共3龄，历期20～30天。蛹期14天。越冬化蛹。蛹期可达20天以上。

［防治方法］ ①适当修剪枝叶，以便通风透光，可减少该虫发生。②在成虫或幼虫盛发时，喷80%敌敌畏1000倍液，或20%杀灭菊酯3000倍液，或50%杀螟松1500倍液。

第五节　蝽　类

1. 斑须蝽（*Dolycoris baccarum*（Linnaeus））（彩图106）

［分类地位］ 半翅目、蝽科。别名细毛蝽、黄褐蝽、斑角蝽、节须蚁。

［分布与为害］ 分布在我国各地。为害寄主有叶子花、菊花、醉蝶花、月季、桂花、泡桐、蔷薇、萱草、山莓、毛莓、柑橘、梨、苹果、杨梅、山楂、石榴、禾本科草坪草及各种农作物和多种蔬菜。以成虫、若虫刺吸寄主植物的嫩叶、嫩茎、果和穗汁液，造成落蕾、落花，茎叶被害后出现黄褐色小点及黄斑，严重时叶片卷曲，嫩茎凋萎，影响生长发育和观赏。

［形态特征］ 成虫：体长8.0～13.5mm，宽5.5～6.5mm。椭圆形，黄褐色或紫色，密被白色绒毛和黑色小刻点。复眼红褐色。触角5节，黑色，第1节、第2～4节基部及末端及第5节基部黄色，形成黄、黑相间。喙端黑色，伸至后足基节处。前胸背板前侧缘稍向上卷，呈浅黄色，后部常带暗红。小盾片三角形，末端钝而光滑，黄白色。前翅革片淡红褐色或暗红色，膜片黄褐色，透明，超过腹部末端。侧接缘外露，黄、黑相间。足黄褐色至褐色，腿节、胫节密布黑刻点。卵：桶形，长约1mm，宽0.75～0.8mm。初时浅黄，后变赭灰黄色。若虫：1龄体长1.2mm，宽1mm左右，头、胸、足黑色，具光泽；2龄体长3mm，宽2.1mm左右，复眼黑褐色，中胸背板后缘直；3龄体长3.5mm，宽2.5mm左右，中胸背板后缘中央和后缘向后稍伸出；4龄体长5mm，宽3.3mm左右，头、胸浅黑色，腹部淡黄褐色至暗灰褐色。小盾片显露，翅芽达第1可见腹节中部；5龄体长7～9mm，宽5.0～6.5mm，椭圆形，黄褐色至暗灰色，全身密布白色绒毛和黑刻点。复眼红褐色，触角黑色，节间黄白。小盾片三角形，翅芽达第4可见腹节中部。足黄褐色。

［生活习性］ 年发生世代数因地域差异而不同，吉林一年1代，辽宁、内蒙古、宁夏一年2代，江西一年3～4代。以成虫在杂草、枯枝落叶、植物根际、树皮及屋檐下越冬。内蒙古越冬成虫4月初开始活动，4月中旬交尾产卵，4月末5月初卵孵化。第1

代成虫于6月初羽化,6月中旬产卵盛期;第2代于6月中、下旬至7月上旬孵化,8月中旬成虫羽化,10月上、中旬陆续越冬。江西越冬成虫3月中旬开始活动,3月末4月初交尾产卵,4月初至5月中旬若虫出现,5月下旬至6月下旬第1代成虫出现。第2代若虫期为6月中旬至7月中旬,7月上旬至8月中旬为成虫期;第3代若虫期为7月中、下旬至8月上旬,成虫期8月下旬开始;第4代若虫期为9月上旬至10月中旬,成虫期10月上旬开始,10月下旬至12月上旬陆续越冬。第1代卵期8～14天,若虫期39～45天,成虫寿命45～63天;第2代卵期3～4天,若虫期18～23天,成虫寿命38～51天;第3代卵期3～4天,若虫期21～27天,成虫寿命52～75天;第4代卵期5～7天,若虫期31～42天,成虫寿命181～237天。成虫一般在羽化后4～11天开始交尾,交尾后5～16天产卵,产卵期25～42天。雌虫产卵于叶背面,20～30粒排成一列。

[防治方法] ①清除杂草及枯枝落叶并集中烧毁,以消灭越冬成虫。②在若虫为害期喷洒50%马拉硫磷乳油,或40%乐果乳油、50%磷胺乳油1000～1500倍液、50%敌敌畏乳油或90%敌虫晶体800～1000倍液,50%对硫磷乳油、40%氧化乐果乳油1500～2000倍液,或2.5%敌杀死乳油、2.5%功夫乳油、20%灭扫利乳油3000倍液。

2. 绿盲蝽(*Lygus lucorum* Meyer-Dir)(图17-16)

[分类地位] 半翅目、盲蝽科。

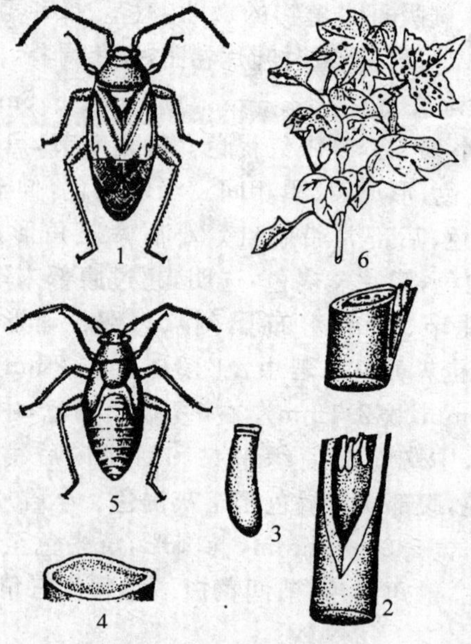

图17-16 绿盲蝽

1成虫 2.越冬卵 3.卵放大 4.卵盖顶面观

5.5龄若虫 6.棉株被害状

［分布与为害］ 我国上海、江苏、浙江、安徽、江西、湖北、湖南、四川、陕西、山东、山西、河南、河北及辽宁等地均有分布。除危害月季外，还危害菊花、大丽菊、一串红、木槿、扶桑、石榴、桃花等多种花木。成虫和若虫用口针刺害月季等的嫩叶、叶芽和花蕾。被刺害的叶片，几天后出现黑斑和孔洞，受害严重时，叶片发生扭曲皱缩，畸形。花蕾被刺害后，被害处渗出黑褐色汁液。叶芽嫩尖被害后，呈焦黑色，不能发叶。

［形态特征］ 成虫：体绿色，较扁平。体长约5mm，宽约2.2mm。复眼红褐色。触角淡褐色。前胸背板深绿色，有许多小黑点，小盾片黄绿色。翅的革质部分全为绿色，膜质部分半透明，呈暗灰色。卵：长口袋形，微倾斜，黄绿色，长约1mm。卵盖乳黄色，中央凹陷，两端突起。若虫：初孵若虫体短而粗，似成虫，绿色，体表密被黑色细毛。翅芽尖端黑色，长达腹部第4节。

［生活习性］ 二年4～5代，以卵在石榴、木槿等植物的组织内越冬。次年3月底至4月初孵化，4月中旬为若虫盛孵期，5月上、中旬羽化为成虫。第2～4代成虫，分别在6月上旬、7月中旬、8月中旬和9月中旬出现。成虫寿命约30～57天。产卵期可持续30～40天。因此，常出现世代重叠现象。全年以5月上、中旬为害最盛，5月在月季上出现明显的被害状。5月下旬以后，虫口逐渐减少。成虫羽化后6～7天开始产卵，卵产于月季和其他植物嫩茎皮层组织中。成虫产卵量一般100粒左右，但越冬代产卵量可达250～380粒。若虫共5龄，3龄后出现翅芽。成虫和若虫白天均潜伏在隐蔽处，夜里爬至芽、叶上刺吸取食，以芽和嫩叶受害最重，芽下第3～4叶极少受害。成、若虫均不耐高温、干燥，故7～8月间很少为害。气温在20℃、相对湿度在80%以上时，最适于发生。在适温下，高湿多雨发生多，危害重。

［防治方法］ ①早春消除花园、苗圃以及其周围的杂草。②于4月上、中旬若虫大量孵化时，用80%敌敌畏乳油1000倍液，或40%氧化乐果乳油1000倍液，或50%杀螟松乳油1000倍液，或50%辛硫磷乳油2000倍液，或20%杀灭菊酯2000～3000倍液，或50%二溴磷乳油1000倍液喷雾防治。喷药时注意喷及叶背等隐蔽处，附近杂草也应同时喷药。

3. 杜鹃花冠网蝽（*Stephanitis typica* Distant）（图17-17）

［分类地位］ 半翅目、网蝽科。

［分布与为害］ 分布于我国贵州、江苏、上海、浙江等地。以成、若虫在杜鹃花、马醉木等的叶背刺吸为害。被害叶片正面形成白色斑点，叶背出现黄褐色污斑，树势衰弱，提早落叶。

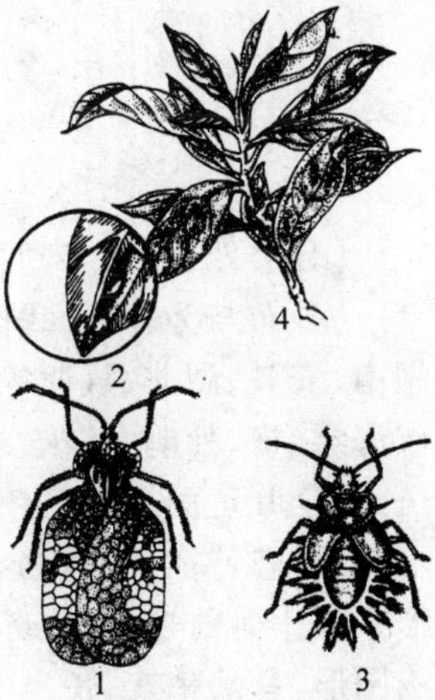

图17-17 杜鹃花冠网蝽
1. 成虫 2. 卵（产于叶内放大）
3. 若虫 4. 被害状

［形态特征］ 成虫：雌成虫体长3.6mm，宽约1.9mm。头部褐色，头刺5枚，灰黄色。触角4节，浅黄褐色。前胸背

板发达，黄褐色，密布刻点。前胸背板前中央高起而向前延伸，称头兜。头兜宽大，长椭圆形。前翅较宽而长。翅面布满网状花纹。两翅相合时中间可见一明显的"X"形斑纹，翅面密布网状纹。雌虫腹圆，呈纺锤形，雄虫腹部细小，呈长卵形。卵：乳白色，长约0.52mm，宽约0.17mm，香蕉形，顶端呈袋口状，末端稍弯。若虫：老熟若虫体扁平，长约2mm，宽约1mm。前胸发达，翅芽明显。体暗褐色。复眼发达，红色。

［生活习性］ 广州地区一年约10代，以成虫和若虫在寄主上越冬。成虫产卵于叶背主脉两侧的组织中。卵期12～20天。初孵若虫和刚脱皮的若虫全体雪白。成虫羽化后7天左右开始产卵。成、若虫均在叶背为害。

［防治方法］ ①盆栽杜鹃花如发生少量虫害，可人工捕捉。②在成、若虫发生较多时，用40%氧化乐果乳油1000倍液，或50%杀螟松乳油5000～7000倍液，或25%亚胺硫磷乳油1000～3000倍液喷雾防治。③在天敌数量较多时，可不用农药，以充分发挥天敌的控制作用。

4. 梨网蝽（*Stephanitis nashi* Esaki et Takeya）（图17-18）

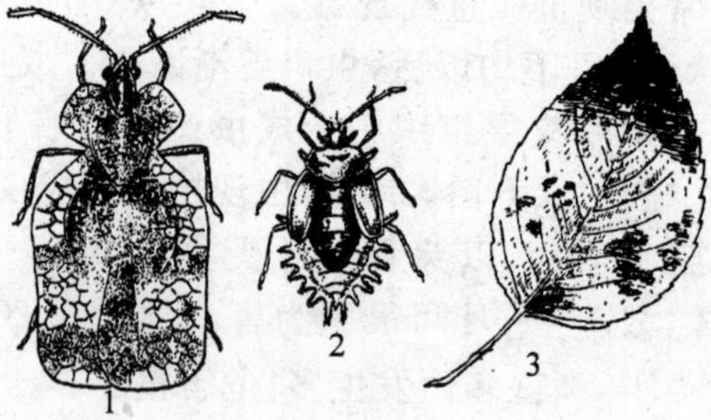

图17-18 梨网蝽

1. 成虫 2. 幼虫 3. 被害状

［分类地位］ 半翅目、网蝽科。

［分布与为害］ 我国江苏、上海、四川、广东、贵州、广西、河北、浙江、江西、山东、湖南、安徽、湖北、陕西等地均有分布。寄主有月季、桃、樱花、西府海棠、贴梗海棠、垂丝海棠、梅、杜鹃、茶花、栀子、含笑等。成虫和若虫在叶背刺吸汁液，使叶片呈现许多斑点，全叶正面呈苍白色斑，背面产生锈黄色。严重时提早落叶。

［形态特征］ 成虫：黑褐色，扁平，体长3.5mm。触角丝状，4节。前翅呈长方形。静止时前翅叠起，可见中间"×"字纹。后翅膜质，白色，透明，翅脉暗褐色。卵：长椭圆形，一端稍弯，长径0.6mm。初产时淡绿色，半透明，后变淡黄色。若虫：初孵若虫乳白色，最后变深褐色。末龄体长1.9mm，形似成虫。头、胸及腹部两侧各生针刺状突，具翅芽。

［生活习性］ 一年5代，世代重叠。以成虫在枯枝落叶下、树皮裂缝中，杂草内及

土、石缝里越冬。翌年4月中旬至5月上旬成虫外出，在叶背吸汁为害，并产卵于叶背。卵上覆褐色胶质物。每雌虫产卵15～60粒。卵期15天左右。5月下旬卵开始孵化，在叶背主脉两侧吸汁为害，2龄后扩大活动范围。若虫历期约半个月。6月中旬第1代成虫盛发。在天气干旱的8～9月发生严重。

［防治方法］　冬季清除杂草、枯枝落叶并销毁。第1代若虫盛孵期，喷40%乙酰甲胺磷，或50%杀螟松各1000倍液，或2.5%保得2000倍液。当天气干旱此虫盛发时，隔10天再喷1次。

第六节　蓟　马　类

1. 烟蓟马（*Thrips tabaci* Lindeman）（图17-19）

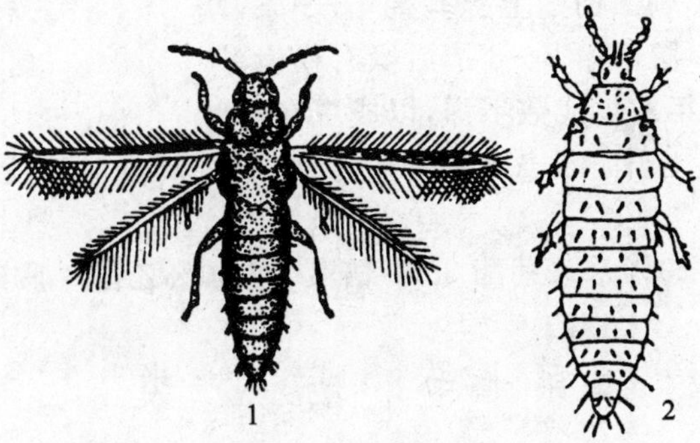

图17-19　烟蓟马

1.成虫　2.若虫

［分类地位］　缨翅目、蓟马科。又称棉蓟马、葱蓟马。

［分布与为害］　分布于我国华北、华南、西北、西南等地。主要危害香石竹、菊花、大丽花、金盏菊、冬珊瑚、蓍草、梅、风信子等多种花木。被害植株的叶卷曲，以至枯死。

［形态特征］　成虫：体长1.0～1.3mm。体色为淡黄褐色或黄褐色。头部为黄褐色。翅淡黄色，雄虫无翅，雌虫翅细长透明呈黑色，翅缘有均匀排列的脉鬃。卵：黄绿色，肾状形，长0.1～0.2mm。若虫：体形与成虫相似，无翅，淡黄色。

［生活习性］　一年6～10代，以成虫或若虫在土缝处、枯枝落叶杂草间越冬。翌年春暖开始活动，为害以5月中、下旬最盛。成虫多在叶柄、叶背吸食为害。被害叶常出现灰白色条纹或块斑，卷缩枯死。气温升高到27℃以上，对烟蓟马的发生有抑制作用。久雨或大雨能抑制烟蓟马的发生。久旱不雨有利于其发生。

［防治方法］　发生初期，喷施20%杀灭菊酯2500倍液，或50%杀螟松1500倍液，

或40%氧化乐果1000倍液，或80%敌敌畏乳剂1000倍液。也可埋施15%铁灭克，每盆2g。

2. 小头蓟马(*Microcephalothrips abdominalis* Crawford)(图17-20)

［分类地位］ 缨翅目、蓟马科。

［分布与为害］ 分布于我国东、西、南各地。寄主有菊花、万寿菊及一些菊科植物。成虫、若虫吸食叶、花汁液，严重时使花提早凋谢。

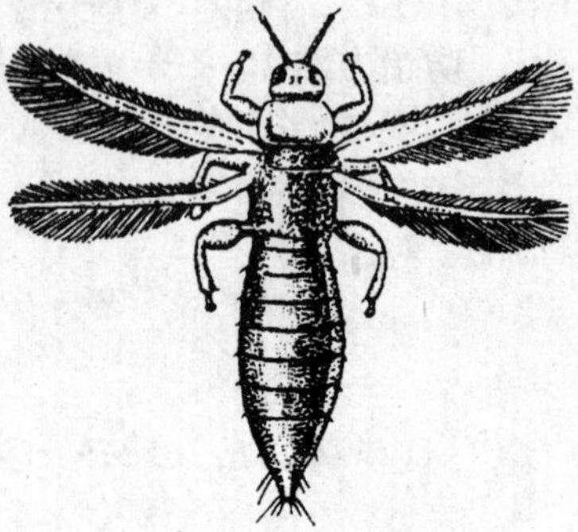

图17-20 小头蓟马

［形态特征］ 成虫：雌成虫体长1.1～1.2mm；雄成虫体长1.0～1.1mm，体褐色。触角7节，褐色，第3节基部有时色略淡。头部较小，单眼间鬃短，位于单眼三角形连线上。前胸宽大，后缘角有2条粗鬃；中胸腹板内骨具小刺。前翅上脉基鬃4+3条，端鬃3条，下脉鬃7条。腹部第2～8节后缘有栉齿。

［生活习性］ 一年发生代数不详，以成虫在落叶中越冬。5～6月虫口上升。天气干旱时发生多，低温高湿对其发生不利。主要生活在万寿菊花内。

［防治方法］ 喷20%杀灭菊酯3000倍液，或50%乙酰甲胺磷乳油1000倍液。

第七节 螨 类

1. 山楂叶螨(*Tetranychus viennensis* Zacher)(图17-21，彩图107)

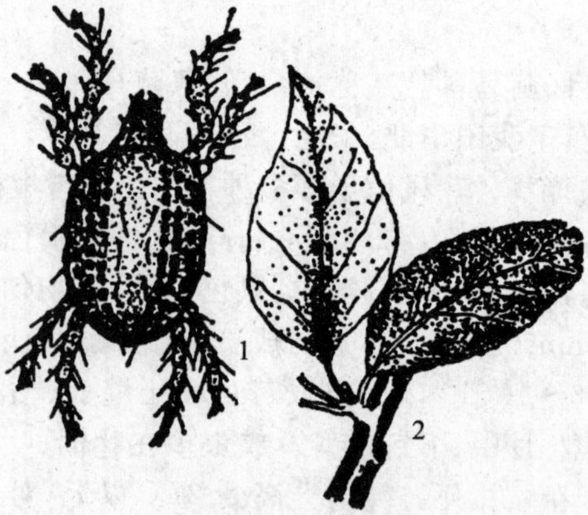

图17-21 山楂叶螨

1. 雌成螨 2. 被害状

[分类地位]　蜱螨目、叶螨科。

[分布与为害]　我国华北、东北、西北、华中、华东等地普遍发生。主要危害樱花、山楂、山桃等。成螨、幼螨、若螨在早春聚集在嫩芽上为害，重则芽发黄、焦枯，不能展叶、开花或花开得很小。为害严重时，叶片呈灰绿色，很快焦枯脱落，极易成灾。

[形态特征]　成螨：雌成螨卵圆形，体长 0.5mm，宽 0.3mm。雌螨有冬、夏型之分，冬型体色鲜红，有绢丝光泽，夏型初蜕皮时体红色，取食后变为暗红色。雄成蛹体长 0.4mm，宽 0.25mm。体末端尖削。初蜕皮时为浅黄绿色，逐渐变为绿色及橙黄色。卵：圆球形，橙红色。后期产的卵颜色浅淡，为橙黄色或黄白色。幼螨：足 3 对，体圆形，黄白色，取食后变为淡绿色。若螨：前期若虫体前开始出现刚毛，两侧有明显的黑绿色斑纹。后期若虫可辨别雌雄，雌体呈卵圆形，翠绿色，雄体末端尖削。

[生活习性]　北京一年 6～7 代。以橘红色的受精雌螨在枝干树皮裂缝内、粗皮下或在靠近树干基部 3.3cm 深的土缝里越冬。次年 4 月中、下旬开始活动取食，5 月中、下旬是产卵盛期。此螨营有性生殖，也可营孤雌生殖，但孤雌生殖的后代均为雄性。5 月下旬末为第 1 代幼螨和若螨的出现盛期；6 月中旬以后，气温逐渐增高，螨量增加；7 月中旬及8 月上、中旬为全年发生数量的高峰；9 月出现越冬雌成螨。

[防治方法]　①早春用波美 3～5 度石硫合剂防治越冬雌成螨。②7～8 月用 40％三氯杀螨醇乳油 1000 倍液，或用 50％久效磷乳油 1000 倍液，或 73％克螨特乳油 2000 倍液，或 25％甲氰菊酯乳油 2000 倍液，或 5％尼朗乳油 1500 倍液喷雾防治。

2. 国槐红蜘蛛（*Tetranychus truncates* Ehara）（图 17-22）

[分类地位]　蜱螨目、叶螨科。

[分布与为害]　我国华北、西北等地均有发生。为北京市市树之一——中国槐的一大害螨。同时危害龙爪槐、五叶槐等。

[形态特征]　成螨：雌成螨体长 0.4mm 左右，倒鸭梨形，锈褐色或淡红褐色。体背有两行纵行褐斑，每行 2～3 块，前端的较大。8 条腿，黄白色。卵：初产时淡黄色透明，后变浅红色，球形，直径 0.13mm 左右。若螨：淡黄色或略带红色，形态和成螨相似，短椭圆形，体长 0.17mm 左右，比成螨较圆些。

[生活习性]　北京一年 10 余代，以成螨和若螨在树木的裂缝、土缝里等处过冬。次年 4 月中、下旬（中龄国槐放出新芽 10mm 左右长时）开始活动为害，一般此时螨量较少，不易成灾；5 月上、中旬产卵，中、

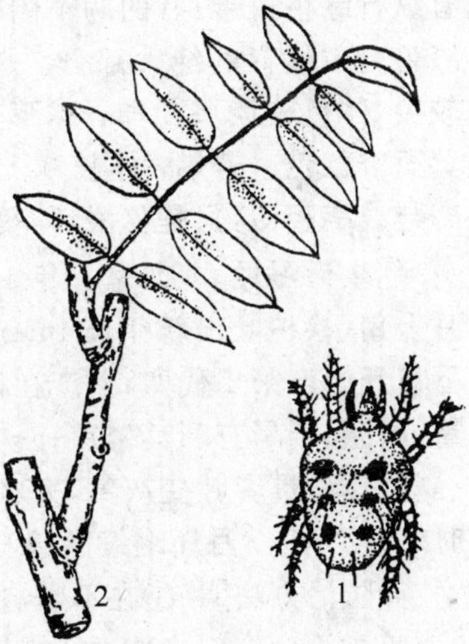

图 17-22　国槐红蜘蛛
1. 雌成螨　2. 被害状

下旬第1代螨为害;进入6月螨量大增,槐树内膛靠近树干的小枝上出现明显的被害状,逐渐向外、向上扩展,受害叶片变成灰绿,主脉两侧有黄白小点,叶上有吐的丝和灰尘,叶片两面有大量卵和若螨、成螨。6～7月发生为害最严重。7月中旬出现大量黄叶、落叶现象。6月中旬开始,如遇37℃以上的高温、干旱,日夜温差很小,并连续1周以上天气时,有螨源的树就会发生猖獗,很快造成严重黄叶、落叶。雨季连续降大雨时,螨量明显下降。成、若螨能借风力传播;9月开始,如雨量较少,还有一次小的为害高潮;10月后开始陆续过冬。

[防治方法] ①在螨量不超过影响树木生长和观赏时,可用高压喷雾器喷洒清水冲洗树叶,每周可喷2～3次,既能改变小环境,又能直接冲洗掉成、若、幼螨;或用波美0.1～0.2度的石硫合剂冲洗或喷一些对天敌安全的杀螨剂,如速效浏阳霉素等。②螨量较多时,可喷600～800倍的20%三氯杀螨醇乳油,或2000倍的73%克螨特乳油,或5%尼索朗乳油。③干旱季节应及时浇水,以补偿树木因旱和螨害所造成的失水。

3. 柏红蜘蛛(*Oligonychus perditus* Pritchard et Baker)(图17-23)

[分类地位] 蜱螨目、叶螨科。

[分布与为害] 我国华北、东北、西北、华中、华东、华南等地均有发生。为北京市市树之一——侧柏树的主要害螨。同时危害桧柏、沙地柏、龙柏等。

[形态特征] 成螨:雌成螨体长0.3mm左右。倒鸭梨形。体和后足淡黄白色,前足杏黄色,体背两侧有纵行绿色斑带;有的两个侧斑带的前后端汇合,形成绿色斑占体背的绝大部分。雄成螨体比雌的小,尾部较尖,体色较淡些。卵:球形,直径0.11mm左右,杏黄至杏红色。若螨:体长0.15mm左右,浅黄白色,形态与成螨相似,只是色浅,体稍圆些。

图17-23 柏红蜘蛛(雌成螨)

[生活习性] 北京一年10多代,以卵在侧柏叶上、桧柏叶鞘里等处过冬。次年4月上旬(桧柏吐出新芽长4mm左右)过冬卵开始孵化,至4月中旬全部孵化为害。4月下旬开始产第1代卵,多产在柏叶上;5月上旬第1代幼螨孵化为害,吐丝拉网,开始严重,高温、干旱有利其繁殖;5～7月为害最严重。柏叶上粘一层灰尘,轻者叶片上出现一些白点,重者叶变灰黄,失水,发干,造成枯叶,严重影响树木的生长和观赏;8月雨季时螨量下降;9月还继续繁殖和为害一段时间;10月上旬开始产卵过冬。

[防治方法] ①在不影响树木生长和观赏的螨量下,可喷清水冲洗或喷波美0.1～0.3度的石硫合剂清洗。②螨量多的小树可于5月上、中旬在根部埋施15%涕灭威颗粒剂(内吸杀虫杀螨剂)。③大树可喷600～800倍的20%三氯杀螨醇乳油,或2000倍的73%克螨特乳油等。④注意保护天敌。⑤干旱季节应注意浇水,以补偿因干旱和螨害

所造成的失水。

4. 毛白杨瘿螨(*Eriophyes dispcr* Nal.)(图 17-24)

图 17-24 毛白杨瘿螨

1. 瘿螨 2. 被害状

[分类地位] 蜱螨目、瘿螨科。

[分布与为害] 我国北京、河北、天津、山东、陕西、甘肃、新疆等地均有发生。主要危害5年生以上的毛白杨,形成毛白杨皱叶病,严重时树上几乎挂满皱叶瘿球,不但影响树木生长和观赏,还在6月份特别是雨后,大量瘿球落地,瘿球上常有很多蚜虫和排泄的黏液,落地后似黑粪便,很不卫生。

[形态特征] 成螨:雌成螨体长0.16～0.26mm,宽0.04～0.05mm,胡萝卜状,末端稍弯曲,较细。体橘黄色。体腹面有80个环节,尾端有2根长毛。足2对。卵:近球形,白色透明,直径0.035～0.047mm。幼螨:白色透明,体弯曲,长0.09～0.12mm。若螨:体长0.13～0.16mm,前体段橘黄色,后体段透明,足2对。

[生活习性] 北京一年5代,以卵在受害芽内过冬。次年4月初卵开始孵化,继续在冬芽内为害,4月中旬受害芽开始萌动裂嘴(比正常芽提前几天),吐出的幼叶边缘卷曲,叶片组织增厚,绿色中带有些红色,幼螨经10天左右,脱2次皮变为成螨。4月下旬大量成螨出现,受害芽叶已形成瘿球,绿色中带有紫红或红褐色,并逐渐增大,大者直径达15cm左右。5月初在瘿球内产大量第1代卵,以后有世代重叠现象。5月上旬瘿球开始脱落,风雨后脱落增多,落地的多呈黑色,直至6月上、中旬基本落光。5月上旬若螨开始出瘿球,在枝条上爬行,5月中旬爬行的若螨剧增,并有的侵入黄米粒大

小的冬芽，有的脱皮后变为成螨再从芽苞缝钻入芽的里层，危害幼芽。在瘿球内的越冬代和第1代若螨，一年只危害1个芽所抽出的叶片，而不危害正常芽所抽出的叶片。第1代若螨或成螨于5月中旬至6月下旬转移到新枝条上的冬芽内为害。一般多侵害枝条上第1～9位的芽(从当年生枝条基部向枝梢数)。在转移期间，瘿螨虽然死亡率很高，但受害芽率仍逐年成几倍地增加，以干径粗15～40cm的树木受害较严重。受害的叶芽比正常芽大，色泽暗，较细长。以后各代均在冬芽内繁殖和为害，10月开始过冬。传播、蔓延主要靠苗木、风力、昆虫、爬行等。

［防治方法］ ①瘿芽少的可于4月中、下旬螨未转移至冬芽前，人工剪掉瘿球处理，消灭下一年的螨源。②瘿球多的树木，可用打针法于4月下旬、5月上旬前，用高压注射器，往树体内注射50%久效磷乳油或40%氧化乐果乳油。

5. 茶跗线螨(*Polyphagotarsonemus latus* Bank)(图17-25)

［分类地位］ 蜱螨目、跗线螨科。

［分布与为害］ 分布于我国浙江、福建、河南、安徽、河北、辽宁、四川、云南、台湾等地。寄主有仙客来、柑橘、茉莉等多种花卉。成螨、幼螨、若螨在嫩叶背面等幼嫩组织吸汁为害，使叶呈黄褐色、灰褐色。严重时叶片向背面卷曲，叶质变硬而脆，叶肉增厚，嫩梢扭曲畸形。

［形态特征］ 成螨：雌成螨卵圆形，体长0.2mm。淡黄色至橙黄色，半透明。背面隆起，腹面较平。足4对，较短。雄成螨较雌成螨短，体狭长，近菱形，乳白色。足较长，且粗壮。卵：椭圆形，无色透明，将孵化前呈淡绿色，表面有纵向排列的若干行白色小疣点。幼螨：足3对。近椭圆形，乳白色，体末有明显的分节。若螨：足4对。长椭圆形，体末分节消失。

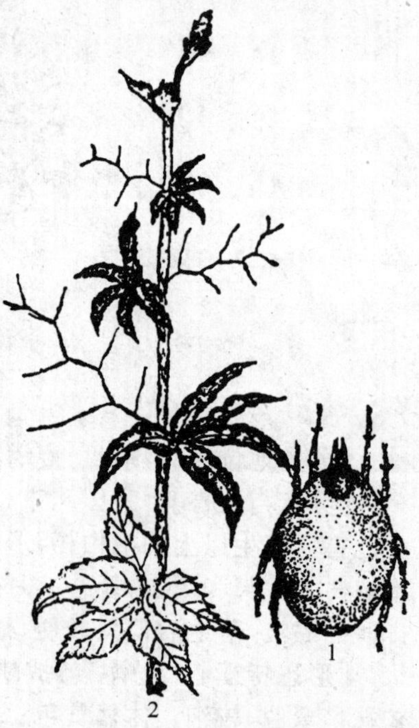

图17-25 茶跗线螨
1.雌成螨 2.被害状

［生活习性］ 一年20代左右，以雌成螨在寄主卷叶里、叶柄裂缝等处越冬。次年3～4月开始为害。温室中全年繁殖为害。以两性生殖为主，也能营孤雌生殖。雌成螨受精后产卵于叶背和芽尖。在30℃以上时，温度越高湿度越大，卵期越短。当相对湿度在80%以下时，卵不孵化，幼螨的发育也受影响。6～7月为为害盛期。

［防治方法］ 栽种前清除苗木上的虫体。室内栽培，保持通风透光。6～7月害螨发生盛期，喷杀灭菊酯3000倍液或三氯杀螨醇1000倍液，隔1周1次，连续3～4次。

6. 刺足根螨（*Phizoglyphus echinopus*(Fumouze et Robin)）（彩图 108）

［分类地位］ 蜱螨目、粉螨科。别名球根粉螨、葱螨。

［分布与为害］ 分布于我国吉林、内蒙古、甘肃、新疆、陕西、河北、江苏、上海、浙江、福建、台湾、广东、云南等地。为害寄主有唐菖蒲、郁金香、水仙、百合、菖兰、葱兰、风信子、苏铁、半夏、贝母、马铃薯、葱类等。以成、若螨群聚于球根鳞片内及块根表面刺吸为害，鳞茎受害后溢流汁液，细胞组织坏死，后变褐色，腐烂。地上部植株矮小、瘦弱，花朵不开或畸形开放，且花朵小，无鲜艳的颜色。为球根花卉重要的害虫。

［形态特征］ 成螨：雌螨体长 0.58～0.87mm，宽卵圆形，白色发亮。螯肢和跗肢浅褐红色；前足体板近长方形；后缘不平直；基节上毛粗大，马刀形。格氏器官末端分叉。顶内毛与胛内毛等长，或稍长；顶外毛短小，胛外毛长为胛内毛的 2～4 倍，足短粗，跗节Ⅰ、Ⅱ有 1 根背毛呈圆锥形刺状。交配囊紧接于肛孔的后端，有一较大的外口。雄螨：体长 0.57～0.80mm。体色和特征相似于雌螨，阳茎呈宽圆筒形。跗节爪大而粗，基部有一根圆锥形刺。卵：椭圆形，长 0.2mm，乳白色半透明。若螨：体长 0.2～0.3mm，体形与成螨相似，颚体和足色浅，胴体呈白色。

［生活习性］ 一年 9～18 代，以成螨在土壤中越冬，在腐烂的鳞茎残瓣中也可越冬。两性生殖，雌螨交配后 1～3 天开始产卵，每雌平均产卵 200 粒左右。卵期 3～5 天。若螨和成螨开始多在块根周围活动。当鳞茎腐烂便集中于腐烂处取食。该螨既有寄生性也有腐生性，同时也有很强的携带腐烂病菌和镰刀菌的能力。喜欢高湿的土壤环境，高温干旱对其生存繁殖不利。

［防治方法］ ①栽培防治：选用无病虫的田块，不连茬种植，可减少虫源；高温季节深耕暴晒，可消灭大量根螨；栽种前对土壤严格消毒，并选用无虫的鳞茎，以防止根螨和腐烂病的发生蔓延。②药剂防治：用 20％杀灭菊酯辛硫磷混合乳油，每亩 200～250ml，拌细土翻耕后撒入田内，然后整地种植。鳞茎在种植前用 1.2％的烟·参碱乳油 800～1000 倍液，或 10％天王星乳油 6000 倍液、73％克螨特乳油 2000 倍液、30％蛾螨灵可湿性粉剂 2000 液、15％扫螨净乳油 3000 液喷洒，晾干后栽种或贮藏，能杀死大量根螨及其他害虫，或将种球浸入上述任何一种药剂稀释液中 10～15 分钟，然后晾干种植，均收到很好的效果。

第八节　蜡　蝉　类

斑衣蜡蝉（*Lycornma delicatula* White）（彩图 109）

［分类地位］ 同翅目、蜡蝉科。别名椿皮蜡蝉、班衣、红娘子等。

［分布与为害］ 分布于我国辽宁、甘肃、陕西、山西、北京、河北、河南、山东、安徽、江苏、上海、浙江、江西、湖北、湖南、福建、台湾、广东、广西、四川、云南等地。受

害植物主要有：四季海棠、翠菊、桂花、扶桑、香椿、樱花、山桃、珍珠梅、杨、楝、合欢、柳树、女贞、漆树、枫、栎、化香、核桃、梨、李、楸、悬铃木、海棠、黄杨、臭椿、泡桐、梧桐、国槐、石榴等。以成、若虫刺吸枝、叶汁液，削弱生长势，严重时引起茎皮干裂，甚至死亡。虫体排泄物常诱致煤病发生。

［形态特征］ 成虫：体长 15～20mm，翅展 40～60mm，雄虫较雌虫小，暗灰色，体翅上常覆白色蜡粉。头顶向上翘起呈短角状，触角刚毛状 3 节红色，基部膨大，前翅革质，基部2/3 淡灰褐色，散生 20 个左右黑点，端部 1/3 黑色，脉纹色淡。后翅基部 1/3 红色，上有6～10 个黑褐斑点，中部白色半透明，端部黑色。卵：长椭圆形，长 3mm 左右，状似麦粒。卵粒排列成行，数行成块，每块有卵数十粒，上覆灰色土状分泌物。若虫：与成虫相似，体扁平，头尖长，足较长。

［生活习性］ 一年 1 代，以卵块于枝于上越冬。翌年 4～5 月陆续孵化。若虫喜群集嫩茎和叶背为害，若虫期约 60 天，蜕皮 4 次羽化为成虫，羽化期为 6 月下旬至 7 月。8 月开始交尾、产卵，多产于树枝交叉处的背面。以卵越冬。成虫、若虫均有群集性，较活泼，善于跳跃，受惊扰即跳离，成虫以跳助飞。多白天活动为害。成虫寿命长达 4 个月，为害至 10 月下旬才陆续死亡。

［防治方法］ ①发生严重地区，人工摘除卵块。②可喷洒常用化学农药如菊酯类、有机磷等及其复配药剂，常用浓度均有较好的防治效果。由于虫体特别是若虫被有蜡粉，所用药液中如能混用含油量 0.3％～0.4％的柴油乳剂或黏土柴油乳剂，可显著提高防效。

第十八章　草坪病虫害

草坪起源于天然放牧地，最初用于庭院来美化环境，后来随着社会的发展和体育、娱乐等设施的建设而迅速发展，成为现代社会可持续发展不可缺少的组成部分。欧洲是草坪利用较早的国家，近年来我国的草坪事业发展也很快，结合防风固沙、水土保持和城市绿化，草坪种植面积不断增加，各大城市的公园和各企事业单位都在建设和扩大绿地面积。随着旅游和运动业的发展，高尔夫球场和足球场等专用草坪也不断涌现和更新。草坪日益深入人类的生活，对社会的发展起着独特的作用。

草坪是指由低矮、绿色、禾本科植物为主的草本地被，经人工修剪而成绿毯状密盖地面的人工草地。草坪草如同大地上有生命的万物一样，是具有特殊生活规律的活体。在自然生态系统中，它需要阳光、空气、水分和养料作为生存的条件，同样也受到来自系统内病害、虫害和其他环境因素的危害。

第一节　草坪病害

由于遭受病原生物的侵染或不适宜环境因素的影响，草坪草细胞和组织的功能失调，正常的生理过程受到干扰，组织和形态上表现出有害变化，致使草坪景观受到破坏，产品品质降低甚至死亡，这种现象称为草坪病害。

草坪病害可以分成两大类：一类是非侵染性病害，即没有生物因素的参与，主要由非生物因素，如温度、湿度、光照、养分、空气、土壤、农药等引起的病害，这一类病害环境起到了重大作用，当环境条件超出草坪草所能忍耐的程度并且持续一定的时间后就会发生。另一类是侵染性病害，即由于真菌、细菌、病毒、植原体和线虫等引起的病害。

草坪禾草侵染性病害中以真菌病原物所致的病害为主，如我国已记录的禾本科草坪草和牧草真菌病害就有1289种，其中，我国已报道了20余种真菌病害。

按草坪草病害病原物种类的不同，将其分为真菌病害、线虫病害、病毒病害、细菌病害和植原体病害。真菌病害是影响草坪质量和景观的一类重要病害。它主要危害种子和植株的叶、鞘、茎、根、花和穗等各个部位，造成烂种、苗腐、叶枯和其他部位的腐烂坏死，甚至整株萎蔫死亡。

以下是危害草坪草的主要真菌病害，分别叙述每种病害的症状、病原、发生规律和防治方法。

一、枯萎病(褐斑病)(Brown patch)(彩图110)

褐斑病又称立枯丝核疫病,广泛分布于世界各地,是所有草坪中分布最广的病害之一。只要在草坪能生长的地区就能发生褐斑病,而且该病能侵染所有已知的草坪草,尤其以翦股颖和早熟禾最重要。在我国黄河流域是早熟禾最重要的病害之一。在北京地区的冷季型草病害调查中,其发生的普遍程度达80%以上。它不仅造成草坪植株死亡,更严重的是造成草坪大面积斑秃,极大地破坏草坪景观。

1.症状

褐斑病的病害症状变化很大,但因草种类型(如冷季型或暖季型)、品种组合、立地条件和养护管理水平(如修剪高度、次数)、气象条件及病原菌株系等的不同症状表现不同,因此,一定要根据不同草坪类型仔细观察。一般草坪会出现有枯草形成的环状秃斑,但也有可能在整片草坪内或仅在秃斑内出现叶斑。

褐斑病主要侵染植株的叶、鞘、茎,引起叶腐、鞘腐和茎基腐,根部往往受害很轻或不受害。因此,受害株往往能在长出新叶后恢复。但病害严重和反复流行时,根茎、匍匐茎、根状茎也会死亡。对冷季型草的主要危害时期发生在高温的夏季。草坪受害时出现大小不等的近圆形枯草圈,条件适合时,病情发展迅速,枯草圈直径可从几厘米很快扩展到2m左右。由于枯草斑中心的病株较边缘病株恢复得快,结果枯草斑就呈现出了环状或“蛙眼”状,即其中央绿色,边缘枯黄色环带。在清晨有露水或高温时,枯草圈外缘有由萎蔫的新病株组成的暗绿色至黑褐色的浸润圈,即“烟圈”。当叶片干枯时烟圈消失。这种现象只有在叶片有露水或空气湿度很高时才会出现。在修剪较高的多年生黑麦草、草地早熟禾、高羊茅草坪上,就常常没有烟圈。

由禾谷丝核菌浸染所致的黄斑,从秋季到春季均可发生。这种黄斑也被称为冷季型或冬季型。在修剪较低的草坪上表现为浅褐、红褐、黄褐色的圆形斑块。该病主要发生在冷季型草坪上。

暖季型草坪上的症状不同于冷季型草坪,通常发生在草株复苏开始生长的春天或快开始休眠的秋天。枯草圈直径可达几米,一般没有烟圈,但病斑边缘有叶片褪绿的新病株。病株叶片上几乎没有侵染点,侵染只发生在匍匐茎或叶鞘上,造成基部腐烂而不是叶枯(见彩图110)。

2.病原

主要是立枯丝核菌(*Rhizoctonia solani*),属知菌亚门、无孢目、丝核菌属。

3.发病规律

褐斑病是一种流行性很强的病害。早期只要有几张叶片或几株草受害,一旦条件适合,没有及时防治,病害就会很快扩展蔓延,造成大片禾草受害,特别是修剪很低的草坪,像高尔夫球场草坪。

丝核菌以菌核或在植物残体上的菌丝形成过度不良的环境条件。菌核有很强的耐高低温能力,它萌发的温度范围很宽,为8~40℃,最适温度为28℃。由于丝核菌是一种寄生能力较弱的菌,所以处于良好生长环境中的禾草,只能造成较微的侵染,不会造成严重的损害;只有当禾草生长在高温条件并生长开始停止时,即抗病性下降时,才会有利于病菌的侵染和病害的发展。

丝核菌是土壤习居菌,主要以土壤传播。由菌核萌发长出的菌丝或病残体生出的菌丝,从寄主叶、叶鞘或根部伤口侵入。

枯草层较厚的老草坪,菌源量大,发病重。低洼潮湿,排水不良,田间郁蔽,小气候湿度高,偏施氮肥,植株旺长,组织柔嫩,冻害;灌水不当等因素都极有利于病害的流行。

4. 防治

(1)加强草坪的科学养护管理

①均衡施肥:在高温高湿天气来临之前或期间,土壤中含氮量高会加剧病情。因此,在这个季节要少施氮肥,最好是不施氮肥。但适量增施磷、钾肥,有利于控制病情。需要特别强调的是任何时候都要保持一定水平的磷、钾肥。

②科学灌水:避免串灌和漫灌,特别强调避免傍晚灌水,在草坪出现枯斑时,在早晨尽早去掉吐水(或露水)有助于减轻病情。

改善草坪通风透光条件,降低田间湿度,及时修剪,夏季剪草不要过低。过密草坪要适当打孔疏草,以保持草坪清洁卫生。

(2)清除枯草层和病残体,减少菌源量 枯草和修剪后的残草要及时清除,保持草坪清洁卫生。

(3)选育和种植耐病草种和品种 根据各地具体情况,选用相对耐病草种。

(4)药剂防治。新建草坪提倡种子包衣或药剂拌种。可选用甲基立枯灵、五氯硝基苯、粉锈宁、杀毒矾、灭霉灵、消菌灵等药剂,或用甲基立枯灵、五氯硝基苯、敌克松等进行土壤处理。

成坪草坪要抓紧早期防治,控制初期病情是药剂防治的关键。因此,必须在症状显现前的一段时间,即病菌开始侵染前用药,才能有效地控制病害;若当看到明显症状时,就有大面积的草坪受到影响,如果天气又持续高湿高温,此时,无论用什么药,效果都不会很好,尤其是保护性药剂。目前防治褐斑病效果较好的药剂有:代森锰锌、百菌清、甲基托布津、50%灭霉灵可湿性粉剂、3%井冈霉素水剂等。

二、夏季斑枯病(Summer patch)

1. 症状

夏季斑枯病是夏季高温高湿时发生在冷季型草坪草上的一种严重病害,尤其在生长较密的草地早熟禾草坪上。主要造成草坪上出现大小不等的秃斑,严重影响草坪景观。在草坪地早熟禾上,夏初开始表现症状,发病草坪最初出现环形的、生长较慢的、瘦弱的小斑块，以后草株褪绿变成枯黄色，或出现枯萎的圆形斑块，直径约 3～8cm。斑块逐渐扩大，典型的斑块圆形，直径不超过 40cm，但最大时直径也可达 80cm。在持续高温天气下（白天高温达 28～35℃，夜温超过 20℃），病叶颜色迅速从灰绿色变成枯黄色，多个枯草斑块愈合成片，形成大面积的不规则形枯草斑。

2. 病原

Magnaporthe Poae，是一种新近描述的异宗配合的真菌。

3. 发病规律

病菌以菌丝体在植物的病残体和多年生的寄主组织中越冬。在人工控制的环境条件下，病菌在 21～35℃温度范围内均可侵染，并在寄主根部定殖，从而抑制根部生长。病害发生的最适温度为 28℃。在田间，病菌在春末土壤温度稳定在 18～20℃时开始侵染。在炎热多雨的天气，或大量降雨或暴雨之后又遭高温的天气，病害开始显症并很快扩展蔓延，造成草坪出现大小不等的秃斑。这种斑块不断扩大，可一直持续到初秋。由于斑块内枯草不能恢复，因此在下一个生长季节依然明显。夏季斑枯病还可通过剪草机械以及草皮的移植而传播。

夏季斑枯病在高温而潮湿的年份和排水不良、紧实的地方发病最为严重，其中高温胁迫在病害发生过程中起着重要作用。在合适的条件下，病原菌可沿着根部、冠部和茎组织蔓延，每周可达 3cm，用砷酸盐除草剂、速效氮肥和某些传导型杀菌剂，可以加快症状的表现。采用较低的修剪高度、频繁的浅层灌溉等养护方式的草坪往往发病更严重。

4. 防治

(1)科学的养护管理　由于夏季斑块病是一种根部病害，因此，减轻逆境和促进根系发育的栽培措施都可减轻病害的严重度。因低茬加速症状的表现，所以要避免剪草时低于建议的高度（一般不低于 5～6cm），特别是在高温胁迫时期，施用缓释氮肥，如含有硫磺包衣的尿素或硫铵。深灌，尽可能减少灌溉次数，以不诱发干旱胁迫为准。打孔、疏草、通风、改善排水条件、疏松土壤等均是有利于防治病害的措施。

(2)选用抗病草种和品种　种植抗病草种（品种）或选用抗病草种（品种）混合种植，是防治夏季斑枯病的最有效而经济的方法之一。

(3)化学防治　药剂拌种、种子包衣或土壤处理是通过对多种药剂的筛选，初步认为下列药剂品种的拌种、包衣或土壤处理均对夏季斑枯病有较好的防治效果，如：灭霉灵、乙磷铝、杀毒矾、绿亨一号、代森锰锌、甲基托布津、移栽灵等（通常用种子重量的药剂的商品剂型）。

成坪草坪的药剂喷雾是内吸传导性杀菌剂，可作为防治夏季斑枯病选择的主要药剂种类，有 64％杀毒矾可湿性粉剂、95％绿亨一号、70％代森锰锌可湿性粉剂、70％甲基托布津可湿性粉剂、50％灭霉灵可湿性粉剂、50％乙磷铝可湿性粉剂等。

三、币斑病(Dollarspo)

1.症状

币斑病的典型症状是形成圆形、凹陷、漂白色或稻草色的小斑块，斑块大小从5分硬币到1元银币，因而得名为币斑病。病斑处的草要比其他地方的低，尤其是修剪到1.5cm高或更矮的草坪上。

币斑病典型的症状：单株叶片受害，开始产生水浸状褪绿斑，以后逐渐变成白色，边缘棕褐色至红褐色，病斑可扩大延伸至整个叶片，呈漏斗状。从叶尖开始枯萎的症状也常见。单株叶片可能只有一个病斑，也可能有许多小病斑或整叶枯萎；成坪草坪上出现凹陷、圆形、漂白色或稻草色的枯草斑，大小从5分硬币到1元硬币。清晨有露水时，在枯草斑上可看到白色、絮状或蜘蛛网状的菌丝，干燥时菌丝消失。

2.病原

币斑病的病原应为子囊菌亚门的核盘菌纲柔膜菌目 *Lanzia Moelerodiscus* 属中的若干种。

3.发病规律

病组织通过风、雨水和流水、工具、人畜活动等方式传播和扩展蔓延。尤其是依赖剪草机和其他维护设备携带，甚至还可以通过高尔夫球鞋和手推车携带传播。因此，如果仅防治草坪内发病的地方，就常会出现在发病地方的边上，或人们从发病区走过的地方，币斑病又复发了。

币斑病发病的适温为15～32℃，因此，从春末一直到秋季病害都可发生。

另外，温暖而潮湿的天气、形成重露凉爽的夜温、土壤干旱瘠薄、氮素缺乏等因素都可以加重病害的流行。

4.防治

(1)加强草坪管理，适当增施氮肥，使土壤中的氮维持一定的水平　在币斑病严重发病期间要保持有足够高的氮肥水平，以减少病害的严重度并能提高杀菌剂的防治效果。因此，轻施、常施氮肥，既有助于防治病害，又能满足草的正常生长，特别是高温天气期间。合理灌水，提倡浇深水，尽量减少浇水次数，以两次浇水间隙不造成水分胁迫为准。不要在午后和晚上浇水，因为在凉爽的夜晚很可能形成露水从而延长叶面湿润时间。通风透光，或移去草坪周围的树木和灌木及其他障碍物以改善草坪的空气对流状况。不要频繁修剪和修剪过低。

(2)药剂防治　适时喷洒杀菌剂，可选用的菌剂有百菌清、敌菌灵、粉锈宁、丙环唑等。

四、德氏霉叶枯病(Drechslera leaf diseases)

1.症状

德氏霉所引起的病害种类很多，主要有：①早熟禾叶斑病又叫溶失病(D. meltingout)以及根部、冠部和根状茎的腐烂病(D. poae);②羊茅和黑麦草网斑病(D. dictyoides);③黑麦草大斑病(D. Siccans);④蓟股颖赤斑病(D. erythrospila);⑤猫尾草叶斑病(D. phlei);⑥狗牙根和蓟股颖轮纹斑病(D. gigantea)等。由于病菌有非常明显的寄生专化性,因此在病菌与寄主的不同组合中,所引起的病害症状不同。

(1)早熟禾叶斑病　主要侵染草地早熟禾,引起早熟禾的叶斑、叶枯,也危害种子、芽、苗、根状茎和根颈,造成烂种、苗腐、根部、冠部和茎基的腐烂。在凉爽而潮湿时期(通常在春季和秋季),或温暖而干燥的时期,或在寒冷过后马上出现干旱的时期,叶斑发生以后还可发生枯焦以及根、根状茎和冠部腐烂。

(2)羊茅和黑麦草网斑病　危害黑麦草、细叶羊茅、高羊茅、草地羊茅等禾草。在细叶羊茅上引起的叶斑病,开始时出现细小、红褐色的、不规则形状的斑点。病斑很快环割叶片,引起黄化并从顶尖开始枯死。在细叶羊芽种植比例较高的草坪上,严重发病时,大面积草坪上普遍出现很多小块褐色枯草斑块(直径 2～10cm)。还可发生根部和冠部腐烂,造成整株枯死。

(3)黑麦草大斑病　主要侵染意大利黑麦草、多年生黑麦草,也侵染早熟禾、羊芽、鸭茅等。由 D. siccans 引起的黑麦草叶斑病,病斑太小和形状差别很大,常见的症状是出现大量的、卵圆形腐色的小型病斑。随着病斑的增大,病斑中央变成浅褐色至白色,边缘深褐色。出现类似于干旱胁迫的景象(烟绿色的外观),即使土壤水分充足时也会如此。

(4)牙根环斑病　是由 antea 在狗牙根上引起的狗牙根叶斑病。开始时叶片出现褐色小斑点,病斑逐渐扩大伸长成长圆形或长椭圆形,病斑中央漂白色至浅黄褐色,叶片可被病斑完全环割。病斑迅速增大,病组织上有时会形成漂白色的和褐色的同心环斑。因此,又称为轮纹斑病。严重发病的草坪随着病叶的干枯死亡,草坪稀疏早衰。

2. 病原

德氏霉属在分类上属于半知菌亚门、丝孢目、暗色菌科,原属长蠕孢属。

3. 发病规律

病种子和病土是德氏霉叶枯病的主要初侵染源。病菌以分生孢子和休眠菌丝体在植物病组织和病残体中度过不良环境。在适宜的温、湿度条件下,病菌开始侵染、发病、产孢。分生孢子可通过风、雨水、灌溉水、机械或人和动物的活动等传播到健康的叶或叶鞘上。分生孢子在 3～27℃范围内均可萌发,适温 15～18℃,20℃左右最适于侵染发病。叶面水滴是孢子萌发和侵入所必须的条件。因此,春、秋季的温度、降雨、结露及其时间的长短就成了病害流行程度的重要限制因素。分生孢子萌发,产生芽管侵入叶片,形成叶斑或叶枯。条件适宜在病组织上再形成孢子,不断进行再侵染,造成病害流行。

影响德氏霉叶枯病流行的因素很多,阴雨或多雾的天气致使叶面长期保持水膜和湿润以及在午后或晚上的灌水；草坪立地条件不良，严重遮荫、郁蔽，地势低洼，排水不良等均造成湿度过高；光照不足，氮肥过多，磷、钾肥缺乏时，植株生长柔弱，抗病性降低；草坪管理粗放，修剪不及时，剪草过低，枯草层厚，积累枯、病叶和修剪的残叶没及时清理等等，都有助于菌量积累和加重病害流行。

4. 防治

(1)种植抗病和耐病草种或品种，播种无病种子，选育和推广抗病和耐病品种，提倡不同草种或品种混合种植。严格把好种子关，做好药剂拌种、种子包衣。

(2)加强科学养护管理，适时播种，适度覆土，加强苗期管理以减少幼芽和幼苗发病，合理水肥管理，合理使用氮肥，增加磷、钾肥。特别关键的是要避免在早春和仲夏过度刺激草的生长，提高植株抗病性。浇水应当在早晨进行，避免频繁的浅灌，特别是不在傍晚灌水。灌深、灌透，减少灌水次数，避免草坪积水。及时修剪，保持植株适宜高度。根据实际情况确定修剪高度，如绿地草坪最低的高度应为5～6cm。

(3)搞好田园卫生，及时清除病残体和修剪的残叶，经常清理枯草层。

(4)化学防治。药剂拌种：播种时用种重量0.2%～0.3%的25%唑酮可湿性粉剂或50%福美双可湿性粉剂拌种；生长期喷药：在草坪发病初期喷施杀菌剂，能较好地控制病情发展，25%敌力脱乳油、25%三唑酮可湿性粉剂、70%代森锰锌可湿性粉剂、50%福美双可湿性粉剂、12.5%速保利可湿性粉剂等药剂都有较好的防效。喷药量和喷药次数可根据草种、草高、植株密度以及发病情况确定。

五、锈病(Rusts)

锈病是草坪禾草上的一类重要病害，它分布广、危害重，几乎每种禾草上都有一种或几种锈菌为害。禾草感染锈病后叶绿素被破坏，光合作用降低，呼吸作用失调，蒸腾作用增强，大量失水，叶片变黄枯死，草坪稀疏、瘦弱，景观被破坏。

草坪草锈病种类很多，常发生的主要锈病有：条锈病、叶锈病、秆锈病和冠锈病。

1. 症状

锈菌主要危害叶片、叶鞘或茎秆，在感病部位生成黄色至铁锈色的夏孢子堆和黑色冬孢子堆，被锈病侵染的草坪远看是黄色的。

2. 病原

草坪禾草锈菌多属于担子菌亚门、冬孢菌纲、锈菌目、柄锈科、锈菌属(*Puccinia*)和单孢锈菌属(*Uromyces*)以及夏孢锈菌属(*Uredo*)和壳锈菌属(*Physopella*)两属的各一个种。

3. 发病规律

锈菌是严格的专性寄生菌，夏孢子离开寄主几乎不能存活。主要锈菌是以夏孢子在禾草或禾本科寄主上存活，完成周年循环。在侵染循环中其他孢子阶段作用不大。在禾草周年存活地区，锈菌以菌丝体和夏孢子在禾草病部越冬；在禾草周年不能存活地区，锈菌不能越冬，次年春季只能由越冬地区随气流传来的夏孢子引起新的侵染。夏季禾草正常生长的地区，各种锈菌一般也能越夏，但条锈菌不耐高温，在夏季最热一旬，旬均温超过 22～23℃的地区不能越夏，秋季发病也要外来菌源。

夏孢子可以远距离传播，在发病地区内夏孢子随气流、雨水飞溅、人畜机械携带等途径在草坪内和草坪间传播。夏孢子在适宜温度下，叶面必须有水膜的条件下才能萌发。由气孔或直接穿透表皮侵入。适宜条件下，一般 6～10 天后显症，10～14 天后产生夏孢子，继续再侵染。

影响锈病发生的因素很多，有不同品种的抗病程度，温度、降雨（特别是夏孢子萌发和侵染所必需的叶面湿时）、蔽荫、草坪密度、水肥、修剪（留茬高度）等遭受逆境而生长缓慢的草上最容易感染锈病。

4. 防治

（1）种植抗病草种和品种并进行合理的混合种植　在锈病常发地带应种植抗病草种或品种，并提倡多草种或多品种混合种植，而且在混合种植时应考虑草种和品种的抗病组分。由于锈菌具有生理小种的分化，因此，如果一个草坪群体是由单个基因型的草组成，那么对这种基因型专化的某一小种就可能造成病害流行，破坏掉整个草坪。若采取不同基因型的草种或品种混合种植，就可以避免优势小种的形成，从而不会使整个草坪被破坏，即使发生锈病，也只有部分植株被害，从而减轻了病害流行程度。因此，将几种改良型品种混合种植，也是避免锈病严重爆发的一个有效措施。

（2）化学防治　目前三唑类杀菌剂是防治锈病的特效药剂。防治效果好，持效期长。常见的品种有：粉锈宁、羟锈宁、特普唑（速宝利）、立克秀等。具体施用技术有两种：①新建草坪播种时药剂拌种：每百公斤种子用三唑类纯药 0.02%～0.03%克拌种。②成坪草坪喷雾：在发病早期（以封锁发病中心为重点时期），用 25%三唑酮可湿性粉剂 1000～2500 倍液、12.5%速保利（特普唑）可湿性粉剂 2000 倍液兑水喷雾。

（3）栽培防病　增施磷、钾肥，适量施用氮肥。合理灌水，降低田间湿度。发病后适时剪草，最好在夏孢子形成释放之前进行修剪，去掉发病叶片，修剪的残叶要及时收集清除，减少菌源数量。适当减少草坪周围的树木和灌木，保证通风透光。

六、白粉病（Powdery mildew）

白粉病在世界各地都有分布，为草坪草上常见的病害，尤以早熟禾、细羊茅和狗牙根发病最重，是早熟禾和羊茅属草上的重要病害之一。当感病草种种植在荫蔽或空气流通不畅的地方，遇到长期的低光照时，发病就会很严重。该病主要降低光合效能，加大呼吸和蒸腾作用，造成植株矮小，生长不良，甚至死亡，严重影响草坪景观。

1. 症状

白粉病菌主要侵染叶片和叶鞘，也危害茎秆和穗部。受侵染的草皮呈灰白色，像是被撒了一层面粉。受害禾草首先是在叶片上出现 1～2mm 大小的褪绿斑点，以正面较多。以后病斑逐渐扩大成近圆形、椭圆形绒絮状霉斑，初白色，后变灰白色、灰褐色。老叶发病通常比新叶严重。随着病情的发展，叶片变黄，早枯死亡。

2. 病原

禾布氏白粉菌（*Blumeria graminis*（DC.）Golov. ex Speer（Merat）），属子囊菌亚门、核菌纲、白粉目、白粉科、布氏白粉属。

3. 发病规律

病菌主要以菌丝体或闭囊壳在病株体内越冬，也能以闭囊壳在病残体中越冬。翌春，越冬菌丝体产生分生孢子，越冬后成熟的闭囊壳释放子囊孢子，通过气流传播，在晚春或初夏侵染禾草，形成初侵染。着落于感病植物上的分生孢子可以很快萌发，侵染禾草，在新病叶上1周内（大约4天左右），就可以产生大量分生孢子，不断引起再侵染。但夏季高温可以限制分生孢子的萌发。

草种和品种的抗病性及种植方式、有利病害发生的气象因素、不合理的水肥管理、荫蔽、空气不流通等都是诱发病害流行的重要因素。如：凉爽（15～22℃）、潮湿以及多云阴天的气象条件有利于该病流行。生长在适宜光照条件下的狗牙根、草地早熟禾、匍匐翦股颖、细叶羊茅等禾草表现抗病，而荫蔽、低光照下变得感病；重施氮肥的草地早熟禾上白粉病尤为严重。

4. 防治

（1）种植抗病草种和品种并合理布局　选用抗病草种和品种并混合种植（混合种子中应包括耐阴品种）是防治白粉病的重要措施。粗茎早熟禾、多年生黑麦草和早熟禾及草地早熟禾的Nugget和Bensun两个品种比较抗病。

（2）药剂防治　药剂品种及施药方法，可参照锈病。另外，还可选用其他药剂，如25％多菌灵可湿性粉剂500倍液，70％甲基托布津可湿性粉剂1000～1500倍液，50％退菌特可湿性粉剂1000倍液等。

（3）科学养护管理　控制合理的种植密度；适时修剪，在白粉病易发区，更应注意草的留茬高度；保证草坪冠层的通风透光，尤其要注意草坪周围观赏性灌木和树木的选择和修剪；减少氮肥，增施磷、钾肥；合理灌水，不要过湿过干。

七、红丝病（Red thread）

1. 症状

红丝病又叫红线病。红丝病的典型症状是草坪上出现环形或不规则形状、直径为5～50cm、红褐色的病草斑块。病草水浸状，迅速死亡。死叶弥散在健叶间。使病草斑呈斑驳状。红丝病在一年中的不同时间、不同地点均可发生，症状多变，特别是当不产生红丝或红色棉絮状物时，诊断就很困难。

2. 病原

红丝病由*Laetisaria fuciformis*引起，过去归属于伏革菌（*Coriticium fuciforme*）。

3. 发病规律

病菌以菌丝束在病叶或病残上度过不适时期。菌丝束最高存活温度为32℃，最低为－20℃，在干燥的条件下能存活 2 年之久。病菌能够以节孢子或菌丝束通过流水、机械、人畜等在一定范围内传播，节孢子和植物病残体还可随风远距离传播。高湿、重露、少量的降雨及雾，及适宜的温度是病害流行的重要条件。可造成病菌大量初侵染，迅速扩展蔓延，两天之内就可杀死草叶。另外，在磷肥、钾肥和钙缺少的情况下发病严夏，特别是氮肥不足时会引起严重危害。该病全年均可发生，但一般严重发病期不会超过几个月。

4. 防治

保持土壤肥力充足且平衡，增施氮肥有益于减轻病害的严重度，但应避免过度；土壤的 pH 值，一般应保持在 6.5～7.0；及时浇水以防止草坪上出现干旱，浇水时应深浇，尽量减少浇水次数，时间应在上午。草坪周围的树木和灌木丛，或设计风景点时要精心布局，增加草坪日照和空气对流。适当修剪，并及时收集剪下的碎叶集中处理，以减少菌量。

八、镰刀菌枯萎病(Fusarium disease)

镰刀菌枯萎病是普遍发生在草坪草上的、严重破坏草坪景观效果的一种重要病害。

1. 症状

镰刀菌枯萎病可造成草坪草苗枯、根腐、茎基腐、叶斑和叶腐、匍匐茎和根状茎腐烂等一系列复杂症状。幼苗出土前后被侵染，种子根变褐腐烂，严重时造成烂芽和苗枯。发病较轻时，幼苗黄瘦，发育不良。

草坪上的症状：开始时初现淡绿色小的斑块，随后迅速变成黄枯色，在高温干旱的气候条件下，病草枯死变成枯黄色。枯草斑圆形或不规则形，直径 2～30cm，病区内几乎全部草株发生根部、冠部、根状茎和匍匐茎黑褐色的干腐，有时发生或出现叶斑或不出现叶斑。当湿度高时，病草的茎底部和冠部可出现白色至粉红色的菌丝体和大量的分生孢子团。在温暖潮湿的天气条件下，可造成大面积草坪均匀地发生叶斑。叶斑主要生在老叶和叶鞘上(首先侵染叶尖)，不规则形，初期水渍状黑绿色，后变枯黄色至褐色，病健交界处有褐色至红褐色边缘，外缘枯黄色。

2. 病原

引起镰刀菌枯萎病的病原菌主要有粉红镰孢霉(*Fusarium roseum*)和三隔镰孢霉(*Fusarium tricirmctum*)。

3. 发病规律

病土、病残体和病种子是镰刀菌的主要初侵染来源。其中由于种子带菌率较高，在种子萌发出苗时，常常在新建草坪上引起猝倒和苗立枯。

高温和干旱有利于冠部和根部腐烂病的发生，它主要发生在仲夏高温期间、充分暴露在阳光照射下的土壤干旱地方，特别是向南的斜坡上。土壤含水量过低或过高都有利于镰刀菌枯萎综合征的严重发生，干旱后长期高温或枯草层温度过高时发病尤重。此外，在春季或夏季过多地或不平衡地使用氮肥、草的修剪高度过低、土壤顶层枯草层太厚等等，均有利于镰刀菌的发生。另外，pH 值高于 7.0 或低于 5.0 等也都有利于根腐和基腐发生。长期高湿条件下有利于叶斑病的发生。

4. 防治

(1)种植抗病、耐病草种或品种。不同草种的抗病性差异(由高到低的顺序)：翦股颖＞草地早熟禾＞羊茅。提倡草地早熟禾与羊茅、黑麦草等混播。病草坪补种黑麦草或草地早熟禾抗病品种。

(2)尽量从无病的原产地引种。使用种子建植草坪时要进行药剂拌种或种子包衣，选择的药剂有灭霉威、乙磷铝、杀毒矾、绿亨一号、代森锰锌、甲基托布津等，通常用种子重量的 0.2%～0.3%(指药剂的商品剂型)。

(3)科学施肥。提倡重施秋肥，轻施春肥。增施有机肥和磷、钾肥，控制氮肥用量。

(4)减少灌溉次数，控制灌水量以保证草坪既不干旱亦不过湿。斜坡易干旱，需补充灌溉。夏季天气炎热时，草坪应在中午喷水降温。

(5)及时清理枯草层，使其厚度不超过 2cm。病草坪剪草高度应不低于 4～6cm。保持土壤 pH 值在 6～7。

(6)在发生根颈腐烂症状始期，可施用多菌灵、甲基托布津、灭霉灵、杀霉矾等内吸杀菌剂。

九、腐霉枯萎病(Pythium diseases)

腐霉枯萎病又称油斑病、絮状疫病，是一种毁灭性病害。它既能在冷湿环境中侵染为害，也能在天气炎热潮湿时流行。当夏季高温高湿时，能在一夜之间毁坏大面积的草皮。腐霉枯萎病是惟一一种能真正看到其传播的草坪病害。

1. 症状

腐霉菌可侵染草坪草的各个部位，造成烂芽、苗腐、猝倒、根腐和根茎部、茎、叶腐烂。

草坪草受害时，一般自叶尖向下枯萎或自叶鞘基部向上呈水渍状枯萎，病斑青灰色，后期有的病斑边缘变棕红色。根部受害可表现不同的症状，有的根部产生褐色腐烂斑，根系发育不良，分蘖减少，下部叶片变黄变腐，草坪稀薄；有的根系外形正常，无明显腐烂现象或仅轻微变色，但次生根的吸水机能已被破坏，高温炎热时，腐株失水死亡，整块草坪在短短数日内就可完全被毁坏。

高温高湿条件下，腐霉菌侵染常导致根部、根茎部和茎、叶变褐腐烂，草坪上突然出现直径 2～5cm 的圆形黄褐色枯草斑。受害病株水浸状变暗绿腐烂，摸上去有油腻感，倒伏，紧贴地面枯死，枯死圈(斑秃)呈圆形或不规则形，直径 10～50cm 不等。由于腐霉菌可随灌水传播，也能随设备传播，因此，它常在草坪上呈条状出现。若上一年枯草病区未防治，任其发展，则次年枯死圈一般会继续向外扩大。

2.病原

腐霉菌为鞭毛菌亚门、卵菌纲、霜霉菌目、腐霉属，其中最主要的种是 *Pythium aphainclermatum*(Eds.)Fityp(瓜果腐霉)。

3.发病规律

菌是一种土壤习居菌，有很强的腐生性。它通常存在于病残枯草、土壤或者同时存在于这两种介质上，只有在适合的环境条件下才有致病力。腐霉菌是一种对水要求很高的霉菌，在淹水条件下和池塘中的残体上都能很好地生长。

高温高湿是腐霉菌侵染的最适条件，白天最高温度30℃以上，夜间最低温度大于20℃，大气相对湿度高于90%，且持续14小时以上，或者是有降雨的天气，腐霉枯萎就可大发生。在高氮肥下生长茂盛稠密的草坪最感病，受害尤重；碱性土壤比酸性土壤发病重。

4.防治

(1)建立良好的立地条件是防治腐霉病的关键措施　建植之前要平整土地，黏重土壤或含沙量高的土壤要进行改良。设置良好的排水设施，避免雨后积水。

(2)科学的养护管理

①合理灌水，提倡喷灌、滴灌：潮湿的土壤和叶面湿润的水膜是腐霉枯萎病发生的必要条件，因此，水分管理就成了最重要的减少病害发生隐患的措施之一。采用喷灌、滴灌，控制灌水量，减少灌水次数，减少根层(10～15cm深)土壤含水量，降低草坪小气候相对湿度。强调灌水时间上一定要在日出后或在中午时进行喷灌，任何情况下都要避免在夜间或傍晚灌水。

②合理修剪、施肥，清洁草坪卫生：枯草层厚度超过2em后及时清除，高温季节不要过多过频剪草，剪草不要过低，一般保持5～6cm较好。在高温潮湿叶面有露水、特别看到已有明显菌丝时，不要修剪草，以避免病菌传播；提倡秋季、春季均衡施肥，避免施用过量氮肥，增施磷、钾肥和有机肥。

③提倡不同草种或不同品种混合建植。

(3)药剂防治

①药剂拌种、种子包衣或土壤处理：这是防治烂种和幼苗猝倒的简单、易行和有效的方法。选用的药剂品种有：代森锰锌、杀毒矾、灭霉灵、消菌灵等，使用技术可参考褐斑病药剂防治部分。另外移栽灵对腐霉菌有非常好的防治效果。

②叶面喷雾：高温高湿季节要及时使用杀菌剂控制病害。有许多好的杀菌剂可选择，如保护性杀菌剂代森锰锌，内吸性杀菌剂甲霜灵、乙磷铝，杀毒矾和甲霜灵锰锌等都具有较好的防病效果。但为了防止抗药性的产生(实际上Snders已经报道了腐霉菌对甲霜灵已产生了抗性)，提倡药剂的混合使用或交替使用。

十、全蚀病(Take-AllPatch)

1. 症状

蚀病全年都可以发生,但以夏末至秋冬发病最重。夏末炎热干旱的天气症状较明显,病草颜色变成暗褐色至红褐色。冬季,发病的草坪变成灰白色至漂白色。在单一翦股颖草坪上出现环形或圆圈状的枯草斑块,斑块每年不断扩大(每年可扩大 15cm 之多),直径达 1m 或更大。有时扩大一段时间后停止。发病斑块一般不能迅速恢复,其中心常被羊茅和早熟禾属的草以及杂草所侵占。

2. 病原

病原菌为 *Gaeumannomyces graminis*(Sacc.)。Arx&Oliver Var. avenae(Turner) Dennis,属子囊菌亚门、核菌纲、球壳菌目、间座壳科、顶囊壳属,禾顶囊壳的燕麦变种。

3. 发病规律

病菌以菌丝体在病株组织上或随病残体在土壤中越冬(越夏)。禾草的整个生育期及其各个部位均可受到侵染。全蚀病菌侵染的最适土温为 12～18℃,但 6～8℃的低温也能侵染,土壤温度大于 5～15℃左右发病最重。一旦侵染成功,温度的影响就不明显了。而多雨、灌溉、积水等使土壤表层有充足水分的环境有利于病菌的侵染发病。

影响全蚀病流行的因素很多。气象因素中的温度、湿度、降雨与病害的发生密切相关。若冬暖、春季多雨低温发病严重,而冬季寒冷、春季干旱则病轻;排水及灌溉很差的草坪病重;碱性土壤或增施石灰使土壤 pH 值高(虽然增施石灰有利于病害发生,但连续使用几年后对病害的发生就不起作用了),特别强调的是根围 pH 值与该病关系密切;土壤贫瘠,有机质含量低,肥力不足或氮、磷比例失调,或严重缺磷,或施用硝态氮等等都会显著地加重病情。

4. 防治

(1)均衡施肥,增施磷肥和钾肥。如果改良土壤确实需要使用石灰时,使用最粗糙的石灰(20～30 目之间)以避免急剧改变土壤的 pH 值。良好的排水条件和适当的浇水有助于减轻病害。但要监控灌溉用水的 pH 值。增加土壤的酸性可以抑制病害的发生。

(2)对于高尔夫球场,最好及时移走发病斑块,换上新土后再补种新草皮。

(3)由于草种间有明显的抗病性差异,因此要重视抗病草种的选用。

(4)重视新建草坪的种子处理,用粉锈宁、立克秀(戊唑醇)等三唑类杀菌剂拌种,或试用包衣剂,或进行药剂土壤处理。也可选用上述药剂,进行泼浇、灌根或喷施的方法,控制初始病情。还可试用拮抗性荧光假单胞杆菌和一些目前正在研究中的其他生物防菌。

十一、黑粉病(Smuts)

黑粉病是一类由黑粉菌引起的禾草病害。黑粉菌是一种寄生专化性很强的病原物，可以在植物的叶片、叶鞘、茎以及花序等部位引起特异性病状。常见的病害有：条形黑粉病、冰草秆黑粉病、鸭茅叶黑粉病（疱黑粉病）等，以条黑粉病的分布最广，危害性最大。由于多数禾草黑粉病主要危害花序，所以对种子生产的影响最大，甚至造成毁灭性的损失。

1. 症状

黑粉病的症状类型主要取决于病原物、寄主种（品种）和气候条件。条形黑粉菌（*Vstilago striiformis*）和秆黑粉菌（*Urocystis agropyri*）在草坪草上引起的症状几乎完全一样，疱黑粉病（*Entyloma dactylidis*）差别较大。

条形黑粉病（*Stripe Smut*）和秆黑粉病（*Flag Smut*）：症状基本相同，单株病草在草坪上或零星分布或形成大面积斑块（斑块里的大部分草都发病）。在春、秋两季凉爽的天气里，病草呈淡绿色或黄色，植株矮化，叶片变黄，根部生长减缓。随病害的发展，叶片开始卷曲并在叶片和叶鞘上出现沿叶脉平行的长条形冬孢子堆，稍隆起。

由于被侵染的植株分蘖少和病株的死亡，使草坪变得稀疏，留下引起丛生外观的秃斑，造成杂草入侵。在新发病的草坪上，由于病株零星分布，病害症状几乎很难发现。数年后病害才开始变得明显。

疱黑粉病（叶黑粉病）：叶黑粉菌（*Entyloma*）属的病菌引起的黑粉病的症状多种多样，它们与条黑粉病和秆黑粉病症状的主要不同点在于它主要表现在叶片上，病叶背面有黑色椭圆形疱斑，即冬孢子堆，长度不超过 2mm，疱斑周围褪绿。严重时，整个叶片褪绿变成近白色。

2. 病原

引起黑粉病的病原是一类属于担子菌亚门、冬孢菌纲、黑粉菌目的真菌，其中条形黑粉病是由 *Ustilago striiformis*（Westend.）Niessl（条形黑粉菌）引起的，该菌有 6 个专化型，即早熟禾专化型、翦股颖专化型、鸭茅专化型、梯牧草专化型、大麦专化型、绒毛专化型，可寄生在 26 属 48 种禾本科植物上。

3. 发病规律

黑粉菌大多为系统性侵染（叶疱黑粉是局部性侵染）。病菌以冬孢子在种子、土壤、病残或病叶中越冬。

在春、秋两季禾草旺盛生长时，病害表现最明显。气温凉爽而温和、水肥充足时，禾草常可耐受病菌的侵染而存活。当高温、干旱、肥料过度或不足时，病草分蘖枯死，甚至整株死亡。过厚的枯草层以及酸性土壤也可促使病情的发展。

(1)条形黑粉病：受气候的影响，条黑粉病症状最常出现在春、秋季冷、湿天气阶段，当白天温度低于 21.1℃时，随气温升高、天气变暖，症状逐渐消失。尽管症状在低温时最明显，但对草坪的损失较少，而大多数草坪的损失是发生在干热的夏季（当草处于炎热、干旱逆境时）或冬季遭受干燥和低温逆境时。

(2)秆黑粉病：秆黑粉病最易发生在晚春或初秋。发病规律基本与条形黑粉病相同，土壤干旱、瘠薄、黏重以及播种过深时都会加重病情。

(3)叶(疱)黑粉病：叶黑粉病是局部侵染性病害，病原菌冬孢子萌发后产生的担孢子通过气流、雨滴飞溅、人畜和工具的接触等途径传播，由叶片侵入。病害主要发生在春、秋两季。较低的温度、适宜的湿度和营养条件有利病原存活，高温干旱、施肥不足或过量均会加速病株的死亡。

4. 防治

(1)种植抗病草种和品种。利用抗病草种和品种的混合种子或草皮是防治黑粉病的最好办法。更新或混合种植改良型草地早熟禾品种可能取得较好的防病效果。

(2)药剂拌种。种植无病种子，使用无病草皮卷和无病无性繁殖材料。防治条形黑粉病和秆黑粉病，可用杀菌剂拌种。拌种时主要选用三唑类药剂，如25%三唑酮可湿性粉剂、15%三唑酮可湿性粉剂、1%立克秀拌种剂，拌种药量可按种子重量的0.1%～0.3%试用。

(3)适期播种。避免深播，缩短出苗期，减少条形黑粉菌和秆黑粉菌侵染。

(4)加强水肥的科学管理。适量施用氮肥，增施钾和磷肥。避免土壤干旱，提倡灌深水、透水。严重发病地块，要及时除去病草皮，补种抗病的品种。对于叶黑病，在发病初期，用三唑类的粉锈宁进行药剂喷雾。

十二、霜霉病(Downy mildew)

霜霉病在北美的冷季型草上又叫黄丛病，此病在我国分布颇广，华北、西北、华东、西南、台湾均有发生。可在许多草坪草上发生，造成严重危害。

1. 症状

禾草霜霉病的主要特点是植株矮化萎缩，剑叶和穗扭曲畸形，叶色淡绿有黄白色条纹。发病早期植株略矮，叶片轻微加厚或变宽，叶片不变色。当发病严重时，草坪上出现直径为1～10cm的黄色小斑块。病害症状在春末和秋季最为显著，而且最先在排水不良的地方显症。发病的草坪在冬季可因受冻而死亡，在炎热干旱时期则萎蔫或死亡。

2. 病原

病原为大孢指疫霉(*Sclerophthora macrospora*(Sacc.)Thirum.，Shaw et Naras.)，属鞭毛菌亚门、卵菌纲、霜霉目、指疫霉属。是一种分布广泛的专性寄生菌，可引起许多种禾草的霜霉病。

3. 发病规律

病菌以卵孢子在土壤和病残体中度过不良环境，也可以菌丝体在病株的叶、冠和茎上存活。卵孢子在10～26℃均可萌发，但以19～20℃最适宜，发病适温为

15～20℃。高湿多雨、低洼积水、大水漫灌等因素均利于病害流行。

4. 防治

(1)确保良好的排水条件，保证灌溉或降雨后能及时排除草坪表面过多的水分。合理施肥，避免偏施氮肥，增施磷、钾肥，促进其健壮生长。

(2)发现病株及时拔除。

(3)化学防治，用瑞毒霉、乙磷铝、杀毒矾等药剂拌种或喷雾，都可取得较好的防治效果。

十三、蘑菇圈(Fairy rings)

又称仙环病，是由大量的土壤顶层植物残渣和土壤习居的担子菌引起的草坪草上的一种病害。

1. 症状

春季和夏初，潮湿的草坪上可出现环形或弧形的深绿色或生长迅速的草(俗称疯长)围成的圈。疯长草形成的环带宽 10～20cm。在疯长的草坪圈内，偶尔会出现由瘦弱的、休眠的或死草形成的同心圆圈。有时候在死草圈里又出现旺长的草形成的次生疯长草圈。土壤干旱时，特别是在秋季，最外层疯长的草圈可能消失，使得最外层圈里的草死亡而内层圈的草旺长。在降雨和大水浸灌之后，病菌可在外层疯长的草坪草圈里长出蘑菇。蘑菇圈开始时很小，但可迅速扩大，直径从几厘米至无限大。有时也可突然消失。

2. 病原

最常见的病菌有环柄菇属(*Lepiota*)、马勃菌属(*Lycoperdon*)、小皮伞属(*Marasmius*)、硬皮马勃菌属(*Scleroderma*)和口蘑属(*Tricholoma*)。

3. 发病规律

蘑菇圈最初的外观一般是病草围成一个小圆圈或出现一束担子果。蘑菇圈的直径每年都增大几厘米，有时可达 0.5m。随着蘑菇圈往外的迅速生长，圈内老菌丝逐渐死亡，而随之出现内圈旺长的现象。在一般砂壤土、低肥和水分不足的土壤上病害最严重。浅灌溉、浅施肥、枯草层厚、干旱都有利于病害的发生。

4. 防治

(1)保证土壤水分充足，以维持土壤剖面处于非常潮湿的状态。

(2)土壤熏蒸，土壤更换，土壤耕作和混合等。土壤熏蒸应把草坪移走后进行；更换病土是迅速消灭病菌的方法；土壤耕作和混合是把整块的草皮切下移走，然后用重型旋转式中耕机耕作以混合土壤。耕后的地带最好用水浸泡，以促进对蘑菇圈病菌有拮抗作用的微生物生长。

(3)及时清除枯草层，深灌、灌透水。

(4)药剂防治，必要时可用溴甲烷或甲醛薰蒸土壤，也可打孔浇灌百菌清等。

十四、炭疽病(Anthra cnose diseases)

1. 症状

炭疽病症状上的典型特点是在病斑上产生黑色小粒点，不同环境条件下炭疽病症状表现不同。冷凉潮湿时，病菌主要造成根、根茎、茎基部腐烂，以茎基部症状最明显。病斑初期水渍状，颜色变深，并逐渐发展成圆形褐色大斑，后期病斑长有小黑点(分生孢子盘)。当冠部组织也受侵染严重发病时，草株生长瘦弱，变黄枯死。天气暖和时，特别是当土壤干燥而大气湿度很高时，病菌很快侵染老叶，明显的加速叶和分蘖的衰老死亡。当茎基部被侵染时，整个分蘖也会出现以上病变过程。草坪上出现直径从几厘米至几米的不规律的枯草斑，斑块呈红褐色—黄色—黄褐色再到褐色的变化，病株下部叶鞘组织和茎上经常可看到灰黑色的菌丝体的侵染垫，在枯死茎、叶上还可看到小黑点。

2. 病原

禾生刺盘孢(*Colletotrichum graminicola*)属半知菌亚门、腔胞纲、黑盘孢目、炭疽菌属。

3. 发病规律

当草坪草生长在逆境条件下，湿度高、叶面湿润时，病菌可侵染叶、茎或根部组织。分生孢子盘在死组织中形成，然后释放分生孢子，分生孢子随风、雨水飞溅传播到健康禾草上，造成再侵染。与病害发生密切相关的基本条件是那些不利于草坪草生长的环境因素，即高温高湿的天气，土壤紧实，磷肥、钾肥、氮肥和水分供应不足，叶面或根部有水膜等。该病几乎任何时候都能发生，但通常在夏季的数日中的凉爽天气里最具破坏性。

4. 防治

科学的养护管理是病害防治的基础。适当、均衡施肥，避免在高温或干旱期间使用含量高的氮肥，增施磷、钾肥；避免在午后或晚上浇水，应深浇水，尽量减少浇水次数，避免造成逆境条件。保持土壤疏松，适当修剪，及时清除枯草层和种植抗病草种和品种均能减轻病害。发病初期，要及时喷洒杀菌剂控制。百菌清、乙磷铝，500～800倍兑水喷雾，可取得较好的防治效果。

十五、雪霉叶枯病(Pink snow mold)

1. 症状

雪霉叶枯病主要发生在冷凉多湿的地区，引起禾草苗腐、叶斑、叶枯、鞘腐、基腐和穗腐症状，以叶斑和叶枯症最为常见。在冬季积雪期漫长的地区，同一种病原物还能引起严重的雪腐病。染病草坪出现直径小于5cm的圆形枯草斑，扩大后直径可达20cm。病草初为水浸状污绿色，后变为砖红色、暗褐色以至灰绿色。该病在剪草较低的草坪上迅速扩展时，枯草斑中心草株可恢复生长，形成蛙眼状枯草斑，外圈具有暗绿色边缘。在潮湿条件下或积雪覆盖下，枯草斑上生出白色菌丝体，经阳光照射后产生大量粉红色或砖红色霉状物（分生孢子）。

2. 病原

病原菌无性世代为 *Gerlachia nivalis*（Ces. ex Sacc.）Gams and Mull（雪腐捷氏霉）。

3. 发病规律

在适合条件下，病菌萌发侵染幼芽、幼根和其他部位，并产生分生孢子和子囊孢子，随风和雨水传播，由伤口和气孔侵入，不断引起再侵染。高湿条件下产生气生菌丝，通过搭接也可传播蔓延。潮湿多雨和冷凉的环境有利发病。另外，偏施氮肥、排水不良、低洼积水、草坪郁蔽、枯草层厚等因素都有利于发病。

4. 防治

种植无病种子，提倡药剂拌种；科学养护管理，包括均衡施肥，增施磷、钾肥，改善草坪立地条件，避免低洼积水，合理灌水，及时清除枯草层等；适时进行化学防治，可用多菌灵、甲基托布津等 500～800 倍药液喷洒。

十六、黑孢枯萎病（Nigrospora blight）

1. 症状

仲夏主要发生在多年生黑麦草、紫羊茅和草地早熟禾上，病株叶片通常由顶梢开始枯死，并向下延伸一直至叶鞘。在有些品种上叶片出现长梭形或不规则形病斑，病斑中部青灰色，边缘紫色至红褐色，病斑横跨叶片后病斑以上的部分卷曲，呈黄褐色枯萎。严重发病时，大面积草坪均匀枯萎，出现直径为 10～20cm 界限分明的斑块。

2. 病原

黑孢枯萎病菌（*Nigrosporn sphaerica*）是一种专性寄生菌。

3. 发病规律

孢子在发病组织上或里面形成，在温暖潮湿的条件下萌发，通过风雨传播，引起新的侵染。病斑在高湿时产生大量的气生菌丝，通过搭接也可以进行新的侵染。土壤干燥、贫瘠也有利于发病。

4. 防治

精心管理，防止草坪上出现严重的逆境是防治病害的基础。另外注意潮湿有露水时不要修剪；炎热潮湿天气不要使用除草剂或移植草皮；种植抗病品种。病害严重时可使用杀毒矾、乙磷铝等杀菌剂防治。

十七、尾孢叶斑病（Cercospora Leaf Spot）

1. 症状

该病为叶部病害，危害叶片和叶鞘。发病初期，引起的叶部病斑呈棕色至紫色，随着病害的发展，病斑沿叶脉呈水平方向逐渐扩大。发病后期，病斑扩展到叶轴，病斑大小为 1mm×4mm。在温暖潮湿的气候条件下，有利于孢子的形成，以致于病斑上出现白色至灰色的孢子和菌丝体，叶片失去原有的绿色，受害严重时可引起叶片和植株的死亡，草坪生长不良。

2. 病原

病原菌是尾孢菌（*Cercospora* spp.）。

3. 发病规律

病菌从分生孢子和休眠菌丝体在感病的叶和枯枝落叶中度过逆境。在温暖和潮湿的环境条件下，病菌产生大量的孢子，并传播到健康的植株上，引起叶斑病。尾孢叶斑病发病的严重程度与湿度、温度关系很大。长时间高温高湿有助于分生孢子大量产生。分生孢子靠风和雨水传播到健康的叶片或其他草坪草上去。分生孢子的再侵染，主要发生在夏季和秋季。

4. 防治

合理使用肥料，有利于该病的控制。改善草坪环境，清除草地周围的树木和灌木，以保持草地通风，有充足的阳光照射。

十八、铜斑病（Copper Spot）

1. 症状

感病部位出现粗糙的环状病斑，病斑分散于叶片上，病斑直径为 2～7cm，病斑呈粉红色和铜色，到了发病后期，病斑可覆盖整个叶片。在潮湿的条件下，病斑上的小孢子群呈现鲜艳的颜色，形成胶质覆盖在感病的草坪叶片上。铜斑病最直接的鉴定方法是用一块白色的布摩擦感病部位时，白色的布上呈现铜色。

2. 病原

病原菌为高胶尾孢菌（*Gloeocercospora sorghi* Bain）。

3. 发病规律

这种病菌从菌核存活在感病植株的根茎中，当气候条件有利于病菌生长时，菌核开始萌发，形成分生孢子座，分生孢子座上产生的分生孢子萌发形成菌丝体，侵染健康的植株。分生孢子可通过水、人类、动物或机具进行传播。

4. 防治

铜斑病主要发生在温暖潮湿的条件下，土壤含氮量过多、土壤酸度过大都可加重该病的发生。防治的主要办法是控制施入过量的氮肥，可使用石灰来综合土壤的酸度，以达到减轻铜斑病的发生。在发病比较严重的地块上应使用杀菌剂进行防治。

第二节　草坪虫害

在草坪草生长发育过程中，往往遭受到很多有害动、植物的侵害，影响生长、降低品质。在有害动物中，绝大部分是昆虫。此外还有少数螨类、其他节肢动物、线虫及鼠类。为了确保草坪的正常、优质，就必须对有关害虫及其他有害动物进行有效的控制，从而取得最佳的经济效益。

根据害虫对草坪草的危害部位，可以把草坪害虫分为危害草坪草根部的地下害虫和危害草坪茎叶部的地上害虫。

根部和根茎部害虫以地下害虫为主，地下害虫是指一生中大部分在土壤中生活，危害植物地下部或地面附近根茎部的害虫。在草坪害虫中，地下害虫具有种类多、分布广且危害严重的特点，因此是防治的重点所在。其主要种类有蝼蛄类、金针虫类、金龟甲类、地老虎类、拟步甲类、根蝽类、根天牛类、根叶甲类等。

茎叶部害虫是指以茎叶为食的害虫。由于草坪草处于经常修剪的状态之中，造成草坪不稳定的上层环境，因此，与地下害虫比较起来，茎叶部害虫的危害要小一些。但是，茎叶部害虫的吸食常常与传播禾草疾病相联系，因此，对茎叶部害虫的防治也是不可忽视的。其主要种类有蝗虫类、蟋蟀类、叶蝉类、飞虱类、蝽类、盲蝽类、蓟马类等。

草坪主要虫害及防治措施如下：

一、黏虫

1. 一般特征

成虫体长 16～20mm，翅长 40～45mm，体色淡灰褐色或黑褐色，雄蛾色较深。黏虫只要条件适宜，可连续繁殖和生长发育，因此每年发生的世代数和发生期因地区和气候的变化而异。成虫羽化后需进行补充营养，取食花蜜以及蚜虫等分泌的蜜露。腐烂果汁及淀粉发酵液等，成虫对糖醋液的趋势很强。成虫昼伏夜出，白天潜伏于草丛、墙缝中，夜晚出来活动，进行交尾、取食、产卵等。卵多产于作物端部与下部或叶鞘中，成虫具有远距离迁飞能力。

2. 对草坪产生的危害

1～2 龄幼虫白天隐藏于草的心叶或叶鞘中，晚间取食叶肉，形成麻布眼状的条斑。6 龄为暴食期，能吃光叶片。幼虫发生量大时常成群结队由一块草坪向另一块草坪转移为害。温、湿度对粘虫的发生影响很大，雨水多的年份粘虫往往较多。

3. 防治措施

利用成虫对糖醋液的趋势，在成虫数量开始上升时，糖醋液盆诱杀成虫。也可利用药剂防治，幼虫在 3 龄以前是防治的最佳时期，2.5％敌百虫粉剂、3.5％甲敌粉、5％

杀螟松粉，以每公顷 22.5～30kg 为宜。

二、麦秆蝇

1. 一般特征

成虫体长 3.0～4.5mm，黄绿色。在华北地区，一年发生 2 代，以幼虫在禾草茎中越冬。麦秆蝇成虫早晚栖息于叶片背面，且多在植株下部。卵散产，多产于叶面基部，卵经 5～7 天孵化。

麦秆蝇的发生与气候关系密切，一般当 4 月平均气温高于多年平均值时则开始盛发早，低于平均值时则晚，与平均值相近时则属日间类型即盛发于 6 月 1～10 日。8 月降雨量少，则第二年越冬代成虫发生量最多，相反则较少。

2. 对草坪产生的危害

幼虫孵化即蛀入叶鞘内，并由此蛀入茎内危害植株，从而危害草坪生长。

3. 防治措施

农业防治在越冬幼虫化蛹羽化前，及时清除越冬幼虫的杂草寄主。药剂防治重点为第 1 代幼虫，可用 50％甲基对硫磷乳油 3000 倍液喷雾。

三、大青叶蝉

1. 一般特征

其若虫初孵时灰白色，后变淡黄色，胸部、腹部背面出现 4 条暗褐色纵纹，成虫体长 0.7～1cm，青绿色。头部颜色淡褐色，前胸背板淡黄绿色。

大青叶蝉在北京等地一年发生 3 代，越冬卵 4 月上旬至 4 月下旬孵化，若虫孵化多在早晨进行，初孵幼虫喜群集在草坪草枝叶上，以后逐渐分散。

2. 对草坪产生的危害

均以成虫、若虫群集叶背及茎秆上，刺吸汁液，使草坪草生长发育不良，叶片受害后，多褪色呈畸形卷缩现象，甚至全叶枯死。草坪草常见流出大量汁液，经日晒枯萎而死。

3. 防治措施

主要应掌握在其若虫盛发期喷药防治，可用 40％乐果乳液 1000 倍液。

四、麦长管蚜

1. 一般特征

有翅孤雌蚜体长 2.4～2.8cm，体淡绿至绿色，头部额瘤明显外倾；无翅孤雌蚜体长 2.3～2.9cm，体淡绿色或黄绿色，背侧有褐色斑点，复眼赤褐色。

蚜虫为多型性昆虫，在其生活史过程中，以无翅和有翅孤雌蚜虫发生数量最多，出现历期最长，是主要为害蚜型。麦长管蚜喜光照，较耐潮湿，多分布在植株上部和叶片正面，抽穗灌浆后，繁殖量大增，并集中穗部为害。

2. 对草坪产生的危害

以成、若虫吸食植物叶片、茎秆和嫩穗的液汁，吸取营养和水分，影响植株的正常生长发育，严重时可导致生长停滞，最后枯黄，同时还可传播病毒病害。

3.防治措施

冬灌可降低地面温度，恶化越冬环境，杀死蚜虫。药剂防治用1.5%乐果粉、2.5%敌百虫粉，每公顷用量22.5～30kg。

五、草地螟

1.一般特征

幼虫末龄体长16～25mm，身体两侧及背部是长而硬的毛，由棕黄色的圆形斑上伸出，头部黑色，有明显的白斑。幼虫5龄，各龄幼虫的体色有变化。成虫体长9～12mm，翅长2.4～3mm，体色灰褐色。

我国北方每年发生2～4代，以老熟幼虫在土表内结茧越冬，一般越冬代成虫发生量大。成虫昼伏夜出，夜间为交尾、产卵盛期，产卵喜在光滑的叶面。成虫具群集性。

2.对草坪产生的危害

主要分布于我国北方，食性杂，初孵幼虫取食嫩叶，3龄后食量大增，可将叶片吃成缺刻、孔洞，仅留叶脉，造成草坪出现褐色的斑块。

3.防治措施

可用25%敌百虫粉剂喷粉，每公顷22.5～30kg，还可用每克菌粉含100亿活孢子的杀螟秆菌菌粉，或青虫菌菌粉2000～3000倍液喷雾。

六、赤须盲蝽

1.一般特征

若虫初期体长1mm，绿色，足黄绿色，后期体长5mm，全身黄绿色，跗节黑色，共有5龄。成虫全身绿色或黄绿色，头部略呈三角形，触角红色，翅长约18mm。第1代成虫于5月中旬开始孵化，下旬达羽化盛期，5月中、下旬成虫开始交配产卵，成虫一般在清晨至傍晚较活跃，阴雨天常隐蔽在植物中下部叶子背面。

2.对草坪产生的危害

主要危害草坪草的叶子，被刺吸口器刺伤的叶子，先出现黄色小斑，小斑点扩大成黄褐色大斑，造成叶片皱褶，轻者阻碍草坪草生长发育，重者造成植株干枯而死亡。

3.防治措施

选择若虫初孵盛期或若虫期防治，可用25%敌百虫粉剂、15%乐果粉剂、35%甲敌粉剂喷粉。

七、麦圆叶爪螨

1.一般特征

若虫共4龄，第1龄初为淡红色，取食后呈草绿色，足呈红色。2龄以后体色体形似成虫，成虫体长不到1mm，略呈圆形，深红褐色。

每年发生2～3代，为害盛期在3月中旬至4月中旬，越夏卵大多在根部和分蘖丛中，性喜阴湿，怕高温干燥，一日内以早晨和傍晚时活动最盛。麦圆叶爪螨有群集性和假死性，行孤雌生殖。

2. 对草坪产生的危害

春、秋两季吸取草坪草汁液，被害叶先呈白斑，后变黄，轻则影响生长，造成植株矮小，重则整株干枯死亡，秋苗严重被害后，抗寒力显著降低。

3. 防治措施

药剂防治可用20%双甲脒乳油1000倍液、50%久效磷2000倍液等。

八、蛴螬

1. 一般特征

它是多种金龟子的幼虫。体长1.3～1.8cm，体色从白色到灰白色不等。具3对足，头部亮棕色，身体软且体节弯曲。身体后部光滑，反光颜色加深。

各类金龟子的生活史不同，一般需1～4个月完成1代。通常从早春到仲夏，雌虫重复进入草坪土壤(约15cm)后产卵，成虫产卵多选择土壤比较湿润、疏松背风向阳的地方。经多天重复，直到产50～60卵为止。10～20天后，虫卵孵化出幼虫并开始取食草坪草的根系。当冬季来临时，蛴螬进入更深的土层(约25cm)冬眠。来年春天土温升高，它们又重新开始取食，而后，很快变成蛹，最后变为成虫。多数金龟子是昼伏夜出，晚间活动占整个夜间活动总虫量的90%以上。

2. 对草坪产生的危害

蛴螬会咬断草根致使草坪不自然的松散、翻倒，并呈棕褐色；当虫口密度高时(约500只/m^2以上)，整片切断草坪草根系，使草坪不费力地从地面揭起，形成大面积草坪死亡。

蛴螬一般种类生活史长于1年，所以幼虫在化蛹前取食活动可长达好几个季节。

3. 防治措施

鸟禽可捉食蛴螬；捡除草坪上的落果和腐败物，以除去诱集金龟子的因素。使用乳状菌；施用块亚农、丙胺磷、敌百虫、恶虫威等杀虫剂。施药时间以蛴螬很小就孵卵时期为最佳。在整个生长季节均可用丙胺磷进行防治，药液比为0.5∶1。

九、蝼蛄

1. 一般特征

成虫圆形的头部呈盔甲状，眼睛珠形，体长近1.2cm，翅膀紧贴背面，前足末端有像手掌一样健壮的附属器。体色淡褐色或橙黄色，中间带褐色点。

早春，雌虫在12cm厚的土壤下挖洞做卵穴，产卵期(5～6月)产3～5个卵。约2周卵可孵化出若虫，若气温偏低，此过程可延续35天。若虫生长很快，在夜间像成虫一样钻出土壤觅食。大多数蝼蛄冬季体重最大，后代以若虫越冬，一般一年产生1代。

华北蝼蛄完成一个世代需3年左右，其中卵期短，若虫期2年左右，成虫期1年以上。一般湿润土壤利于其活动，危害也较重。

2. 对草坪产生的危害

蝼蛄的成虫和若虫均咬食草籽、草根和嫩茎，蝼蛄强有力的挖掘前足，对草坪的挖掘作用，在草坪上形成土丘，把草坪草扒起，对根部造成伤害和使土壤很快变干；在暖和的天气，由于雨水或浇灌使草坪湿度很大时，采食活动达到高潮。

3. 防治措施

许多蝼蛄大部分时间均在土表以下活动，加大了防治难度，高残留的杀虫剂如有机磷类有较好的防效，可用50％辛硫磷乳油、25％对硫磷微囊缓释剂拌种，另外可用辛硫磷毒谷、对硫磷毒谷、甲基异硫磷毒谷毒饵捕杀。

十、谷象

1. 一般特征

属长嘴甲虫类的昆虫，具有坚硬的咀嚼式口器，颜色从暗乳白色到棕色，到近乎黑色，体长0.6～1.2cm。幼虫全为白色，体长0.3～0.6cm时无足，头部亮，橙棕色，背部有一块黑色大斑。

大部分成虫在土壤中以冬眠的方式越冬。第二年春季气候温暖时出来取食，并在草的根茎的开口处产卵。虫卵在2周内孵化出幼虫，定居于根上。仲秋时化蛹后形成成虫。

2. 对草坪产生的危害

春季成虫采食草坪的叶片，幼虫取食茎秆组织，啃食根茎，致使草从断裂处拔起，总体危害是使草坪中出现黄棕色斑块，在根际周围出现淡棕色锯屑状物质，数量巨大的谷象可造成大面积的草坪危害。

3. 防治措施

对成虫应在春季施药，对幼虫应在6月或7月用0.5∶1的药液施入土壤，药物有毒死蜱、丙胺磷、地亚农。

十一、地珠

1. 一般特征

地珠是一种极小的介壳虫。成体雌虫小而圆，最大直径很少超过0.16cm。它将近100个淡粉红色的虫卵置于一个白色的螨质子囊中，分布于根际它们取食的地方。

虫卵在短期内可孵化出若虫，若虫可以自由移动，并以植株化须根为食，它们将口器伸入根中，脱去皮后不食不动。同时分泌一种银白色的物质，该物质很快变成坚硬圆圆的壳，将虫包裹于其中，成体雌虫一直保持这种状态，附于根上可长达2～3年。

地珠雄虫不具备功能性口器，也不损伤草坪，当雌虫不食不动时，它们飞来，与雌虫交配，以保持生命的世代交替。

2.对草坪产生的危害

附着在草坪上,慢慢地吸取植物体液,使草坪草受到严重的侵害,若虫可自由移动,并以植物的须根为食,使受侵害的草坪变黄,且以不规则的方式扩展,对狗牙根和假俭草等危害为甚。

3.防治措施

结合浇水和施肥,刺激受害草坪的茁壮生长,以达到防治目的。

十二、大蚊

1.一般特征

大蚊成虫淡绿色至褐色,眼睛突出,身体狭长,长 1.8cm 余,足细如线,易折断,具狭长的双翅。

雌虫在夏末产卵,每只雌虫可将数百个长椭圆形、黑色的卵置于湿润的土壤中,至秋季卵孵化成幼虫。幼虫无足,淡褐色,成熟时长 2.5cm,具坚韧表皮。幼虫白天以土壤中的根和腐烂物为食,在温暖潮湿的夜晚到地表取食,采食草叶和根茎。

幼虫在土壤中越冬,春天温度适宜时(3~4 月)开始取食,在土壤表层化蛹,到夏初(5 月中旬)形成成虫。

2.对草坪产生的危害

成虫对草坪无危害,幼虫取食草坪草茎叶和根茎,对刚出土的幼苗危害较为严重。

3.防治措施

鸟类的取食对其有一定限制作用,高温与干旱对虫卵和幼虫产生不良影响,可限制其侵害;当其严重危害草坪时,可使用杀虫剂进行防治,如毒死蜱、马拉松等。

十三、叶象甲

1.一般特征

成虫棕黑色或闪亮的黑色,体长 0.5cm。头部有一向前伸长的鼻状口器,取食一般沿叶缘进行。幼虫体形稍弯曲,无足,头部黑而发亮,蛹为奶黄色。

雌虫产卵于叶鞘,卵极小,卵化出的幼虫也极小。当幼虫由禾苗进入土壤时,很快进入蛹期,在土表下 0.6~1.8cm 处约 1 周后,蛹羽化为成虫,钻出土层,在一个生长季中,叶象甲可发生 2 代。

2.对草坪产生的危害

其危害一般发生在酷热来临前的 5~6 月。幼虫极小,在茎秆中生活,取食从上到下,一直到草坪草的根茎部,危害严重时,使草叶变黄,甚至死亡,在草坪上形成黄斑和死斑。成虫沿叶缘取食草坪草,对草坪造成的危害比较小。

3.防治措施

将毒死蜱 0.5∶1 的药液施入土壤中。

十四、草地贪叶蛾

1. 一般特征

夜蛾体宽为1～3cm，前翅暗黑，带有深浅不一的斑点图案。幼虫为秋行军虫，体色由浅绿色到黑褐色。身体两侧具有几条色带，体长为2.5～3cm，头部亮褐色，盖有一个乳白色的"丫"字图案。沿长长的体节长着稀稀的刚毛。接近头部排到有3对足，身体后部可见4对树桩状腹足。

夜蛾在植物叶上产卵，总数可达百个之多，1周后孵化出幼虫。幼虫成熟后就钻入土壤，约10天化为蛹，3周内发育成成熟的草地贪夜蛾，年产1～5代或更多。

2. 对草坪产生的危害

通常在草坪生长茂盛地群体聚散，取食后飞迁到新的取食点，因此对草坪危害较大。秋行军虫沿叶边缘咀嚼叶片，使草坪留下叶的"骨架"，最后使草坪地上部被贴地吃掉。

3. 防治措施

用毒死蜱、敌百虫杀灭，危害严重时应重复施药。

十五、地老虎

1. 一般特征

身体圆而光滑，具有多节，长2～5cm。除具3对足外，在腹部还有附加足。体色为独特的浅绿、暗褐、灰色到黑色。

成虫为蛾子，黄褐到暗灰色，翅具几条深浅不同的斑点或浅状图案。前翅较后翅大而颜色深，蛾休息时翅在身体背部呈折叠状。夜间活动，在有光处聚集。

夏天蛾在草丛繁茂处可产几百枚卵，1周后卵可孵化出来。地老虎每年可产1～4代，其成虫在土壤中挖掘穴道，然后进入蛹的阶段，最后在地道中以蛾的形态飞出，重新开始新的生命循环，以幼虫或蛹在土壤中越冬。

2. 对草坪产生的危害

地老虎是多食性害虫，主要危害植株幼苗，切断幼苗近地面的茎部，使整株死亡，造成草坪斑秃，甚至成片死亡。

3. 防治措施

防治地老虎的关键是掌握在3龄以前，这时幼虫昼夜在地面活动，食量小，抗药力弱，3龄后白天钻入表土层下，夜间扩散为害，抗药力强，发生量不大时，人工捕杀。另外可用药剂防治，喷洒90%敌百虫800～1000倍液，或50%地亚农1000倍液，或50%辛硫磷1000倍液。

十六、金针虫

1. 一般特征

金针虫是叩头虫的幼虫，成虫黑褐色。幼虫身体闪亮、坚硬，颜色从黄色到橙黄色。成熟时体长 1.3～3.8cm，幼虫靠近头部有 3 对足。

春天和初夏产卵，2～4 周完成孵化。金针虫的生活史很长，常需 2～5 年才能完成 1 代，以各龄幼虫或成虫在地下越冬，越冬深度因地区和虫态不同，约在 20～85cm 间。在整个生活史中，以幼虫期最长，金针虫主要发生于干燥地块，水浇地也有分布。

2. 对草坪产生的危害

金针虫咬食播下萌发的种子，使其残缺不齐，幼苗长大后危害分蘖节、根、茎等成纤维状，也可钻入茎内，损毁草坪。

3. 防治措施

加强受害草坪的水肥管理，严重时使用药剂防治，可用 5%辛硫磷颗粒剂撒施，每公顷 30～45kg。

十七、瑞典秆蝇

1. 一般特征

成虫身体为黑色，闪光，纤细，体长小于 0.4cm，卵为白色，椭圆形，长不到 0.1cm，表面具微小的脊。幼虫黄色，具黑色的口器，体长 0.3cm。

早春气候温暖时羽化，并很快进入产卵期。成虫一般将卵产于叶鞘、叶轴和禾草上，12 天后卵即孵化出幼虫。其生活史从 3 周到两个月不等，一年至少繁殖 4 代。

2. 对草坪产生的危害

幼虫在茎秆中取食，形成对草坪草有危害的洞道，当幼虫取食达根茎、叶尖时，草坪草开始褪绿、萎蔫，甚至死亡。

3. 防治措施

用毒死蜱、地亚农等杀灭。

十八、线虫

1. 一般特征

其形状如线，长为 0.03～0.25cm，无足，线状，横截面圆形，身体平滑，无分节，透明。

线虫生活周期非常简单，幼虫经过 4 个龄期，每期均以蜕皮为标志，整个周期历经 3～4 周时间。

2. 对草坪产生的危害

线虫使草坪致死的可能性很小，它们可破坏植物的正常生长发育，使植物长势衰弱，草坪缺乏生机、失色变黄、矮化和先端死亡。

3. 防治措施

播种前对床上进行消毒处理，生长期适当浇水、施肥，保持草坪草生长的健壮生态环境。

第三节　草坪杂草及防治

一、草坪杂草的含义

草坪杂草是指草坪上除栽培的草坪植物以外的其他植物。

草坪杂草有如下特点：无营养、观赏或应用价值，有毒或有害，动物排斥，影响中心植物生存，不适宜保持。

二、草坪杂草的危害

草坪杂草发生后，影响草坪生长发育，破坏环境美观。

1.影响草坪生长发育

马唐、狗尾草、紫花地丁、车前等与草坪草竞争，若不加管理，2～3年内草坪即会完全被杂草侵占。运动场草坪的质量受杂草的影响严重。一些一年生禾本科杂草不耐踩，例如马唐、狗尾草等，但它们对草坪草的抗性非常强。

一些杂草，例如菊科阔叶草和禾本科杂草，在同样的水分和温度条件下，其春季的萌发速率和生长速度快于草坪草，所以春季建植草坪且杂草管理滞后，即会造成建坪失败。

2.病虫的寄生地

草坪杂草的地上部分是一些病虫的寄生地。病虫利用杂草越冬、繁殖，草坪草生长季节被感染，从而造成草坪草生长缓慢或死亡。

3.破坏环境美观

破坏环境有两层意义，其一是纯粹的降低环境美观程度，二是草坪的退化。

包茎苦荬菜，一旦侵入草坪，每年的春季，草坪就不是草坪了，几乎成为荒地；蒲公英、紫花地丁和车前等杂草，在草坪中形成小区域，破坏草坪的均一性。

另外有一类杂草侵染性极强，它占领土地后即开始招引病虫，随后自灭，进而造成草坪土壤光秃，例如夏至草和藜等。

公园和居住区杂草等，像曼陀罗、藜、苋菜、禾本科杂草，其发生与水分关系密切。它们在雨季的生长速度快，一旦侵入草坪，遇上雨季，生长的速度快至能覆盖地面上的草坪草。

4.侵占生长空间

生长茂盛的杂草，其地上部分影响草坪草的光合作用，杂草庞大的地下根系，占据地下营养空间。

三、草坪杂草发生特点

1.春季发生型

主要是以种子萌发的杂草，春季雨水多或灌溉条件好，则杂草发生较早而且危害严重。

2. 夏季发生型

在温度升高并降透雨后开始萌发，7～8 月达到高峰，8～9 月开花结实后地上部分枯死。

3. 秋季发生型

9～10 月开始萌发生长，11～12 月达到高峰，12 月至翌年 2 月开花结实后枯死。

4. 冬季发生型

11～12 月开始萌发生长，以幼苗越冬，翌春或夏季种子成熟后地上部分枯死。

四、草坪杂草的种类

中国草坪杂草有近 450 种，分属 45 科、127 属。其中菊科 47 种；藜科 18 种；禾本科 9 种；玄参科 18 种；莎草科 16 种；石竹科 14 种；唇形科 28 种；蔷薇科 13 种；豆科 27 种；伞形科 12 种；蓼科 27 种；十字花科 25 种；毛茛科 15 种；茄科 11 种；大戟科 11 种；百合科 8 种；罂粟科 7 种；龙胆科 7 种。主要杂草有 60 种。

中国南方草坪主要杂草：蒲公英、酸模、有刺灌木、加拿大蓬、大叶草、辣蓼、蕨类、马唐、野古草、早熟禾、鹅观草、狗尾草、狗牙根、白菜、拂子草、黄蒿、艾蒿、小飞蓬、狭叶艾、一枝黄花、芽草、芦苇、灌木类、苔藓类、竹类、打破碗花花、白头翁、罂粟、酢浆草、曼陀罗、锗殃殃、大巢草、龙葵、毒麦、田冠草。

中国北方主要草坪杂草：马唐、稗、大臭、苜蓿、草木犀、铁苋菜、地锦草、附地菜、莎草、蒿、刺儿菜、泥胡菜、旋复花、苦菜、苦苣菜、蒲公英、小飞蓬、辣子草、篇蓄、酸模、藜、猪毛菜、反枝苋、独行菜、播娘蒿、荠菜、风花菜、朝天委陵菜、田旋花、打豌花、圆叶牵中、夏至草、龙葵、车前、地黄、律草、萝摩、昔草、本息浆草、繁缕、鸭跖草、半筋草、画眉草、白茅、狗尾女草、虎尾草。

五、草坪杂草的防治措施

1. 利用自然竞争的原理，创造利于草坪草生长而不适于杂草生长的环境。例如对草坪的适时适用高修剪，可以有效抑制生长点较高的阔叶杂草，使杂草不能形成花果，从而退化。

2. 减少杂草种子入侵的机会，如建坪时使用不含杂草种子的种子和幼苗；同时在草坪上或床土中适时处理杂草种子，防止其萌发、生长。

3. 可使用除草剂，在杂草生育的危机期间进行杀灭。

4. 在苗期和数量不大时可人工拔除。

参 考 文 献

1. 陈永萱,许志刚译. 植物病理学. 北京：中国农业出版社,1995
2. 魏景超. 真菌鉴定手册. 上海：上海科学技术出版社,1979
3. 陈桂清等. 中国真菌志(一卷)白粉菌目. 北京：科学出版社,1987
4. P. P. 屁隆著,沈瑞祥等译. 花木病虫害. 北京：中国建筑工业出版社,1987
5. 郑儒永. 孢子植物名词及名称. 北京：科学出版社,1990
6. 陆家云. 植物病原真菌学. 北京：中国农业出版社,2001
7. 张中义等. 植物病原真菌学. 成都：四川科学技术出版社,1988
8. 何振昌等. 中国北方农业害虫原色图鉴. 沈阳：辽宁科学技术出版社,1997
9. 农业部农药检定所. 新编农药手册(续集). 北京：中国农业出版社,1998
10. 丘强等. 花卉病虫原色图谱. 北京：中国建材工业出版社,1999
11. 农山渔村文化编,李国花等译. 蔬菜病虫害诊断原色图谱. 长春：吉林科学技术出版社,2001
12. 吕佩珂等. 中国花卉病虫原色图鉴. 北京：蓝天出版社,2001
13. 张仲凯. 云南植物病毒. 北京：科学出版社,2001
14. 雷增普. 花卉病虫害诊治图谱. 福州：福建科学技术出版社,2002
15. 蔡祝南等. 花卉病虫害防治大全. 北京：中国农业出版社,2003
16. 高文胜等. 无公害果树首选农药 100 种. 北京：中国农业出版社,2003
17. 刘揩律. 草本花卉病虫害防治原色图谱. 合肥：安徽科学技术出版社,2003
18. 岑炳沾等. 观赏植物病虫害防治. 广州：广东科学技术出版社,2003
19. 赵世伟等. 中国园林植物彩色应用图谱. 北京：中国城市出版社,2004
20. Mayo MA and Brunt, AA. The current state of plant virus taxonomy. Molec. Plant Pathol., 2001, 2：97～100